蘭花賊

The Orchid Thief

蘇珊・歐琳 著
Susan Orlean

宋瑛堂 譯

目錄

獻給我的父母，Arthur與Edith

第一章　百萬富翁的溫室

約翰．拉若許是個高個兒，骨瘦如柴，眼珠子顏色很淡，肩膀下垂；長得英俊動人，雖然門牙都不見了，風采倒絲毫不減。他的姿勢很像煮得硬邦邦的義大利麵，有一種玩了太多電玩的緊張神情。這人今年三十六歲，先前在佛羅里達州的塞米諾（Seminole）印地安部落工作，負責在該州好萊塢市的印地安保留區內建造苗圃與蘭花繁殖場。

在很多人的印象裡，拉若許是個特立獨行的人。例如，塞米諾人就給他取了兩個綽號，一個是「找麻煩的人」，另一個是「瘋狂白人」。有一次，當拉若許向我提起他的童年時，他自己也說：「嘩！我小時候還真是怪。」就他記憶所及，他比一般人都來得熱情有衝勁。九或十歲的時候，父母親問他想養什麼寵物，他選了一隻小烏龜。之後他又要了十隻小烏龜。後來他決定要繁殖烏龜，並且把烏龜賣給其他小朋友。最後他滿腦子想的都是烏龜，而且下定決心，一定要蒐集到世界上各種品種的烏龜，包括加拉巴哥島（Galapagos）上那種大得像沙發一樣的陸龜，這樣人生才有意義。然後突然之間，烏龜成了舊愛，新歡是冰河時期的化石。他蒐集化石，轉賣化石，宣稱為化石而活，接著就愛上——大概是寶石吧，化石只好打入冷宮。沒過多久寶石也成了深宮怨婦，因為他迷上古董鏡子，不但瘋狂蒐集而且重新為鏡子鍍銀。

拉若許對事物的熱愛。事前皆毫無跡象，最後則轟轟烈烈結束，像汽車炸彈一樣。我最初認識他的時候，他全心追求蘭花，尤其是生長在佛羅里達法喀哈契林帶（Fakahatchee Strand）的野生蘭花。接下來兩年，我幾乎都和他混在一起。最後他處理掉所有蘭花，發誓只要還有一口氣在，絕對不再養蘭。他通常說到做到。幾年前，在他愛上冰河時期化石之後和古董鏡子之前，他還和熱帶魚有過一段情。最狂熱的時候，家裡擺了六十多個魚缸，並且定期去浮潛蒐集魚類。後來這段情路也走到盡頭。他不是逐漸失去興趣，而是徹底棄絕，發誓永遠不再蒐集魚類，連帶也從此不涉足海水。那是十七年前的事了。他一輩子都生活在距離大西洋西岸只有幾尺遠的地方，但自從放棄養魚後，連腳趾頭都不再沾過海水一次。

乍聽之下，拉若許活像一本百科全書，其實他並沒有接受過嚴格的正規教育。他在北邁阿密上過公立學校，除此之外，其他的知識都是自學而來。偶爾他會遐想，要是能夠接受比較傳統的教育，現在的生活會是什麼樣子。他相信自己可能會成為腦外科醫生，在腦科研究方面有重大發現，名利雙收。然而事實並非如此，他和父親住在佛羅里達的一間破舊小屋裡，以不同於一般人的方式糊口。他最重要的資產之一就是樂觀向上的個性，換言之，即使生活遭遇到災難，他也能在其中看到賺錢的機會。幾年前，他不慎將含有劇毒的除蟲劑灑到手上的傷口，造成心臟和肝臟的永久性傷害，他卻認為塞翁失馬，因為可以寫篇文章（〈願不願意為你的植物賠上一條命？〉），把切身經驗賣給一本園藝期刊。我剛認識他的時候，他正在撰寫一本居家栽培植物的指南。他告訴我，要在大麻愛好者的雜誌《*High Times*》上刊登廣告。他還說，根據他的指南來種植的大麻都沒有辦法達到成熟期，因此也不會有麻醉的效果，但是在雜誌廣告裡面不會提到這一點。這本書是他一生中最熱愛的計畫之一。依他的看法，他的書會很賣錢（怎麼說都很棒），還可以鼓勵小孩蒔花種草（動機非常純正），而且指南當中漏掉的資訊讓小孩子不至於飄飄欲仙，因為他們種出來的東西都沒有藥效（至高無上的高貴情操）。最後這一點是出書計畫中讓他最感到自豪的層面，因為當買了這本書的小孩子瞭解花錢去幹非法的勾當，亦即種植、吸食大麻，到頭來卻是一場空時，他們便會明白以身試法絕對不值得。這都是約翰．拉若許的功勞。像這一類的搶錢計畫，融合了美德和犯罪以牟利，就是拉若許最拿手的專長。你正要把他歸類為尋常的市井騙徒時，他卻透露出耍詐是別有原因，這個原因部分牽涉到原則問題，卻總是和賺錢畫上等號。他喜歡將自己描述為精明的混蛋；做事喜歡硬幹，特別是在他可以為所欲為的時候，以及在可以讓別人想不透他是怎麼全身而退的時候。他是一個相當奇特的人物，也是我所認識的沒有道德的人當中，最有道德的一個。

第一次遇見約翰・拉若許是在幾年前佛羅里達州那不勒斯的科理爾郡法庭。我在報上看到一名白人（拉若許）以及三名塞米諾印地安人被捕的消息，因為他們在法喀哈契林帶州立保護區內盜採稀有蘭花。該保護區是佛羅里達的一處沼澤地。我來佛羅里達就是為了更進一步瞭解案情。那篇報導篇幅很短，卻深深吸引住我的注意。報導中指出，位於那不勒斯附近的法喀哈契是塊荒蕪的沼澤地，長滿了稀有的植物和樹木，其中有些是全美僅見，有些更是全世界絕無僅有。野生蘭花現在一律被視為瀕臨絕種的生物，不管從哪裡的森林採摘蘭花，都屬於犯罪行為，特別是像法喀哈契這樣的州立園區更為嚴格。據報上報導，拉若許是盜採集團的首腦。他向逮捕他的警察提供了所有盜採植物的學名，還解釋說這些植物都要送到實驗室複製，培育出數以百萬計的蘭株，然後賣給全球蒐集蘭花的人。

我常看地方報紙，特別喜歡看裡面的小文章，尤其是裡面有許多字眼放在一起、特別醒目的那種。就以這篇蘭花的報導而言，短短的篇幅裡我同時看到「沼澤地」和「蘭花」、「塞米諾人」、「複製」以及「犯罪」，令我興味盎然。有時候，這類報導別有意境，可以反映出人生的片段，像日本紙球一樣，扔進水裡一會兒就綻放成花朵。紙花開得很燦爛，讓人不敢相信剛才眼前只不過是一杯水和一顆紙球。審理塞米諾蘭花一案的法官已預訂開庭，時間就在我看過報導後的幾星期，所以我準備到那不勒斯去一趟，看看這顆紙球會不會綻放出花朵。

我出發的時候，紐約正值隆冬，那不勒斯卻是一片濕熱；從飛機上可以看見濃密的烏雲在天際翻攪。我住進海邊一家大飯店，當晚坐在陽臺上欣賞暴風雨在海面上肆虐。被告出庭應訊是在隔天早上九點。就在我開車離開飯店停車場時，管理員警告我要小心駕駛，他靠在我的車窗上說：「在那不勒斯啊，還是小心一點比較好，」從他身上散發出一種雞尾酒的味道，大概是搽了防曬油吧。接著他又說：「這裡一下雨，車子就會飛起來。」那不勒斯的高爾夫球場／居民比率遠高於世界上其他地區。儘管氣候酷熱，旅館四周的人還是穿戴齊全，準備打球，防滑球鞋在人行道上敲出踢踢踏踏的聲響。

法庭位於那不勒斯南邊幾哩的一棟大樓裡。這棟大樓外表相當光鮮，是用漂白的石子蓋成，石子上布滿一點一點的貝殼化石。我抵達法庭時，裡面已經有幾個人，但沒有人在交談，只有木頭長椅吱吱作響和前排一名男子清喉嚨的聲音。過了一會兒，我憑報上相片的印象認出拉若許。他並沒有特別為出庭而打扮，穿的是一件混紡的襯衫，上面印著某個景點的圖案，戴了一副罩住雙眼的塑膠太陽眼鏡，一頂邁阿密颶風隊的棒隊帽，下半身套了條臀部周圍鬆鬆垮垮，淡灰色舊長褲。他好像想抽根菸似的，正準備站起身時，法官進來了，坐進法官席裡，他只好一臉不高興地又坐了下來。檢察官隨即起身，朗讀佛羅里達州的指控：拉若許於一九九四年十二月廿一日，夥同三名塞米諾助手，自法喀哈契非法盜採兩百餘株稀有蘭花與觀賞鳳梨，裝滿了四個棉質枕頭套準備離開沼澤地時，遭警方逮捕，人贓俱獲。他們的罪名是非法持有保育類生物，以及非法自州政府所有地盜採植物。

法官面無表情，聆聽檢察官朗讀完拉若許的罪狀後，要他上前來作證。拉若許站起身，椅子發出很大聲響，然後晃到法庭中央，頭朝著法官，雙手扣在腰間皮帶上。法官斜睨著眼看他，要他報上姓名住址，說說自己對植物的專業知識。拉若許輕輕抖著一條腿，聳聳肩說：「庭上，我是一名園藝顧問，從事專業園藝差不多已有十二年，擁有一個苗圃，裡面有不少在商業上和人生學上都具有很高價值的植物。我對種植蘭花特別有經驗，尤其是在無菌培育的情形下微體繁殖蘭花。」他停下來，露齒一笑，然後瞄向在座所有人，接著說：「坦白說，庭上，我所認識的人當中，可能就屬我自己最聰明。」

儘管我去過佛羅里達數不清的次數，但在聽到約翰·拉若許這號人物之前，我從沒聽說過法喀哈契林帶，也沒有聽過生長在林帶中的野生蘭。我從小在俄亥俄州長大，多年來都和家人一起到邁阿密灘過冬。我們住的飯店大廳裡裝飾著捕魚網和硬硬的玻璃浮標，並且用矮甘藍棕櫚當做

耶誕樹。那時我對佛羅里達的感覺就已十分混雜。我喜歡沿著海洋大道和柯林斯路，經過一間間裝飾藝術風格的旅館，喜歡大店面的熟食自助餐廳，喜歡第一抹日曬的紅暈，卻怕死了水母，也痛恨頭髮濕淋淋的模樣。炎熱的氣溫讓我坐立難安，佛羅里達州廣漠的熱帶景致在我看來，有如火星一樣陌生。我覺得自己並不適合在佛羅里達居住。然而，佛羅里達也獨具一種說不上來的特質，幾乎比我到過的任何地方都還要引人入勝。它可以看起來既嶄新又做作，但是只要一到大沼澤地國家公園（Everglades）或大絲柏沼澤（Big Cypress Swamp）、羅沙哈契（Loxahatchee），你就會明白，佛羅里達也是美國最後一塊邊陲淨土。

佛羅里達狂野的地方非常狂野，溫馴的地方則非常溫馴，不過兩種地方都不斷在改變中：已開發之地原只是叢林裡清理出來的小塊空地，但由於叢林具有旺盛的生命力，隨時想從已開發之地中再奪回一城。與此同時，原始的自然環境卻也正自眼前消逝：每天有二十公頃的濕地消失，沙丘上蓋起了新房子，每年有一條新公路出現。似乎沒有一樣東西是堅硬實在或歷久不衰的：萬物不是不斷改變，就是隨著時間流逝而消散。轉型和變異互相揉雜，融合了乾與濕、桀傲不馴與井然有序，以及自然和造作。強烈的單一特質固然迷人，不過像佛羅里達這樣的大雜燴更加令人神往，因為大雜燴既奇異又特殊。有一次在接近邁阿密的地方，我看到有人在漢堡王的停車場旁一個池塘釣魚，漢堡王的旁邊就是高速公路。池塘呈正圓形，邊緣很整齊，因此我判定它不是天然池塘，而是所謂的「借土坑」（borrow pit）。由於建造公路需要用土，工人們就地挖坑「借」土，用來填實公路的地基。等到公路完成後，漢堡王也開張，一定是下雨或雨水滲入又把土坑填滿，然後魚兒也來了，可能是鳥類落腳時帶進來的，也可能是自己從地下縫隙鑽過來的。不消多久，借土坑就成了半天然的池塘，大自然的力量幾乎又收復這塊失地。佛羅里達讓我為之動容的地方就在這裡，總是不斷地變化，自然景觀一眨眼就被抽乾被開發，整理得最有秩序的地方也只要短短時間就會重新潰解回叢林的懷抱。幾年前，我和佛羅里達又扯上關係，這次是因為我的父母親在西棕櫚灘買下公寓，好在那裡過冬。緊臨他們的公寓旁邊有個高爾夫球場，草坪整理得像浴室足墊般又綠又平，樹叢也修剪得一絲不苟，整齊漂亮，整個高爾夫球場彷佛燕尾服一樣溫文儒雅。儘管如此，最近居然有些鱷魚移居到球場的水池裡，只見更衣室裡的標誌上寫著：「各位女士！果嶺上有鱷魚，請小心！」

佛羅里達的確能激勵人心，讓人充滿創意的想法。許多人不盡然是流浪來到此地。他們懷抱目的而來，或許是想過新生活，因為佛羅里達看起來就像個全新的起跑點；也有可能是為了犒賞自己一生操勞，因為佛羅里達看來豪華富饒；或者是因為他們有新的點子和計畫，而佛羅里達似乎是個可以放手嘗試、大膽去做的地方，幾世紀以來皆讓創業家艷羨不已的寶地。這裡有可塑性，可重新改造。它曾經歷新增、削減、將水抽乾、挖掘溝渠、鋪路、疏濬、灌溉、開墾，從大自然手中搶過來再被大自然收復、氾濫、劃地、放火焚林。不斷有人從佛羅里達帶走東西或走私輸入。由於進出過於頻繁，佛羅里達這個州的組成成分究竟是什麼，每天都有不同答案。你會發現格格不入的東西在這裡可以共存。公寓和美洲豹、原生叢林；量販店和猿猴叢林樂園；帶狀購物中心、高速公路和肉食性植物叢；主題樂園和大王椰子、芙蓉屬的樹木和連綿數公畝、沒有人看過的炎熱沼澤地，全都在同一個陽光普照的佛羅里達穹蒼下。連佛羅里達的蘭花都不甘示弱。樹林裡滿是原生蘭花，數量居全國第一，但也有數十個人造叢林，亦即佛羅里達的溫室，裡面充滿令人嘖嘖稱奇的花卉，都是實驗室所研發，經過試管培育，以人工栽培的方式大量繁殖。有時候，我以為自己已經弄清楚部分宇宙的奧祕，不過一來到佛羅里達，在這麼多不協調和矛盾的事物中，不得不讓我重新思考，真的弄清楚了嗎？

———

盜採蘭花的所有關係人都作證完畢後，法官露出困惑的表情。她說本案是她所遇過最有意思的案件之一。我想她所謂的有意思是指詭異。接著她宣布，駁回被告要求撤銷告訴的請求，明年二月再開庭審判，並命令包括拉若許、羅素・包爾斯（Russell Bowers）、文森・歐休拉（Vnson

Osceola）以及藍迪．歐休拉（Randy Osceola）等被告，在本案終結之前不准踏進法喀哈契林帶州立保護區內一步。隨後她讓蘭花案的人離開，將注意力轉移到一個愁容滿面的男子身上。此人因持有毒品而遭起訴。我在法庭門外趕上了拉若許。他正在抽菸，和三個人站在一起，分別是塞米諾部落的律師艾倫．勒諾（Alan Lerner）、部落的商業管理部門副處長巴斯特．巴克斯理（Buster Baxley）以及同列被告的文森．歐休拉。另外兩名塞米諾人並沒有出庭應訊。艾倫．勒諾說，其中一人生病，另一人聯絡不上。

巴斯特心情似乎不太好。「我對天發誓，我這就帶著電鋸進沼澤地給她看，」他怒氣沖沖地說：「搞什麼鬼嘛。」

拉若許踩熄香菸。「告訴你，我有種被胡整的感覺，」他說：「根本就是被他媽的釘在十字架上了。」

艾倫．勒諾將公事包在兩手之間換來換去。「巴斯特啊，」他說：「我已儘量表明我們的立場。我提醒了法官，印地安人以前是法喀哈契的地主，不過她的腦袋顯然在想其他東西。別擔心啦，審判的時候再來應付。」巴斯特怒容滿面地離開。文森．歐休拉對著艾倫聳聳肩，也走開了。艾倫四下看看，對我道聲再見，跟著巴斯特和文森後面走了。拉若許又待了一會兒。他用手指敲著下巴，然後說：「那些個沼澤地管理員簡直是笑話，沒有一個了解裡面的植物。有些根本就是一竅不通——我說真的，真正很不靈光。抓到我算他們幸運，可以由我來介紹那些植物的名稱讓他們知道，不然的話，他們連那些植物叫什麼都不清楚。我一點也不在乎法庭這邊怎麼處理。法喀哈契我已經去過一千次，以後我還要再去一千次。」

——

約翰．拉若許在北邁阿密長大。你若從邁阿密市前往勞德岱堡，就可以經過他住的地方，離邁阿密郊區有一段距離。拉若許一家住在半工業區，不過仍然很靠近沼澤和森林。拉若許還小的時候，常和母親開車過來，到大絲柏和法喀哈契健行尋奇。他的父親從來不和他們一起來，一方面是因為他不是那麼喜歡森林，另一方面是因他在從事建築工事時傷了背部，行動有點不方便。拉若許沒有兄弟姐妹，不過他告訴我，小時候有個妹妹，但很早就夭折了。有一次，在回憶起家人的過去時，他突然宣稱：「你知道嗎，我這才想起來，我們一家人都注定要生病吃苦。」我待在佛羅里達的幾個月間，只短暫和拉若許的父親打過照面。要是能見見他的母親該有多好，只可惜她已經不在人世。拉若許描述她是個體態肥胖又沒見過世面的婦人，出身猶太家庭，不過她在一生中曾先後虔誠信奉過幾個不同的宗教。她為人熱心，做起事來忠誠賣力；健行的時候，從來不是第一個喊停的人，要和拉若許進入排水口裡涉水，也從不退縮。她喜歡蘭花。如果他們兩人發現一朵盛開的蘭花，她會堅持做個記號，過幾個月再回來看看有沒有結出種子。

拉若許青少年時曾經迷上攝影，不過只有三分鐘熱度。他決心拍攝全佛羅里達的每一種蘭花，所以有段時間的每個週末，他讓他的母親背著相機和三腳架，兩人在樹林中跋涉數小時。但沒過多久，他便覺得光拍蘭花不夠意思，決定要採集蘭花來收藏，於是健行的時候不再帶照相機了，而是開始帶枕頭套和垃圾袋來裝花草。沒過多久他的收藏規模已相當可觀，他便考慮開設一間苗圃。中學畢業後他在建築工地工作貼補家用，不過卻和父親一樣，也不慎跌倒弄傷脊椎骨，因此必須離職養傷。他視此為受到幸運之神的眷顧，因為這麼一來，他就可以全心全意投入植物養殖，沒有阻礙了。一九八三年他結了婚，和妻子在北邁阿密蓋了一間苗圃。現在兩人已經離婚。當時他們將苗圃命名為鳳梨樹（Bromeliad Tree），專門培植蘭花和觀賞鳳梨，後者是一種乾燥、刺骨嶙峋的植物，長在樹上，吊在半空中。拉若許專門蒐集些最奇異、最稀有的東西，最後他的溫室裡蒐集到四萬種植物，其中有些他宣稱是現今唯一人工養殖的品種。但他和妻子的經營也像許多苗圃一樣，收入只能勉強度日，不過對此他並不滿足，總是夢想著企圖找到一種特別的植物，藉此成為百萬富豪。

出庭應訊後幾天，拉若許邀我一同參加邁阿密的一場蘭展。他開著一輛到處都是鏽斑的廂型車來接我。我打開車門向他問好，他卻打斷我：「我希望你瞭解，這輛車很爛，等哪天養蘭押對了寶，我準備買輛超炫的車子。你開的是什麼車？」我說我向父親借了輛 Aurora。「不賴嘛，也許我會買一輛來開。」拉若許說完，我彎身進車內，設法從一大堆東西中坐上前座的邊緣，腳則踏在一袋培養土上。培養土的袋子破了個洞，泥土撒得車內到處都是。拉若許速度飛快地開車上路，讓我不斷前俯後仰，感覺好像扭到脖子。每次駛過有坑洞的地方，廂型車就發出尖銳的聲音，渾身顫動，車裡各種各樣的東西如小鏟子啦、螺絲起子啦、陶質花盆啦、可樂罐子啦，以及其他不知名的東西也隨之紛紛在車廂內滾動，彷彿彈珠臺裡的鐵彈珠一般。

我的眼睛緊盯著馬路，因為想著兩人之中至少有一個人在注意路況比較妥當。「我一輩子啊，我是說花在苗圃上的一輩子，一直都在尋找賺錢的植物，」他說：「我在南美洲有個朋友，其實他剛翹辮子，不管了，這個人栽培植物賣錢，生意做得很大，鈔票數都數不完。我有棵很棒的觀賞鳳梨他想要，我就告訴他，只要給我他最有價值的植物的一粒種子或插枝，我就和他交換。我說：『嘿，老兄，我才不管你給我的植物是漂亮還是醜不拉基。』我只想看看，是什麼樣的植物才能讓他過有錢有閒的生活。」

「是什麼植物？賺錢的植物長得什麼樣子？」

拉若許笑著點了一根菸：「他寄給我一個大箱子，裡面有一個小箱子，小箱子裡面又有一個小箱子，然後又有個盒子，最後一個盒子裡面放了一塊一吋見方的韓國草。我心想，這傢伙還真愛說笑！搞什麼飛機！我打電話找他。我說：『嘿，你這個狗娘養的！你寄的什麼鬼東西啊？』結果啊，原來他寄的是特種的韓國草，草身是綠色的，在邊緣有小小的白色條紋。就這樣！他還說我是個混帳，不知道手裡拿的是個寶藏。你知道嗎？他說得沒錯。想想看，如果能找到一種真的很好看的韓國草，一種很酷的新品種，培養出足夠的種子來行銷，就能征服全世界了，一輩子不愁吃穿。」

他捻掉香菸，用膝蓋頂住方向盤，再點一根菸。我問他，那塊一吋見方的韓國草最後怎麼了。「噢，我對韓國草沒興趣，大概送給別人了吧。」他說。

一九九〇年，拉若許的植物生涯出現了轉機。這一年，世界觀賞鳳梨大會在邁阿密舉行。參加世界植物大會的人都是來自全球各地的蒐集家、種植家和植物愛好者。多數展覽中種植者會為自己的花草搭建展示臺來彼此競爭，如果植物質優，展示也很有創意，就能夠獲獎。以前的展示或許還不太複雜，近年來則不但要反映出展覽主題，通常還要大興土木，放置幾十種植物，加上大型道具如假人、獨木舟、保麗龍山和實際的家具等等。拉若許認為自己可能有點做展示的天分，而且很肯定他有全世界最棒的觀賞鳳梨，所以決定參賽。他設計了一個六乘七公尺的展示區，以硬木支柱和聯繫梁支撐，使用螢光塗料和一盞螢光燈來讓螢光塗料發光；一串耶誕燈泡精準排列出星座的形狀，同一品種的觀賞鳳梨擺上幾十株，看起來像小星星。他的展示臺果然頗受矚目，這是拉若許的一個轉捩點。參加這次大會的結果，他成了園藝界的知名人物，因此也更堅定決心要建一座壯觀的苗圃。他開始每天打電話到世界各地，追蹤稀有植物；電話費因此高達每個月數千美元。手中的錢進進出出，一賺到便再投回苗圃上。他對苗圃呵護得無微不至，手筆大得過火。有一次，他花了五百美元買了一個空調箱，只為了放一棵小小的寒帶羊齒植物，那是他從多明尼加共和國的朋友那裡得到的。羊齒植物後來還是死了，不過即使是現在，拉若許依然不改其口地說，錢花得無怨無悔。無論做什麼事情，他都要求盡善盡美。他蒐集一種小鳳梨屬的巴西觀賞鳳梨，數量之大，全國無出其右。他也買了一棵二公尺高、很壯觀的火鶴之王（*Antherium veitchii*），怪異的葉子呈彼浪狀。一想到那棵花燭屬植物他還是津津有味。他說那是「漂亮得不得了的臭小子。」

離開邁阿密大約十六公里，拉若許才終於講到他生命中與蘭花有關的部分。他和妻子在鳳梨樹苗圃裡種了好幾百棵蘭花。儘管他一度沉迷於觀賞鳳梨，最後還是不知不覺被蘭花拐走。他繁殖蘭花到了瘋狂的地步，特別喜歡混種，讓不同種類的蘭花交叉授粉，製造出雜交的蘭花。「每一次我創造出新的雜交品種，感覺真的很不錯，」他說：「我覺得自己有點像上帝。」他經常將正在發芽的種子浸泡在家中的化學藥品裡，或是用微波爐煮個一分鐘，讓種子的基因突變，也許會變成非常有意思的品種，或是變出個很怪異的新形狀，或是在養蘭界前所未見的顏色。他在描述處理過程時，我猜我顯得有點震驚。他看了我一眼，注意到我的表情時，雙手放開方向盤對著我揮舞，相當不以為然地說：「噢，少來了，突變才好哩！很好玩啊！這種小嗜好很不錯，既好玩又可以賺錢，對不對？何況又酷得不得了，最後會出現一些很酷的品種，有些很醜，還有些從來沒有人見過的品種，簡直帥呆了。」

我問他，那有什麼意義。「嘿，突變可以解決所有問題。」他不耐煩地說：「你想想看，為什麼有些人比別人聰明？顯然是他們在嬰兒期發生了突變嘛！我相信我就是這樣的人，當我還是嬰兒的時候，可能被什麼東西照到而發生突變，結果現在我才這麼絕頂聰明嘛。突變真棒。有突變，才會有進化，應該向全世界推廣，把突變當作是嗜好。你知道嗎？有很多人整天無所事事，浪費生命。這麼有意思的東西應該讓他們做做看。」

拉若許蒐集的蘭花越多，認識的蘭花收藏家就越多。他置身於蘭花界，卻不盡然是蘭花界的一分子。蘭花在佛羅里達州到處都是，有野生的也有人工栽種的，有天然的也有雜交的，有種在後院的也有種在蘭園的，從世界各地運來，也運往世界各地。成立於一九二一年的美國蘭花協會總部位於西棕櫚灘，所在地是一位熱愛蘭花的收藏家提供的。全美許多規模最大、設備最好的蘭花苗圃如：鮑富蘭園（R. F. Orchids）、莫慈（Motes）蘭園、芬諾爾（Fennell）蘭花公司、科羅爾—史密斯（Krull Smith）蘭園，也都在佛羅里達。這裡有些苗圃已經有幾十年歷史，有些人甚至是佛羅里達養蘭世家的第三代或第四代。自從佛羅里達有沼澤地和濕潤肥沃的高地開始，蘭花就已經在這些地方繁衍。早在一八〇〇年代末，佛羅里達的溫室已經開始培養蘭花。到了一九〇〇年代早期，棕櫚灘和邁阿密的大農莊都有自己的蘭花，也有專人照料。當時的人將蘭花視為富裕和浪漫的附屬品，是經過修飾的小俘虜，放在玻璃下的一小片野趣。

富裕浪漫，拉若許一點也搭不上邊，倒是很不修邊幅，所以和棕櫚灘的愛蘭人世界格格不入。儘管如此，他擁有的蘭花還是頗為可觀。每天不管早晚都會有人來到他的苗圃，和他聊聊蘭花，欣賞他蒐集的品種，吸收他的知識。他們在苗圃中四處逛逛，有的只是想參觀蘭花，有的帶來一些特有的花卉給他，希望能請他帶路探索法喀哈契，或者是邀請他去參觀自己蒐集的蘭花，向他尋求高見；或者是載了滿滿幾卡車的現金，要他幫忙發掘全世界最難找到的植物。他認為，有些人其實只是寂寞難耐，想找人聊天，特別是想和興趣相投的人聊聊。說到寂寞，他似乎一下子變得很無力，於是轉移話題，開始向我解釋喜歡植物的原因。他說，他欣賞植物的韌性和變異性，以及它們找出在世界上生存之道的能力。他說植物的體型大小差異之巨，是任何生物都難以望其項背。然後他問我，知不知道全世界哪種植物的花最大。這種植物寄生在樹根上，開出巨大的花朵時，會慢慢吞食掉寄生的樹木，導致樹木死亡。「我成立了自己的苗圃後，有時候覺得身邊聚集的人群，好像要把我活活吞下去似的，」拉若許說：「感覺好像他們正是那巨大的寄生植物，而我，就是那等死的宿主。」

第二章　複製幽靈

佛羅里達州好萊塢鎮的塞米諾保留區入口附近，豎立了一座大型木雕，是一個塞米諾人和一條弓著腿、暴著牙的鱷魚搏鬥的雕像。拉若許曾經告訴我，這座雕像中的擒鱷人是根據他父親的模樣雕刻而成的。我覺得不太可能，因為拉若許家族沒有一絲印地安血統，不過拉若許解釋，雕刻師傅是他父親的朋友，認為他父親具有典型塞米諾人的身材，因此請他當模特兒。我還是覺得他的說法難以置信，所以找其他機會又問了幾次。其中有一次我和他在講電話，因為知道他父親和他在同一個房間裡，想利用他父親來對他測謊，哪曉得父子倆居然開始討論起那座塞米諾雕像究竟是真人大小，還是比真人大；而且兩人也討論到雕像是否有陰莖，以及陰莖的大小是否反映出拉若許父親的尺寸。我沒料想到會發展成這種結果，乾脆改變話題，從此不再問了。

拉若許在開始幫塞米諾部落工作之前，只偶爾來到保留區，不是正好路過，就是來部落的香菸店買免稅香菸。就某個程度而言，他之所以會到保留區擔任全職工作，是拜霉運之賜。他開始幫塞米諾部落工作前的幾年，運氣背到極點，先是發生一次嚴重車禍，門牙斷了，妻子昏迷好幾個星期，母親和舅舅也在車禍中喪生。之後不久，他和妻子分居。隔年，佛羅里達州南部發生嚴重霜害，許多苗圃損失慘重，拉若許也有很多植物被凍死。然後一九九一年時，美國全國的苗圃發生植物凋萎事件，禍首疑是一批受到污染的杜邦免賴特（Benlate）殺菌劑，其中以蘭花特別敏感，佛羅里達有幾個商業養蘭苗圃都損失不貲，被迫關門大吉。拉若許僥倖逃過霜害的花草，有很多也躲不過毒藥這一劫。最後，在一九九二年八月，安德魯颶風侵襲佛羅里達，暴風圈最強勁的範圍橫掃邁阿密南方戴德（Dade）郡部分地區。當地有一座大型軍事基地，也有很多柑橘田和苗圃，美國各地販賣的蘭花當中，有四分之一以上出自此地。宏姆斯地（Homestead）、納蘭哈（Naranja）以及佛羅里達市幾乎被暴風雨侵襲得片甲不留。在強勁風勢中，多數苗圃應聲而倒：溫室被吹垮，遮陽布不見，一盆盆花卉傾倒破裂。颶風來臨之前，拉若許將部分碩果僅存的植物放在家裡，其他則寄養在三家租來的溫室裡，分別位於邁阿密和宏姆斯地。結果三間溫室當中有兩間被颶風吹得無影無蹤，剩下的一間則像經過一場爆炸。安德魯颶風遠離後幾天，拉若許到剩下的那間溫室去，在距離溫室還有三條街的途中，看見一堆綠色的東西躺在路上。他停下來仔細看了看，才知道原來是自己的植物。他心懷恐懼地到那間溫室去看；裡面花卉無一倖免，因為暴風將鹽水吹進內陸，沒有被吹走的植物也被鹹水淹死了。拉若許經營花卉已有大約十二年，也算是一方知名人物，如今卻落得無家可歸、沒有植物，而且孤零零一人。他當下領悟到，如果再開一家自己的苗圃，最後一定會心碎而死。

——

佛羅里達的塞米諾部落人口有一千六百人，五個保留區涵蓋了三萬六千公頃，其中有一萬公頃牧草地，飼養了一萬頭赫爾福（Hereford）雜交肉牛，四百八十五公頃種植了布里斯（Burriss）檸檬，二百四十公頃紅白葡萄柚，還有一個鯨魚養殖場、養蝦場和養龜場。塞米諾部落也經營賭場和香菸生意。他們的事業多半業績不錯，幾年前年盈餘據報導達六千五百萬美元。賭場是特別賺錢的生意，現在雖然只有撲克牌、吃角子老虎和賓果廳，他們希望能增加拉斯維加斯型態的賭博遊戲，包括特選樂透（Superpick Lotto）以及吉祥六號樂透（Touch 6 Lotto）機器。儘管部落表示，只要獲得擴大賭場規模的許可，每年會撥出一億美元給州政府，佛羅里達州長卻一直反對他們步上拉斯維加斯的後塵。外界人士一旦瞭解到塞米諾部落錢多多，腦筋也動了起來，通常會先對部落提出投資計畫，比如說廢輪胎回收事業、四分之一哩賽馬場或是大型購物商場。塞米諾人通常會客氣地回絕，不過偶爾也會和外人合作經營事業。舉例來說，我拜訪保留區的第一天就碰到一群日本商人正在和巴斯特．巴克斯理談合作種植檸檬的計畫。巴斯特是負責部落建設與規劃的副主管。塞米諾人經營事業多半肥水不落外人田，但會先僱用有專業技能的白人來創立和經營。由於部落的失業率大約為百分之四十，他們會希望部落事業裡的白人經理能僱用部落民眾來擔任助理，並且儘量傳授這行的知識。等到整個公司運作上了軌道，塞米諾人也受過訓練和擁有經驗，最後就請白人經理走路。

在塞米諾部落裡成立一個苗圃的點子早就有人提出，討論過好一陣子了。會提出這個計畫相當自然，因為部落本身有數千公頃的土地，長了許多佛羅里達特有的植物，如蘇鐵、狐尾草、馬唐草和梣樹。土地開發業者在進行所有州政府補助的計畫時，種植的植物必須是這些土生土長的植物，不少私人開發計畫也不例外。經營成功的苗圃到處都有，有些甚至向塞米諾部落承租用地。佛羅里達的塞米諾保留區位於好萊塢、布萊頓、依莫卡里（Immokalee）、坦帕（Tampa）和大絲柏。好萊塢雖是其中最都市化的一個，不過巴斯特知道部落總部附近有一個地方非常適合進行苗圃計畫。該地除了佛羅里達電力公司的幾座鐵塔之外，足足有一公頃的空地，且鄰近一個繁榮的帶狀商業區。部落會議通過決議後，巴斯特打電話給當地報社。登報徵求苗圃經理人。那時拉若許仍是落魄潦倒，還沒有從風災中重新站起來。找到這份工作令他很高興，不過現在回想起來，他老愛說當時不知道自己在想什麼。

——

想設立一個苗圃其實不需大費周張，然而拉若許希望整個計畫越複雜越好。如果只是成立一個普通的苗圃，裡面種種仙人掌、盆栽棕櫚和耶誕樹，怎麼受得了？他心目中的塞米諾苗圃一定要很炫，裡面種滿不尋常的東西。他想種來自世界各地的奇花異卉，如刺柏樹叢（juniper bush）、古董玫瑰（cracker rose）、綵紙木（confetti shrub）、玩具熊棕櫚樹。他想種一百種他所謂的「怪不拉基的蔬菜」，如長在藤蔓上的菠菜、可以爬上格子架的非洲南瓜、種在花盆裡的紅蘿蔔、中國毛瓜、可以長到九十公分長的綠豆以及形狀像陰莖的粉紅色薩伊辣椒。對於蘭花，他也有遠大的計畫。他告訴部落的人，他想建立一個實驗室，用來繁殖五六十個品種的蘭花。「當然啦，塞米諾人只要直接走到後院拔幾根草、折幾根枝子，就可以在苗圃裡賣錢了，」有一次他說：「是啊，很了不起吧。可是實驗室就更不一樣了。這個點子更棒。我解釋給他們聽，如果成立一個實驗室，你只需要找來一兩棵植物，從中複製出幾十億棵。一旦實驗室運作成功，就可以複製大批蘭花來賣，僱用好幾百個原住民來上班，學習複製繁殖的技巧。我們還可以做出又酷又新的雜交品種咧！可以拿佛羅里達的蘭花來實驗，讓人嘆為觀止。我想幫這個地方帶來一些新眼光。去他的楊梅樹！去他的鋸草！實驗室才是真正的生財之道，種種草能賺什麼？」

大部分野生蘭花不喜歡遠離森林，通常只喜歡在原生地的小小宇宙裡，享有自己最愛的光線、水分、溫度和微風，以最完美的角度生長在最完美的樹皮上，有特定的昆蟲來傳粉，特定的養料落在蘭根上和輸入花朵裡，這樣它們才能茁壯，結出種子。許多種類的野生蘭花都無法繁殖上市，若不是不夠漂亮，就是因為還沒有人有辦法完全複製出棲地的環境，無法提供它們生存所需的條件。法咯哈契就有好幾種蘭花若非野生就會死亡，其中最漂亮的一種稱為林登多根蘭（*Polyrrhiza lindenii*），在植物學上歸類為林登無葉氣生蘭（*Polyradicion lindenii*），一般人稱之為幽靈蘭花。幽靈蘭花生長的地方，全美國只有法咯哈契一處。如果你能想辦法破解任何野生蘭花的密碼，特別是像幽靈蘭這麼美麗的蘭種，你就有可能成為富翁。可以在溫室裡種植幽靈蘭，然後在實驗室裡複製幾百株，複製出成千上萬全世界幾乎無人擁有的同一種蘭花，就如同想出辦法來複製西伯利亞虎或寶石一樣。愛蘭人士如果希望自己蒐集到的品種越多越好，就會主動找上門來。繁殖蘭花的人因為需要新的基因群，也會來和你搭線。向你購買植物的人，最後都可以利用插枝的方式自行繁殖，然而你仍然擁有第一個從種子中繁殖出母株的榮譽，而且你領先他們七年，擁有七年的壟斷權，因為幼蘭要花上七年才能開出第一朵花。要進行這樣的計畫，最大的障礙在於法律現在禁止採集所有野生蘭。野生蘭花不但受佛羅里達生態保育法的保護，也受聯邦生態保育法的庇蔭，生長在佛羅里達公園裡和保留區內的蘭花，同時還受到主管州立土地的行政命令保護，華盛頓公約組織（CTTES）嚴格限制國際上野生蘭的買賣。法律實施之前，有少數人採集到一些野生蘭，但繁殖的成果有限，而現在如果有人想取得野生蘭，若不是得親自進森林裡盜採，就是得到黑市向盜採的人購買。

——

拉若許心中自有一套如意算盤。他知道佛羅里達的印地安人不受保育法規限制。開始幫塞米諾部落工作後，他相信自己也不受保育法的羈絆，可以在苗圃的塞米諾籍員工陪伴下進入法喀哈契，指出他想要的植物，讓員工採集，他自己根本不用動手。他這樣做有自保的作用：即使無法獲得原住民的豁免權，他也可以聲稱自己沒有動手採集，如果被保護區管理員盤查，他可以辯稱自己只是跟著來健行，並沒有參與採集的工作。一旦採集到他要的植物，他將帶回到塞米諾的植物實驗室裡，開始進行複製。他已經拿幽靈蘭做了好幾年實驗，聲稱自己是全世界極少數已破解複製與繁殖難題的人之一。如果傳出他成功培植出幽靈蘭花的消息，他就會在植物圈裡聲名大譟，苗圃也可以賣出數百萬計的植物，賺進數百萬元收入，不但他自己春風得意，部落也會對他另眼相看。培育幽靈蘭成功還可破壞黑市行情，因為一旦幽靈蘭成功上市，再也沒有必要購買野地裡盜採來的蘭株了。這種為人著想的點子，就是典型的拉若許作風。最後，整個計畫可以圓滿結束：他計劃讓整件事於佛羅里達州議會開議期間發生，一旦他從森林裡取得他想要的東西，他就可以質疑議員，不應該將法律制訂得如此鬆散，還讓他這麼狡猾的人得逞，得以採集到瀕臨絕種的植物。感到羞愧的議員會根據拉若許的個案來修法，如此一來，森林就可永遠封閉，再也沒有人可以偷走幽靈蘭了。原本鄙視他盜採蘭花的環保分子，這下子也不得不佩服他。一開始他會像個惡魔，不過最後卻會具有聖人的架勢。拉若許認為，最好的一點是，在一切塵埃落定後，身價百萬的植物還是落在他手中。

拉若許一開始為部落效勞，就熱心研究起印地安族群的相關法律。他每天花幾個小時為實驗室訂購材料，為溫室做準備，剩下來的時間就花在邁阿密大學的法學院圖書館，鑽研佛羅里達州的原住民法律史。有兩個案例特別讓他雀躍，其中之一是密科蘇奇（Micosukee）印地安人盜採棕櫚葉而遭州政府起訴三次。密科蘇奇和塞米諾人都以棕櫚葉覆蓋在他們的木屋頂上，而棕櫚樹屬於保育類植物，但最後州政府敗訴，因為法官認為，密科蘇奇人使用棕櫚葉乃是該族傳統文化的一環，因此裁決他們有權利使用棕櫚葉。另一件讓他大受鼓舞的案例是佛羅里達州對詹姆士・比利（James E. Billie）一案。比利長期擔任塞米諾部落的首長。一九八三年他因在大絲柏保留區射殺一頭佛羅里達豹而遭逮捕，因佛羅里達豹受到該州和聯邦政府法律的雙重保護。這個案子涉及印地安人的狩獵權和宗教自由，纏訟數年，結果佛羅里達州和聯邦政府都沒有辦法將酋長定罪。

不管是棕櫚葉還是比利酋長的案子，都讓拉若許大為振奮。他也發現了佛羅里達法律中矛盾的部分。佛羅里達州明令禁止在政府所有地採集動植物，不過如果遇到佛羅里達印地安人採集稀有動植物自用時，州法就沒輒了。依拉若許的想法，這就是他一直在尋找的工具。他相信法律模糊矛盾的地方讓他和塞米諾工作人員可以自由行動，想到什麼地方都可以，想採集什麼東西都沒問題。

——

我和拉若許一起去參觀邁阿密蘭展幾天後，開車到好萊塢的苗圃去看他。路上我打開收音機，想找一個自己喜歡的音樂電臺，結果卻聽到一個談話節目，話題是如何讓寵物蛇和鬣蜥高興。節目結束後，我又聽了一小時的廣告節目，推銷教人理財的錄音帶。講話的人有個空靈的大嗓門，每隔幾分鐘就會轟然說：「朋友，您即將進入財務自主的樂土！」我開車經過了地毯超市、玩具超市、汽車超市，最後來到通往鱷魚走廊（Alligator Alley）的匝道，穿過一條高架高速公路，那是通往有時會舉辦超級盃的體育場；也經過了很多聽起來如夢似幻的佛羅里達城鎮路標，如農莊（Plantation）、日昇（Sunrise）、椰子溪（Coconut Creek）和珊瑚泉（Coral Springs）。高速公路的分隔島種了芙蓉樹叢，像一抹低空的粉紅色雲彩；路肩種植的是掃帚草、漆樹、噴嚏草和積雪草。隨著植物的茂盛生長，公路看起來彷彿隨時都會碎裂開來，最後路面被植物吞噬精光，路基也不見。其實本來就是這樣，在公路上也可以發現令人驚訝的生物，拉若許有一次曾在下I—九五公路的匝道口發現一種稀有的蘭花，目前為止還沒有人在全世界其他地方發現過。

保留區就在拉若許家通往美國蘭花學會總部的半路上，位於I—九五公路西方幾公里處的一塊方形土地。開車經過的人可能渾然不覺他們所在路面屬於部落土地。唯一可以看出端倪之處，就只有幾個部落的免稅香菸店和加油站，以及占滿整條街區、低矮灰色的塞米諾賭場。從馬路上看不見部落總部、牛仔競賽場地或部落民眾的住所。他們多數住在漆成白色，整齊的保留區住宅裡。在佛羅里達的時候，我好幾次來到保留區，每一次都差點錯過。

和拉若許混在一起，我覺得有好有壞。我不喜歡和他開車到處跑，卻很喜歡聽他自述生命中的故事。如果不是為了採訪他，我們才不會成為朋友。他給我的印象是晚睡晚起、菸癮很大、專吃垃圾食物、喜歡玩弄法律，我則以上皆非。不過我深受他這種人吸引。他講的很多事情不是難以置信就是理論基礎薄弱，不然就是聽起來像瘋人瘋語，或是根本不可能，但絕不無聊。他的思考方式和行為走向比較像是激流，而不像小河。他說的話是真是假，我並不是很在意，我只是順著情勢走，難以抵擋。他曾答應要帶我參觀苗圃，我依約抵達，結果他在苗圃的大門附近等我，說他有重要的事一定要馬上辦，我們非立刻動身不可。我停好車，坐進他的廂型車，問他到底有什麼十萬火急的事情。他用鼻子哼一聲，對我說他必須趕去找一個朋友。幾年前他送給這個朋友一些植物，他剛剛決定要收回，並沒有特殊原因。

我們開車出發，他開始對我講他的蘭花大計，突然，他將車停靠在路肩棕櫚樹下，打到空檔，拉起手煞車。他在身上到處找香菸，然後伸手到座位下，最後，臉上露出得意的笑，挖出一包壓扁的萬寶路。他嘶嘶點燃火柴，棕櫚樹葉在廂型車頂上掃動，發出沙沙聲響。「告訴你啊，」他最後開口說：「讓一群印地安人在法喀哈契採東採西的，也不是辦法。我是說，像巴斯特那樣的人啊，巴斯特愛惹事生非。現行法律是這個樣子，一定會有人想出點子來從中獲利，為什麼不能是我呢？」他改變坐姿，向後靠在車窗上，用膝蓋勾住方向盤。他的大腿是我所見過最細長的大腿。「我當時就算準，我們一從沼澤地得到想要的東西，隨後議會便會跟著修法。我打算對法官這樣講：州政府需要保護的，其實是自己。我雖然替塞米諾人工作，實際上卻站在植物那邊。我做的事情有沒有道德？我不知道。我是個很精明的狗雜種。要做壞事，可以成為一代梟雄。要騙吃騙喝，我也很在行，不過生活上遵守法律，還是比較有意思。做自己想做的事情，還儘量做得讓自己說得出道理來，這樣的生活比較刺激。別人看到我做的事情會想，這樣做有沒有道德？這樣做對嗎？隨他們去想。偉大的事業，不是都要經過一番奮鬥才能成功嗎？想想看原子能之類的東西，既可以殘害人類，也可以造福人類。不是好就是壞。癥結就在這裡，走在道德的邊緣上。我喜歡的生活，正是這個樣子。」

他重新發動車子，開往同一街區的苗圃停車場停下。拉若許說，他和妻子還在經營鳳梨樹的時候，認識了這個苗圃的主人。他還提到這個人是同性戀。「你對同性戀沒有意見吧？」他問我。

「當然沒有，」我說。「你是什麼意思？」

「只是問問而已，」他說：「因為啊，不管你個人觀點如何，一旦進了種花種草這一行，你就會瞭解到，同性戀是你的朋友。」

安德魯颶風過後，拉若許沒有地方可以放僅存的植物，也無心照料，所以都送給這家苗圃的主人。這些植物當中沒有一棵是蘭花。他的蘭花全在颶風中死去。剩下的多半是球蘭屬的植物，葉子堅韌如橡膠，還長出又長又卷的藤蔓。拉若許當時不是特別喜歡球蘭，現在也不見得很喜歡，不過不知道什麼原因，他就是決定討回來。他好像覺得討回來也沒有什麼不妥。我們下車，走在一條碎石嗶啪作響的小路上，走向一間遮陽房。小路兩旁有巨大的熱帶樹木，樹皮長滿疙瘩，花朵的顏色像口香糖，就是你會在熱帶卡通裡畫的那種樹木。球蘭掛在另外一間小遮陽房裡，門上有個大鎖，我頓時想到，說不定苗圃主人也擔心拉若許有天會來要回去。我們在遮陽房旁等著，邊看裡面的球蘭邊打蚊子。種在花盆裡的球蘭從天花板上垂掛下來，藤蔓的末端微微碰觸地面。「本來就是不錯的植物嘛，」拉若許說：「看來他照顧得挺周到的。」天氣很熱，令人昏昏沉沉，整個下午都懶洋洋地，溫室周遭和照進溫室裡的陽光一樣怪異又寧靜，彷彿被包在一個氣泡裡。所有的聲響：碎石步道的吱嘎聲、樹葉在風中的低語，以及尖銳的開門聲、抽象的熱帶動物咯咯吱吱聲，都很清晰，卻又悶著，彷彿從蓋住的碗裡傳出的聲響。我們不知道在那裡站了多久，苗圃主人才坐著小高爾夫球車過來。經營苗圃的人往往開這種車巡視他們的領土。看到拉若許，他微微露出高興的神情。「啊，約翰，」他說：「天啊，真的是你。」他將高爾夫球車熄火，彈彈手指關節發出嗶啵聲，然後走下車。他是個禿頭的肌肉男，鬍子修剪很整齊，皮膚曬成腰果般的顏色。拉若許對他說聲哈囉，告訴他苗圃看起來很不賴，還說我來這裡是要寫一本關於拉若許的書。苗圃主人似乎有所警覺地說，他可不希望自己名字出現在任何有關拉若許的書中。拉若許咯咯地笑，然後指向植物說他想過來看看，因為對它們還有感情。苗圃主人伸手掏出鑰匙圈，打開遮陽房。一隻巨嘴鳥坐在門邊的棲枝上，黃色的小眼睛瞪著我們，然後連鳥嘴也不張就發出手提式氣鑽般的巨大聲響。拉若許走進遮陽房裡，玩起一段長長的球蘭藤。「對了，」他說。「我是要來拿回我的球蘭。要付錢還是什麼的，都沒有問題。」

「沒興趣。」主人邊撫著樹葉邊說。

「我來拿回它們，」拉若許又再說一次：「嘿，老兄，別這樣嘛。」

主人摸摸另外一片樹葉：「不行，我已經愛上球蘭了。現在它們是我的，不是你的。」

他們吵了幾分鐘，最後拉若許說服主人，讓主人在兩三個月後給他一些插枝，兩人似乎對這個結果都很滿意。我們走出那間遮陽房，穿過另外一間聞起來像香蕉成熟味道的遮陽房。每經過一株植物，苗圃主人都會伸手去輕拍一下。「嘿，約翰，」他說：「你知道嗎，我幾乎已經沒有蘭花了。我覺得養蘭人實在太不可思議。他們來這裡買蘭花，回去之後卻讓蘭花死掉。來，買回去，然後讓它死掉。我真無法忍受。種羊齒植物的人更是糟糕，不過養蘭人也一樣，你一定了解。他們都覺得自己比較了不起。」他看著拉若許：「你現在還有蒐集些什麼嗎？」

「沒有，」拉若許說：「現在不想替自己蒐集東西了。我真的要好好看緊自己，特別是植物方面，不能亂來。即使是現在站在這裡，都還能感覺到那種想要蒐集的衝動。你也知道我說的是什麼意思。我一看到某種東西就突然會有那種感覺，有點像是我不能只是獲得什麼東西而已，還必須弄個清楚，去種它去賣它去主宰它，然後從中賺到一百萬。」他搖搖頭，腳底踢弄著小石子：「你知道的，就是看見什麼東西，不管是什麼，腦海裡禁不住就會想，哇，天啊，真有意思！我敢打賭，一定可以找到很多這種東西。」

第三章　綠色地獄

一般人沒事不會進入法喀哈契林帶，一定是非常想要某種東西的人才會進去。法喀哈契保留區位於佛羅里達州西南角，距離北邊的那不勒斯約四十公里，面積二萬五千公頃，多為海岸低窪地。在科理爾郡這部分，綢緞似的草坪和高爾夫球場都不見了，取而代之的是一望無際的鋸草，葉緣銳利得像鐮刀一樣。法喀哈契有一部分是深沼澤，有一部分是絲柏，有一部分是濕樹林，有一部分是受潮汐影響的支流濕地，有一部分是被太陽烤焦的草原地。保留區底下的石灰石有六百萬年歷史，上面覆蓋著硬石和沙子，淤泥和貝殼灰泥，還有一層灰灰綠綠的黏土。整體來說，法喀哈契和餅乾一樣平坦。溝渠和凹地很快就被汩汩而出的地下水填滿，樹林繁茂，遮住所有陽光。在樹木稀少的地方，土地像是鋪了一層平順的青草地毯，有小小的凹凸不平之處都很容易看見。這裡多數土地只有海拔一．五到三公尺，高度一毫米一毫米向海邊遞減，直到和海平面等高為止。法喀哈契有種特別奇怪又與眾不同的美。大草原在陽光底下看起來像蔓延數碼的生絲。高大挺拔的棕櫚樹幹和絲柏樹幹，都從平坦的地表扶搖直上，有如噴泉一般。這裡的美就像波斯地毯一樣，厚實、精美、華麗、豐富得幾乎顯得單調。

法喀哈契裡面和周遭都有人居住，不過這裡根本就是個不適合人居住的地方。一八七二年，一名探勘地形的測繪員在野地筆記中寫下：「一個池塘，被海灣和絲柏沼澤圍住，無法接近。池塘裡充滿面目猙獰的大鱷魚。數到五十就數不下去。」我為追索拉若許的足跡，在法喀哈契跋涉了前後數小時，事實上可能是我一生中最難熬的一段時間。法喀哈契的沼澤地帶濕熱，蚊蚋叢生，到處是百步蛇、鑽紋響尾蛇、鱷魚、麝香龜、有毒植物、野豬、刺人的東西、黏人的東西，有的還會飛進鼻子和眼睛裡。走過沼澤地等於是上戰場。寸步難行的程度，有如徒步走過自動洗車場一樣。污水坑裡面的死水深達二公尺，水坑四周的空氣流動遲緩沉重，猶如濕答答的絨布。樹木的腰際看起來像是在流汗一樣。樹葉都因濕氣而顯得光滑。腳底下的爛泥巴會吸住腳不放，如果抓不住腳丫子，抓住鞋子也好。絲柏樹皮會產生單寧酸，流進沼澤裡，將水染成黑色，具有強烈的腐蝕作用，連皮製品都能被硫化。沒有潮氣的地方則是被艷陽烤曬的焦土。太陽直射沒有樹木的草原地，雜草變得非常乾燥，連汽車經過時產生的摩擦，都會引發大火將車子吞噬。法喀哈契以前散布了很多被燒焦的車子，都是由差點被烤焦的探險家留下來的。有一位植物學家曾於一九四〇年代通過這裡，後來接受訪問時表示，這個地方讓他印象最深刻的地方，就是松鼠的種類繁多，還有被燒焦的福特小汽車也很多。沼澤地靜肅、黑暗、濃密，足以讓人心神不寧。一八八五年有一位水手來這裡蒐集鳥類羽毛，在日記裡寫道：「這個地方看起來又荒蕪又寂聊。到了三點左右，亨利的情緒似乎受到環境的影響，我們看見他哭了起來。他無法告訴我們為什麼要哭，他只是嚇壞了。」

可怕的地方通常是屍橫遍野，法喀哈契卻因充滿活生生的東西而狂亂。從前的愛鳥人士有的遠自古巴前來，蒐集到的羽毛可以用來裝飾數千頂女帽。一八〇〇年代，有一群愛鳥人帶走八公噸的鳥蛋。二十世紀初有位旅行者也寫道，這一趟旅行讓他對沼澤地的富饒情形嘖嘖稱奇。他捕獲九十公斤的龍蝦，煮來當作早餐，又無意間發現一個鳥類聚集棲息地，蒐集到「極為豐碩鸕鶿蛋以及蒼鷺蛋，準備用來煎蛋餅。」他當天晚上炒了一顆蒼鷺蛋，加上一粒甘藍棕櫚心當晚餐。從前在法喀哈契，大蚱蜢滿地都是，形成厚厚一層地毯，連開車都覺得危險，蘭花多得令訪客覺得花香之濃讓人反胃。我頭一次進沼澤時看見文殊蘭（strap lilies）、水柳、漆樹、狸藻，還有從傾倒的死樹中長出的復生蕨（resurrection ferns）。我也看到了橡樹、松樹、絲柏、梣木、紫珠、接骨木、黃眼草和樟腦草。我一踏進沼澤地，一隻貓頭鷹就睥睨著我，走出沼澤地時，有三條小鱷魚滑過我行進的方向。我漫步進入沼澤的一個角落，四處圍繞著高大的絲柏。公園管理員把這個地方稱為天主教堂。我閉上雙眼，屏息站在寂靜之中。一會兒睜開眼睛後抬頭一看，看到數十棵觀賞鳳梨棲息在樹枝上，視線所及每棵樹木上幾乎都有。觀賞鳳梨呈鮮紅色和綠色，形狀像用來嚇人的直立假髮。有些大小和蜘蛛一樣，有些和我的體形一般大。陽光由上而下穿透沼澤濃密樹蔭，反射在觀賞鳳梨光亮的葉片上。高高掛在樹枝上的觀賞鳳梨不太像植物，反而比較像一大群動物，正在觀賞通過眼前的每件事物。

去法庭旁聽過後，我決定要去法喀哈契，因為我想看看拉若許當時究竟想找什麼東西。我請他跟我一同去，不過礙於法官的裁決，判決前不准他踏進沼澤一步，我只好另外找人帶路。我本可以自己一個人去，不過聽說法喀哈契實在險惡，甚至我和一些外表看來勇敢的植物學家談起這件事時，他們都表示不喜歡獨自進入。最後有人介紹我認識保留區的管理員東尼，他表示願意帶我進去看看。接下來幾天，我一直告訴自己不要害怕。預訂出發的前幾天，東尼打電話問我是不是真的想去，我的回答很堅定。我這個人其實韌性很強，曾經跑過馬拉松，也曾單槍匹馬旅行到奇奇怪怪的地方，和很多陌生人談過話。如果連韌性也不夠看，我就靠意志力來遺忘記憶，以維持前進的動力。但另一方面，我一生中最最討厭的一件事，就是在夏令營的游泳課踩到湖底的泥巴，腳趾緊緊縮起來，感覺到爛泥和雜草從趾間擠上來，所以要走過沼澤的想法，對我來說有點格外恐怖。隔天東尼又打電話來問我，是不是真的準備要去法喀哈契。當時我再也無法假裝強悍，夏令營的湖底舊事從記憶裡一股腦兒冒上來，最後在管理站和東尼碰面時，我差點哭出來。

然而，沒有看到蘭花，我絕不甘休，所以東尼和我還是深入法喀哈契尋找。我們從早上一直走到傍晚，卻毫無所獲。陽光熾熱，空氣令人窒息。我腳也痠，頭也痛，忍受不了皮膚上黏黏的感覺。我開始像逃兵一樣，暗中興起狂亂的念頭，想知道如果我突然坐下來，拒絕繼續往前走的話，東尼該怎麼辦。他走在我前面一個車身的距離，就我能夠看到的，他感覺非常自在。我為自己打氣，快步跟上他。我們大步前進時，東尼向我介紹他的生活，提到他自己也蒐集蘭花，家裡還有一個小小的蘭花實驗室。他正在實驗一種雜交品種，希望能有圈柱蘭那種圈圍起來的唇瓣，顏色卻像一種嘉德麗雅蘭那樣的栗色，上面有著小小的萊姆綠細緻裝飾。他說，再過個七八年，雜交的幼苗開花時，就可以知道是不是成功了。接下來一公里左右，我沉默地走著，什麼話也沒有說。我們停下來休息的時候，東尼想找出羅盤究竟出了什麼毛病，我趁機問他，蘭花究竟有什麼魅力，可以將人類迷得暈頭轉向，還逼得有些人去偷竊，對蘭花崇拜得五體投地，想繁殖出特定的新品種，然後還願意花將近十年的時間等待它們其中之一開花。

「哦，我猜大概是有神祕感，又漂亮，又難以捉摸吧，」他聳聳肩說：「而且，我覺得真正原因是人生根本沒有意義，缺乏明顯的意義。你起床，去上班，做事情。我覺得大家總是在尋找稍微跳脫常態的事情，好將心思投注在上面，消磨時間。」

我真正想看到的蘭花是幽靈蘭。拉若許進來盜採的時候，帶走了很多蘭花和觀賞鳳梨，不過他告訴我，他最想要的還是幽靈蘭。林登多根蘭是法喀哈契唯一真正漂亮的蘭花。嚴格說來，幽靈蘭屬於萬代科植物，屬於莎卡蘭亞族。多根蘭與無葉氣生蘭是屬名。幽靈蘭是一種無葉的蘭花，林登之名是紀念比利時植物學家尚－舒．林登（Jean-Jules Linden）。他於一八四四年首度在古巴發現幽靈蘭。在美國首度發現的時間是一八八〇年，地點是科理爾郡。幽靈蘭通常包圍梣木、野番荔枝樹和釋迦樹的枝幹成長。每年開花一次，不長葉子，整株植物就只有綠色的眼，盤根錯節，呈扁平狀，寬度約為義大利麵寬，包住枝幹生長。幽靈蘭的根含葉綠素，既具有根的作用，也有葉子的功能。蘭花白白的像紙一樣，非常可愛。幽靈蘭的唇瓣很精美，就和所有蘭花的特點一樣，不過幽靈蘭的唇瓣特別顯著，嘛得翹翹的，每個角落最後都縮小為長長一條輕飄飄的尾巴。從照片上看來，幽靈蘭的花朵活像一個男人留了滿清時代的八字鬍一樣。蘭花的尾巴非常纖細，微風輕輕一吹就隨風輕顫。花朵的白色如聚光燈般，在一片灰色和綠色的沼澤中令人驚艷。由於幽靈蘭沒有葉子，蘭根依附在樹皮上也幾乎看不見，花朵就像懸掛在半空中，神奇無比。有人說，幽靈蘭開花的時候，就像一隻白色的飛蛙，一種虛無飄渺又美麗的白色飛蛙。《佛羅里達原生蘭花》（*The Native Orchids of Florida*）一書的作者卡萊爾．盧耳（Carlyle Luer）曾如此描述：「如果有幸看見一朵幽靈蘭，其他事物都將乍然失色。」

在一個大排水坑附近，東尼指著小樹上一些小小的綠色帶狀東西，說那就是幽靈蘭，今年已經開過花了。我們繼續走了一個小時，他又指了一些樹木讓我看看幽靈蘭的綠色根。光線越來越弱，我一身爛泥，到處都是刮傷，又快被熱昏了。最後我們回頭，彷彿走了八千公里才回到東尼的吉普車。辛苦了一天，還是沒有達到此行的目的。我們一邊向外走，我一邊將全部心思放在一個疑問上：幽靈蘭這麼難找，觀賞的期限又短暫，又美麗得令人難以控制衝動。又不可能人工繁殖，會不會只是神話一樁，根本就沒有實際的花朵？或許真的只是幽靈而已。法喀哈契確實有鬼，有多年前遭盜採鳥類獵人殺害的管理員的鬼魂，有互相砍殺的伐木工人的鬼魂，屍體被砍成一塊塊隨地丟棄，化為塵土。多年來也有一個名為沼澤人猿的鬼魅在法喀哈契走動，據說有二公尺高，三百公斤重，身型近似人類，姿態有如猿猴，身體發出臭鼬般的惡臭，喜歡吃青豆。此外，還有一個法喀哈契管理員所謂的「幽靈壓地機」，這個不知名的幽靈人類會開著真的——不是想像出來的——建築器材進入沼澤裡，每隔一段時間就來一次，清理被藤蔓蓋滿的路面。

如果幽靈蘭真的只是幻象，這個幻象還是令人如痴如迷，能夠引誘很多人年復一年、艱苦步行數哩進去尋找。如果真有幽靈蘭，我也想要親眼看到，沒有看到，我就一直回來佛羅里達找。想看幽靈蘭的原因並不是我喜歡蘭花。我甚至不是特別喜歡蘭花。我想看幽靈蘭，是想看看這個具有強大吸引力、令人一心一意嚮往的花朵。我遇見所有和盜採蘭花有關的人，他們的生活都繞著某種強烈的慾望運行。拉若許有他自己瘋狂的靈感，愛蘭人對他們的花兒有強烈的奉獻感，塞米諾人也對歷史和文化有熾熱的奉獻感。就是這種慾望，決定了他們消磨時間和金錢的方法，也為他們選擇了朋友、決定旅行的地方以及抵達目的地後要做的事情。這簡直就等於一種宗教信仰。看到他們對植物如此熱衷，我也很想和他們一樣熱切追求某種東西，不過我的個性不是這樣。我認為，和我同年紀的人覺得，投注太多熱忱會很不好意思，也相信對任何事物過於熱衷都顯得天真。我大概也熱衷一種不太難堪的事物吧，就是我想知道熱情關照某種事物是什麼樣的感覺。當晚我打電話給拉若許，告訴他，我剛去法喀哈契尋找幽靈蘭，除了光禿禿的蘭根外，什麼也沒看見。我說，我在想，會不會是已經錯過今年的花期，不然就是幽靈蘭的花朵只開在人們的幻想中。人在沼澤裡走太久的確會胡思亂想。我沒有說出口的是，強烈的感覺通常會在一開始的時候讓我抱持懷疑的態度。我也沒有說，他的生命好像滿是一些像幽靈蘭之類的東西，一些想像起來很美好，很容易醉心於其中的東西，不過就是有點虛幻、稍縱即逝、遙不可及。

我可以聽見他撮唇吸入一口菸時的聲音，然後他說：「老天爺啊，幽靈蘭當然存在，那還用說！我用偷都偷來了，拜託你行不行！確切長在什麼地方，我知道。」電話那端靜了一會兒，然後他清清喉嚨說：「你應該找我跟你去才對。」

第四章　蘭花熱

蘭花是一種多年生植物，歷史悠久，花朵由一根雄蕊和三枚花瓣組成。其中一枚花瓣和另外兩枚不一樣。多數蘭種的這一枚花瓣會擴大為袋狀或唇狀，是整朵花最惹人注目之處。目前全世界已知的蘭花種類超過六萬種，可能還有數千種沒被發現，另外有數千種已經絕跡。人類利用交叉授粉的方式，將各種不同品種乃至雜交品種相互授粉，在植物栽培實驗室裡又創造出十萬種雜交品種。

蘭花被公認為是地球上演化最先進的開花植物。它的花形很特殊，顏色也美得非比尋常，而且往往香味濃郁，結構精巧，和任何其他科的植物皆大為不同。蘭花這種獨特性是怎麼來的，總是令人百思不解。有人猜測，蘭花可能是在蘊藏了隕石或礦物釋放出來的天然放射性物質的土壤中演化而成，因放射線造成基因突變而演變出數以千計令人讚嘆的花形。

蘭花的外形千變萬化，不太像一般花朵。有一種蘭花看起來活像大狼犬伸出舌頭的樣子；有一種看起來像洋蔥；有一種看起來像章魚；有一種看起來像人類的鼻子。有一種看起來像國王會穿的豪華御鞋：有一種看起來像米老鼠；有一種看起來像隻猴子；有一種看起來像是死了。一八四五年《植物登記錄》（*Botanical Registry*）裡描述了一種蘭花，看起來像「伊莉莎白女王時代的女士穿著僵硬高領時戴的一種老式頭飾，或者彷彿俗麗緞帶裝飾的馬軛。」也有些種類看起來像蝴蝶、蝙蝠、女士手提袋、蜜蜂、一大群蜜蜂、雌黃蜂、貝殼、樹根、駱駝蹄、松鼠、包著頭巾的修女或醉醺醺的老頭等。德古拉（*Dracula*）品種紅中帶黑，看起來就像吸血蝙蝠。法喀哈契的幽靈蘭看似幽靈，有人卻描述為大外八的舞者、有人說是白色青蛙、也有人認為像仙女。佛羅里達有很多野生蘭，都被人依它們的外形取了俗名：彎刺、棕色、僵硬、扭曲、亮葉、牛角、嘴唇、蛇、無葉鳥嘴、鼠尾、騾耳、暗影女巫、水蜘蛛、假水蜘蛛、雲鬢（ladies' tresses）、假雲鬢。一六七八年植物學家雅各．布雷恩（Jakob Breyne）寫道：「蘭花具有五花八門的外形，引發吾人最深的愛慕。花朵的形狀有的像小鳥、蜥蜴，有的像昆蟲。有的像男人，有的像女人，有時像嚴峻而邪惡的戰士，有時像逗笑的小丑。有的外形令人聯想到懶洋洋的烏龜、憂傷的蟾蜍、身手矯健喋喋不休的猴子。」人們總是認為蘭花很美麗，卻也很怪異。發行於一九一七年的野生花卉指南稱蘭花為「我們古怪的怪物」。

最小的蘭花要用顯微鏡才看得到，最大的蘭花聚成一團可以有足球那麼大。植物學家曾報告說，在法喀哈契看過一種牛角蘭，花朵如一般大小，卻有三十四個假球莖。假球莖鼓鼓的，呈塊莖狀，長在蘭株的底部。負責儲藏能量，每個都有十幾吋長。有些蘭花的花瓣如粉末般細軟，有些則如橡膠般地僵硬，好似汽車內胎。瑞蒙．錢德勒曾寫道，蘭花的質地像人類的肌膚一樣。顏色則令人目不暇給，有的有斑點、有的有雜色，有的上面有細紋，也有的純色，從接近霓虹到純潔無瑕的白色都有。多數蘭種都有一種以上的顏色，舉例來說，花瓣可能具有象牙色澤，而唇瓣則是亮麗的粉紅，或者綠色的花瓣上面有深紫色的條紋，或者是帶有橄欖斑點的黃色花瓣，加上紫色的唇瓣，底下有一抹紅暈。有些蘭花的配色讓人不敢恭維，如果衣服配色配成這種樣子，被人看見還得了。有些看起來好像刷油漆時出了點意外。白色的蘭花是有，不過卻從來都沒有出現過黑色蘭花，儘管如此，還是永遠都有人想要黑蘭花。漫畫書人物布蓮達．史塔爾（Brenda Starr）的男友貝佐．聖約翰（Basil St. John）因為罹患一種罕見而奇怪的血液病變，需要找到黑蘭花的萃取液才能控制病情。關於黑蘭花，我曾經請教過鮑伯．富可士（Bob Fuchs），他是宏姆斯地鮑富蘭園的老闆。我問他認為有沒有可能發現黑蘭花，或是利用雜交的方式製造出黑蘭花。「不可能。真實生活中絕不可能，」他說：「只有在布蓮達．史塔爾的故事裡才有。」

很多植物自行授粉，這樣可以確保它們繼續繁衍下一代，讓自己的物種生生不息。自我授粉的壞處是反覆運用相同的基因組合，因此自我授粉的種類可以繁衍下去沒錯，不過卻無法演化，無法自我改善。自我授粉的植物基本上維持簡單而普通的生命形態，例如雜草就是。複雜的植物依賴交叉受精來繁殖。這些植物必須將花粉傳送到另一棵植物上，不管是靠風力、鳥類、蛾類或靠蜜蜂來傳粉。交叉授粉的植物花形通常很複雜，必須長得讓花粉儲藏在微風可以撩起的地方，不然就要讓很多傳粉的昆蟲覺得很誘人，不然就要為某種昆蟲量身訂做，特別吸引這種昆蟲，讓自己成為這種昆蟲唯一的食物來源。達爾文相信，交叉受精的植物在生存競賽中，永遠勝過自我授粉的植物，因為交叉受精的後代有新的基因組合，如果周遭環境起了變化，它們較有進化生存的機會。大多數蘭花都不會進行自我授粉，就算以人工方式將花粉沾在花柱的柱頭上也不行。有些蘭花品種甚至還會因自己的柱頭沾到花粉而中毒斃命。蘭花以外的植物有些也不進行自我授粉，但卻沒有任何一種植物比蘭花還堅決反對自我授粉。

如果昆蟲選擇靠比較簡單的植物維生而不靠蘭花過活的話，恐怕蘭科植物早已和恐龍一樣絕跡了。如果昆蟲不靠蘭花維生，蘭花就沒有辦法授粉，沒有授粉就無法長出種子，而周遭自我授粉的簡單植物就能不斷播種生長，火速蔓延，占據越來越多的空間、光線和水分，最後蘭花會被推向演化舞臺的邊緣，消失不見。不過事實上，蘭花不但數量增加，品種也多樣化，而且成為世界上為數最大的開花植物家族，因為每種蘭花都讓自己美得難以抗拒。許多品種會模仿它們最愛的昆蟲長相，讓昆蟲誤以為是同類，等到昆蟲停在花上，花粉就附著在蟲體。這隻昆蟲如果再犯相同的錯誤，降落在另一朵蘭花上，前面那朵蘭花的花粉就能沾到這朵蘭花的柱頭上，換言之，蘭花之所以能夠受精，是因為它比昆蟲聰明。另有一種蘭花模仿授粉昆蟲喜歡攻擊的對象，植物學家稱此為假敵對現象（pseudoantagonism）。昆蟲看見敵人就會進行攻擊，結果攻擊的對象卻是蘭花。在徒勞無功的攻擊行動中，昆蟲會沾到蘭花的花粉，重蹈覆轍時就能傳粉給下一朵蘭花。有些蘭花酷似授粉昆蟲的交配對象，讓昆蟲過來和一朵又一朵的蘭花交配，就是所謂的假交配。每次交配都沒有成功，卻帶著花粉傳過一朵接一朵的蘭花。兜蘭具有一個特殊的鉸鏈形唇瓣，能困住蜜蜂，逼蜜蜂通過黏黏的花粉堆，奮力從花朵的後方脫身出去。也有一種蘭花會分泌出花蜜吸引小昆蟲，當昆蟲舔食花蜜的時候，會慢慢被誘進蘭花內部一個狹窄的管子裡，直到昆蟲的頭部在蕊喙頂部的正下方。昆蟲抬起頭時，蕊喙頂部會射出小團花粉，立刻緊緊黏住蟲眼，等到這隻昆蟲探頭進另一朵蘭花時，眼睛上的花粉馬上脫落。有些蘭花的外表端正大方，卻暗藏誘人的氣味。有的蘭花味道聞起來像腐肉，正好投合昆蟲的喜好。有些蘭花聞起來像巧克力；有些聞起來像天使蛋糕。有些會仿傚其他花朵的香味，因為那些香味更受昆蟲歡迎；有些只有在晚上才散發出香味，以吸引夜行蛾類。

蘭花到底是為了配合昆蟲而演化，還是它自己先演化，或是兩者同步演進，沒有人知道。也許，最後一個說法比較能解釋得通兩種完全不同的生物之間如何相依共存。蘭花和授粉者之間的和諧關係完美無缺，甚至令人覺得有點詭異。達爾文喜歡研究蘭花。在他的著作中，他提到蘭花時常稱之為「我摯愛的蘭花」，並確信蘭花乃是生物演化的登峰造極之作，因而曾經寫道，若說蘭花一開始生長的模樣就和今日一樣，就太荒誕不經了。一八七七年他發表一本書，書名是《蘭花吸引昆蟲傳粉的各種手段》（*The Various Contrivances by Which Orchids are Fertilised by Insects*）。書中一章描述他在馬達加斯加發現的一種奇特的蘭花：大慧星風蘭（*Angraecum sesquipedale*），星形的白色花朵有臘般光澤，「還有條綠色鞭狀的蜜腺，長度驚人。」蜜腺幾達十二吋長，所有的花蜜都集中在最後一吋上。達爾文假設，當時一定有一種昆蟲可以吃到難以接近的花蜜，還可以同時幫蘭花授粉，否則這種蘭花根本不會存在。這樣的昆蟲一定也是奇形怪狀，才能配合蘭花的蜜腺。他寫道：「在馬達加斯加，一定有飛蛾能將吸管伸長到十至十二吋！有些昆蟲學家對我嗤之以鼻，然而如今我們從富里茲．穆勒（Fritz Muller）處得知，巴西南部的確有種天蛾，吸管差不多夠長，因為乾燥的標本就有十到十一吋長。當吸管不用時可以捲成至少二十圈……有些巨大的蛾類吸管超長，可以吸乾最後一滴花蜜。如果馬達加斯加的這種大蛾絕種，這種風蘭也會跟著滅絕。」達爾文對蘭花釋放花粉的方式很感興趣，他用很多東西來刺動蘭花，包括縫衣針、駱駝毛刷、刺毛、鉛筆、和自己的手指頭。他發現有些部分非常敏感，稍稍碰觸就會釋放出花粉，至於比較不敏感的部分，「適度的蠻力」也無法產生效果，因此他下結論，這表示蘭花不會隨意釋放花粉。蘭花很聰明，會將花粉留到最適合的昆蟲身上。他寫道：「蘭花的形狀似乎符合最狂野的遐想，不過我們之所以會這樣想，無疑是因為我們不知道它們生存的條件和需求。蘭花為什麼需要這麼多完美的設計來完成受精？我相信很多其他植物也有類似高度完美的結構，只不過蘭科植物的確比多數其他植物的結構來得多元完美。」

——

蘭花吸引授粉昆蟲的手法很高雅，不過成功率卻很低。植物學家最近以十五年的時間來研究一千棵野生蘭，結果這段時間內只有二十三株蘭花授粉成功。授粉機率雖低，蘭花還是有辦法彌補缺憾。蘭花一旦受精，就會長出一個超級飽滿的種子莢。其他植物多數一次只產生二十顆左右的種子，蘭花的種子莢裡可以包含數以百萬計的細粉狀種子。一個種子莢裡包含的種子數量，足夠供應全世界胸花需求，永遠不虞匱乏。

有些種類的蘭花生長在地面，有些則完全不需要泥土。不用生長在泥土裡的植物稱為附生植物，終其一生都附著在樹枝或岩石上。附生蘭花的種子落在舒服的地點，發芽成長，讓蘭根吊在半空中，過著懶洋洋的生活，吸收雨水、腐敗樹葉和光線維生。它們不算寄生植物，並沒有從樹木本身取得好處，也沒有對樹木進行回報，只是在樹上找個好地方棲息而已。多數附生植物都在熱帶叢林中演化，裡面有很多生物彼此競爭叢林地面的生存空間，很多物種鬥不過別人，因此逐漸滅絕。蘭花能夠繁衍不絕，是因為發展出存活在空氣中的技巧，不靠泥土也能生存，讓自己高高掛在樹枝上，俯視其他植物，如此必然可以獲得光線和水。它們生生不息，是因為主動退出了競爭。如果這些描述讓蘭花聽起來很聰明——沒錯，它們的確是有聰明的模樣。從蘭花執意生存的決心、善用欺騙的技巧，以及吸引人類千百年的天分看來，它們既聰明伶俐而且不像植物。

蘭花生長緩慢：它們也會凋萎。它們會開花，長出種子莢，然後一次休息好幾個月。受精的蘭花種子大約在七年後才長成、開花。在生長過程中，蘭花背部會枯萎，而從前面繼續長出新的部分。蘭花沒有天敵，能中傷得了蘭花的，只有惡劣天候和罕見的病毒。蘭花是世界上少數能永生的生物之一。人工養殖的蘭花如果沒有死在主人的手中，通常會活得比主人還久，甚至比主人的子孫還長壽。許多愛蘭人會在遺囑裡指定蘭花繼承人是因為他們知道人死蘭花留。鮑富蘭園的鮑伯・富可士擁有一些蘭株，是他已故的祖父於二十世紀初在南美洲發現的。芬諾爾蘭園（Fennel Orchids）的湯姆斯・芬諾爾三世（Thomas Fennel III）也有一些蘭株是祖父年輕時遠赴委內瑞拉採集來的。紐約植物園裡有些蘭花，自從一八九八年以來一直在那兒的溫室裡生長。

蘭花最早在熱帶演化，不過現在全世界到處都可見到它們生長，多數是因為種子飄浮在空中，由氣流從熱帶傳送至各地。一場颶風可以傳送數十億顆種子到數千公里以外的地方。從南美洲被吹送到佛羅里達的蘭花種子，風大的時候，有的掉到游泳池裡，有的掉在烤肉坑裡、推圓盤遊戲臺上、加油站裡、辦公大樓的屋頂上、速食餐廳的車輛入口上、熱騰騰的沙灘上或是掉在頭髮上；不是被掃走、被踩到，就是被淹沒，沒有人看見，也沒有人感覺到。不過，有些會掉在安靜溫濕的地方，有些種子甚至還會正好舒舒服服落在樹木的鼠蹊部[1]或是石頭的隙縫中。如果其中一顆種子正好碰到可以用來當養分的菌類，就可以發芽茁壯。每次颶風侵襲佛羅里達，植物學家就會想，這次又有什麼新的蘭花會跟著進來。安德魯颶風究竟吹來什麼蘭花，他們正拭目以待。颶風過後七年，他們就可以獲得答案，因為種子著陸後到此時已發芽長成。

人類對蘭花的感覺，無法用科學來解釋。蘭花似乎可以讓人如痴如狂。喜歡蘭花的人愛不釋手。蘭花比愛情故事還能激起熱情，它們是地球上最性感的花朵。蘭花的英文 orchid 一詞源於拉丁文 *orchis*，原意為睪丸，指的不僅是蘭花塊莖長得像睪丸，也與長久以來的迷信有關。從前的人

1　意指叉枒處。（編按）

認為，蘭花是從動物交配時流出的精液中長出來的。一六五三年出版的英國植物指南中警告，使用蘭花時必須謹慎。「蘭花性濕熱，由維納斯主管，極能煽動性慾。」英格蘭在維多利亞時代，很多人沉溺於養蘭的嗜好，有人將此現象稱為「狂蘭症」（orchidelirium）。有很多人表面上看起來很正常，一旦愛上蘭花就變得比較不像正常人，反而比較像約翰·拉若許。即使到現在，蒐集蘭花還是有瘋狂的成分存在。我遇到的每個愛蘭人都告訴我同樣的故事，都是從廚房裡的一棵開始，成長到十幾棵，然後擴展成後院的溫室，然後很多人會加蓋好幾間溫室，還跑到亞洲和非洲去蒐集。蘭花預算不斷追加，追求奇珍異類的慾望也不斷高漲，他們所得到的回報卻少得可憐，只有認真的蒐集者才會欣賞；例如有一種奇唇蘭（*Stanhopea*），每年只開花一次，每次開花最多只有一天，若不是真正愛蘭人，誰受得了。「就像感染疾病一樣，」來自瓜地馬拉的蒐集者向我解釋。「想戒酒，可以參加匿名戒酒會，不過一染上愛蘭的習慣，怎麼戒都戒不掉。」我來佛羅里達之前一棵蘭花也沒有養過，然而拉若許一直和我抬槓，說什麼只要在養蘭人身邊混個一年，絕對會跟著上癮。我才不想上癮。我住的公寓沒有空間可以種植物，我也沒有那個耐心，也不希望讓拉若許太自以為是，以為自己料事如神。事實上，我每次訪問養蘭人，他們幾乎都會堅持要我收下一株。因為我實在很擔心培養出感情所以一律馬上轉手送人。

目前國際蘭花貿易額每年超過一百億美元，部分稀有品種可以賣超過兩萬五千美元。泰國是全世界切花最大的輸出國，將價值三千萬的胸花和花束運送至全球各地。有些蘭花買起來很貴，養起來更貴。現在出遠門時，也有人專門為客戶照料蘭花，還有專業的蘭花醫生和蘭花旅館。如果蘭花的花期過了，就可以送進旅館裡，等到長出花苞的時候，旅館會通知顧客來帶回去炫耀一番。有一份雜誌最近報導，有位顧客將蘭花寄養在舊金山的旅館裡，蘭花多到每個月要付出兩千美元。網際網路上有無數蘭花網站。我有一陣子常上「田中醫生首頁」。田中醫生描述自己是「拖鞋蘭的同好！」還宣稱自己「醜到不敢貼出相片。」他的網站報導了「最近在日本的蘭展中漂亮又／或絕佳的拖鞋蘭」，也有他的溫室和家人的照片，還有他女兒的相片。他的女兒叫做拖鞋蘭。「國中一年級，」他在田中拖鞋蘭小姐的相片下面註明。相片中的女孩在微笑。「她正值愛玩的年齡。幾乎每一棵複製出來的拖鞋蘭，我都取名做真紀。第一棵叫做真紀，接下來的叫做夢幻真紀、歡樂真紀等等。」至於妻子佳裕子，田中先生寫道，「她的年齡不能說。她很擔心和我一樣，長出中廣的身材。我養拖鞋蘭，她從來沒有抱怨，讓我想做什麼就做什麼……女兒出生之前，我把所有複製出來的拖鞋蘭都取做老婆的名字，結果有了女兒之後，我把她的名字全都忘掉了。」

我和拉若許混在一起的時候，聽說了無數對蘭花全心奉獻的故事。有一位蒐集蘭花的仁兄住在紐約市曼哈頓區的連棟房子裡，屋頂蓋了兩間溫室，養了三千株稀有蘭花。溫室裡面有自動屋頂散氣系統、瓦斯暖氣、人造雲霧系統、產生微風的電扇。他也像很多養蘭人一樣，度假時間都和妻子錯開，這樣就有人留守照顧蘭花。我曾聽過日本航空的創辦人深島道宏，他表示商場無情，所以早早退休，把資產都轉給妻子，和家人斷絕關係，帶著兩千株蘭花搬到馬來西亞。他結過兩次婚，向記者表示：「我覺得都是因為愛蘭成痴，才會讓兩任妻子都不高興。」大富翁遊戲的發明人查爾斯・達若（Charles Darrow），四十六歲時抱著靠大富翁賺來的錢退休，全心蒐集繁殖野生蘭。有位蒐集蘭花的年輕華人許世華，最近說他自己秀斗，因為儘管已因非法持有野生蘭被拖進法庭四次，他還是認為很值得。

蒐集東西可以算是一種戀愛症候群。如果你蒐集的是生物，就是在追求無法至善至美的東西，因為就算你找到並擁有你想要的生物，沒有人能保證它們不會死亡或起變化。幾年前，棕櫚灘一名男子養了三萬株蘭花，結果全部死光。他怪罪附近污水處理場排放沼氣，控告棕櫚灘郡政府獲得和解，不過根據他的家人描述，他從此就「開始走下坡」。這名男子因為攻擊自己父親而被警方逮捕，然後又對準鄰居家的房子發射十六口徑的獵槍，以及隨身攜帶刀子、手槍和獵槍而被捕。他的兒子向一名記者表示，「這一切都是從他的蘭花死得一棵不剩開始的。」美麗的事物可以美得令人心癢難熬，不過蘭花還不只是外表漂亮而已，很多蘭花看起來怪裡怪氣。沒有開花的時候，所有蘭花都很醜陋。蘭花歷史悠久，是一種精巧的生物，而且能讓自己適應地球上每種環境。恐龍已經消失了，它們還在。甚至可能將來人類絕跡了，它們還在。蘭花可以雜交、突變、混種、複製。它們集合建築學、美學於一身，既堅韌又柔美，等於是從乾草堆中生出的一顆寶石。蘭花的植物結構複雜性以及可變異性，使得它們成為所有可蒐集的生物中最令人為之風靡傾倒的一種。蘭花的品種多達數千種，每天在實驗室裡都能產生新的品種，也有新的品種在野地裡被發現，另外還有一些蘭花幾乎沒有辦法找到，因為它們數目極少，棲地又偏遠。可以這麼說，因為蘭花的數目一直在變，根本不可能算出地球上究竟有多少種類的蘭花。愛上蘭花，就像是單相思，永遠無法完完全全獲得回報。如果有人想蒐集地球上每一種蘭花，必然是距離達成目標還很遠時就已經駕鶴西歸了。

第五章　致命的行業

維多利亞時代以尋找蘭花著名的威廉・阿諾（William Arnold），有一次到南美奧利諾科河（Orinoco River）進行採集時不幸溺斃。和阿諾同一時代的蘭花獵人施若德（Shroeder），在非洲獅子山採集蘭花時墜崖身亡。採蘭人佛肯伯格（Falkenberg）在巴拿馬尋蘭失蹤。大衛・包曼（David Bowman）在哥倫比亞的波哥大死於痢疾。採蘭人克拉巴克（Klabock）在墨西哥慘遭殺害；布朗（Brown）在馬達加斯加遇害；恩德勒斯（Endres）在里奧阿查（Riohacha）遭槍擊身亡。古斯塔維・瓦里斯（Gustave Wallis）在厄瓜多死於高燒；迪干斯（Digance）在巴西被當地人槍殺。奧斯莫斯（Osmers）在亞洲消失得無聲無息；精通數種語言的植物蒐集家奧古斯特・馬卡利（Augustus Margary）在長江上航行時，飽受牙痛、風濕、肋膜炎、痢疾之苦，最後達成目的走過八莫（Bhamo）時卻遭人殺害。採集蘭花是一項致命的行業；這也是這一行部分的魅力所在。拉若許熱愛蘭花，不過我後來相信，他熱愛採集時遭遇到的困難和生命危險，幾乎和他對蘭花的熱愛程度一樣。在沼澤裡的境遇越艱難，他就對盜採的植物更加熱心。

拉若許對悲慘的感覺懷抱著變態的樂趣，而這種樂趣在採蘭人之間是一項傳統。一九〇六年一份雜誌上有篇文章解釋：「崇拜蘭花的浪漫情懷，多半來自採集的過程中。蘭花生長地可能是熱帶沼澤，也可能生長在國外，當地到處是充滿敵意的土著，摩拳擦掌準備殺害雄心勃勃的採集人，還很可能準備煮來吃。」一九〇一年，八名採集蘭花的人進入菲律賓。不到一個月，其中一人被老虎吞噬，一人全身被灑滿油，活活燒死，五人失蹤。最後一人死裡逃生，帶著四萬七千株蝴蝶蘭走出森林。一八八九年，一名年輕男子受英國養蘭人崔佛．勞倫斯（Trevor Lawrence）爵士之託，進入森林裡尋找嘉德麗雅蘭。他踩著泥巴走了十四天，從此再也沒有人見過他。數十名採集人不幸喪命，不是死於熱病就是意外，不然就是瘧疾或他殺。也有人成了獵頭族的戰利品，或可怕生物攻擊的對象，這些生物包括：黃色飛行蜥蜴、鑽紋響尾蛇、美洲虎、壁蝨和蓋亞那黃蜂。有些採蘭人遭到其他採蘭人的殺害。所有採蘭人都有遇上暴力的準備。艾爾伯．密利肯（Albert Millican）於一八九一年上北安地斯山脈探險，在日記中記載，他最重要的隨身物品包括幾把刀子、短劍、左輪槍、匕首、步槍、手槍，還有可以抽上一年的煙草。身為採蘭人，一直都意味著要到可怕的地方去尋找美麗的事物。從一八〇〇年代中期到一九〇〇年代早期，採蘭業達到全盛時期，當時所謂可怕的地方的確很可怕，如果有膽宣稱自己是採蘭人，一定要勇敢、敏銳，願意命喪異鄉。

有些維多利亞時代的養蘭人會親自到熱帶地方進行採集，不過多數還是留在家裡，付錢給職業採蘭人到世界各地幫他們完成任務。擁有熱帶蘭花，代表你財大氣粗，有能力聘人進行可能會送命的任務。英國人一開始對熱帶蘭花產生興趣，就有英國人開始做熱帶蘭花的買賣生意。這些種植蘭花來賣錢的人，完全要依賴採蘭人提供蘭花。當時英格蘭人還不太會培養繁殖熱帶蘭花，遑論產生新品種，所以採蘭人就成了供給苗圃貨源的唯一人選。大型苗圃僱用的全數都是採蘭人。以一八九四年為例，頗富盛名的維多利亞時代養蘭人佛德瑞克・山德（Frederick Sander）當時在他位於聖奧爾本斯（St. Albans）的土地上蓋了六十間溫室，僱用了二十三個採蘭人，負責到世界各地幫他採集蘭花：墨西哥有一人，巴西有兩人，哥倫比亞有兩人，祕魯也有兩人，馬達加斯加有一人，新幾內亞有一人，印度有三人，海峽殖民地[2]有一人。山德有個採蘭高手名叫班納

2　海峽殖民地（Straits Settlement），一八二六年至一九四六年間，英國對馬六甲海峽周邊的管轄範圍，由新加坡、檳城和馬六甲三港口組成。（編按）

第・羅澤爾（Benedict Roezl），是個外表強悍的捷克人。羅澤爾沒有左手，因為他在哈瓦那發明了一臺從大麻中萃取纖維的機器，展示使用步驟時不慎切斷左手。斷手的地方裝上一個鐵鉤，讓他的外表更形陰沉。羅澤爾尋遍南美洲，途中發現了八百種新蘭花，維多利亞時代的蘭花熱潮熱到最高點時，共有幾十名採蘭人為養蘭人效勞，足跡遍布世界各地。一八六三年一艘航向安地斯山脈的船上，乘客包括了皇家園藝學會的約翰・維爾（John Weir），為山德的頭號對手約翰・羅歐（John Lowe）賣命的約翰・布朗特（John Blunt），以及為知名比利時苗圃專家尚－舒，林登效勞的採蘭人史林姆（Schlim）。這三名乘客的目的地都是安地斯山脈的同一個地方，都是要尋找相同的祕魯齒舌蘭，三人都向老闆保證，一定會率先帶著蘭花回家。就採蘭人這一行業來說，寬廣的世界已經相當擁擠，互相競爭的養蘭人所僱用的採蘭人如果在外冤家路窄狹路相逢，就算不殺死對方，至少也會讓對方送掉半條命。後來淹死在奧利諾科河的威廉・阿諾，是名年輕德國男子，通常是幫山德工作。阿諾的個性叛逆，容易動怒，很多人知道他很講究出外攜帶的武器。據說他曾向其他採蘭人吹噓，說他曾經推掉一項委託的任務，原因是委託人雖然答應付一大筆錢，配給的武器卻只是一把二手的槍。山德曾派遣阿諾到巴西尋找嘉德麗雅蘭。在航往巴西途中，阿諾和另外一名採蘭人起了衝突，這個採蘭人的目的地同樣是巴西，也是要去尋找嘉德麗雅蘭，不過委託人是山德的死對頭約翰・羅歐。兩個採蘭人都擁有多種兵器，火藥味濃厚。恫嚇威脅、展現隨身武器之後，他們幾乎決鬥起來。阿諾一抵達巴西，馬上寫信給山德，向他報告衝突的經過。據山德傳記的作者亞瑟・史溫森（Arthur Swinson）寫道，山德回信給阿諾：「發生衝突，讓我興奮異常，帶給我很大的樂趣，因為我非常喜歡作戰。」他要阿諾即刻停止採蘭的任務，開始跟蹤羅歐的採蘭人，看看他在採集什麼植物，如果有漏掉的，就去採集。然後山德告訴阿諾，趁他們在打包上船時，想辦法小便在競爭對手的植物上，因為尿液會導致蘭花提早長出種子莢，在回國的船上枯萎。

採蘭人都單獨行動，顯然不太喜歡有人作伴。他們從來不和同行一起上路。不過有時候會帶一大批工作人員隨行。約瑟夫・胡克（Joseph Hooker）就帶了六十名隨行人員，其中有侍從、苦力、蒐集種子的人、廚師、爬樹人、標本製作者，還有負責烘乾植物的人。他們毫無疑問都感到寂寞。馬卡利想家的時候，會站在帳篷外面高唱兒歌〈*Polly Wolly Doodle*〉和〈*My Darling Clementine*〉。寂寞歸寂寞，如果兩個採蘭人在叢林中碰面，他們連寒暄幾句都省了，當然對自己手上的蘭花也是守口如瓶。有時候，他們可能會向對手提供假情報，騙對方從某個方向一直走，有個山坡上面滿滿一片蘭花。有時候他們也會故意放置假地圖，上面標示出蘭花的產地，希望陷害對手走錯路。他們不是好勝心強，就是利慾薰心，或者以上皆是。多數採蘭人一找到蘭花，不管什麼品種一律帶走。捷克籍的採蘭人羅澤爾，曾經從南美洲託運重達八噸的蘭花給山德。由於採蘭人很討厭別人發現他們可能遺漏沒發現的蘭花，所以會有「蒐集一空」的舉動，然後放火將整個地方燒掉，連服務同一老闆的採蘭人都會黑吃黑。採蘭人之間競爭激烈，甚至會讓他們忘記蘭花的事。山德的採蘭人一日撞見對方，就會停止採蘭，無來由地花上幾天或幾星期的時間尾隨對方走過叢林。

採蘭人必須遠赴驚險可怕的地點，不過他們並不因此而退縮。班納第．羅澤爾據說在採蘭過程中被搶了十七次。英國人約瑟夫．胡克花了兩年的時間，徒步穿越喜馬拉雅山，身上所裝備最具保護作用的東西，只有眼鏡和格紋的射擊夾克，完全沒有登山器材。朋友的妻子給了他一些羊毛長統襪，他用她的面紗做成反光遮光眼罩。登山過程中，胡克只吃餅乾，喝的東西只有茶和上等白蘭地，帶了一張旅行用的硬橡木桌、黃銅針線盒，睡覺時拿一本達爾文的《獵犬號航行日記》當作枕頭。他可以好好睡一覺的機會很少，因為幫他載運裝備的犛牛晚上睡不著，很喜歡把頭探進胡克的帳篷裡東聞西聞，把他吵醒了才善罷甘休。他在阿薩姆的七個月中，足足淋了將近三百吋的雨水。儘管如此，胡克還是堅持到底，任務結束前，他已經採集了數千個新品種，來到全世界第三高峰干城章嘉峰，高度令任何歐洲前輩難以望其項背。一八六五年胡克結束探險生涯，成為英國皇家植物園園長。

養蘭賺錢的人如果要派遣採蘭人上刀山下油鍋，眼皮連眨都不眨一下。如果採蘭人出了意外，養蘭人或許會難過，不過惋惜的程度可能比不上錯失良機的感覺。卡爾·洛伯林（Carl Roedelin）也是維多利亞時代的採蘭好手。他是德國人，毅力堅定，肉體上無所畏懼；曾受山德之託，遠至菲律賓一個小島上採蘭。他才抵達沒多久，當地就發生地震，整個小島山崩地裂，洛伯林也差點送命。他一來到安全的地方，立刻發電報給山德，告訴山德即將返回英格蘭，因為小島已經面目全非。但在電報最後他提到說，就在地震發生前，他在叢林裡看到令人驚艷的淡紫色萬代蘭，有肉桂的香味。如果洛伯林真的想離開菲律賓返國，他就不應該向山德報告這件事。山德馬上回電報，命令洛伯林回到小島上去找淡紫色的萬代蘭，否則的話，另找金主幫自己支付回程船票。洛伯林抗命不從，山德的威脅意味也變得更為嚴厲。最後洛伯林只好讓步，從殘破的小島上找到蘭花，是前所未見的品種，後來命名為*Vanda sanderiana*，山德萬代蘭。山德萬代蘭開花的時候，在英國皇家植物園裡公開展覽，美艷絕倫，吸引了數千人前來觀賞。目前很多大量栽培販賣的萬代蘭。多半都是洛伯林搶救出來的那一株的後代。

山德的採蘭人當中，最厲害的要算是威廉·密丘里茲（William Micoholitz）。他也是德國人，精力無限，工作能力強，精明幹練。山德在繁殖蘭花的商場上名聲卓著，多半要歸功於密丘里茲發現的許多蘭花。就算密丘里茲表現優異，山德似乎從來沒有對他特別好。有一次，密丘里茲正要從厄瓜多爾搭船返回英格蘭，途中船上發生大火。船沒了，幫山德採集到的蘭花也付之一炬，密丘里茲還差點小命不保。他發給山德一封電報：「船燒了！怎麼辦？」山德回電：「掉頭回去！」密丘里茲的回答是：「太遲了。雨季開始。」山德說：「給我回去！」一八九九年，密丘里茲失蹤了好幾個月，山德表現得倒不盡然是擔心，反而顯得比較惱怒。他寫信向朋友抱怨：「密丘里茲大概被吃掉了，什麼消息都沒有。」密丘里茲並沒有被吃掉，最後還是出現了。山德親自歡迎他，隨後命令他立刻到哥倫比亞採蘭。哥倫比亞當時正值革命時期，山德也不管。山德曾經派密丘里茲到位於新幾內亞西南方的塔尼巴爾（Tanimbar）群島。這個群島又小又偏遠。幾個月後，山德寫信給密丘里茲，問他到底在塔尼巴爾發現了什麼蘭花。密丘里茲回信時解釋，他已經成功地找到蘭花，也成功地請到當地人來幫忙採集，不過他遇到了阻礙：「發生了大戰。晚上他們把屍體和傷患運回來，三人被敵人砍頭，其中一個不但四肢都被砍斷，連性器官都被割下來，吊在村子的大門上。經過這次衝突，村民不想去採集植物了。」

山德和密丘里茲像是一對冤家，兩個人湊在一起的原因，就是他們愛上同樣的東西。比起蘭花，所有東西在他們眼裡都變得不重要也不好玩，就算戰爭和死亡都無法撼動他們。第一次世界大戰即將爆發之際，密丘里茲寫信給山德，說情勢一觸即發，令他很擔心。擔心的理由只有一個，這個理由山德最清楚不過了：「如果演變成世界大戰，蘭花的需求將變得很少。」幾年後，山德病入膏肓，彌留前寫了一封信給法蘭克福的一位植物園園長，最後寫了幾行密丘里茲也會感到欣慰的字：「這場病，我熬不過去了。告訴我，寄給你的植物過得怎樣？都還亂活著吧？」

—

有些採蘭人長期在外奔波，愛上了叢林，家鄉反而成了異域。卡爾・洛伯林每到一地，都學點當地的語言，並結交當地女子。幾年後，他在緬甸定居下來，娶了緬甸婦女，只把採集到的植物托運回英格蘭。查爾斯・沃特頓（Charles Waterton）寫了一本名為《漫遊南美洲》（*Wanderings in South Amerrica*）的書，宣稱在旅途中「突然對倫敦感到無比嫌惡」，最後跑去和奧利諾科印地安人渡過下半生。這些歐洲的採蘭人突然抵達塔尼巴爾、阿薩姆和貝里茲採集當地花朵，當地人對他們的看法現在已經不可考，倒是當地人通常會擔任採蘭人的嚮導。他們有能力可以找到蘭花，這一點受到採蘭人的尊重。不過撇開這一點不談的話，採蘭人根本不把當地人看在眼裡。以約瑟夫・胡克來說，他最蔑視當地人了。他說波提亞（Bhotia）人「陰陽怪氣又粗魯無禮」，勒普恰（Lepcha）人是「真正的懦夫」，卡西（Khasi）人「脾氣壞又倔強」。蘭花熱通常會損及常人應有的進退禮儀；推到極致，和歐洲殖民時代的傲慢和權力感如出一轍，而蘭花熱只是具體而微。一八八〇年代末期，英國人在新幾內亞發現一種長在墓地裡的新品種蘭花。這個採蘭人連要求許可都省了，直接對著一座座墳墓開挖，採集蘭花。他事後才感到愧疚，給那些祖墳被開挖的後代一些玻璃彈珠，算是作為打擾祖墳的補償，還說服他們幫他把蘭花搬到港口。他從墓園掠奪的寶物運回倫敦後，在一家豪華拍賣中心賣得天價。另一位採蘭人也在新幾內亞發現不錯的蘭花，從人的遺骨上長出來。他將蘭花運回英格蘭，連蘭花依附的肋骨和脛骨也一併送過去。同一年，有一株來自緬甸的石斛蘭在倫敦的普羅瑟若（Protheroe's）拍賣公司進行拍賣，當初發現時蘭花所附著的顱骨也同樣漂洋過海，一起在拍賣場中亮相。

有時候，採蘭人發現蘭花帶回歐洲後，從此在野地裡再也沒有人發現相同的品種，這些品種稱為失落蘭。每個愛蘭人、每個野心勃勃的養蘭商人、每個自負的採蘭人都決心要找出一棵失落蘭。芭菲爾拖鞋蘭（*Paphiopedilum fairrieanum*）也屬於失落蘭。一八〇〇年代初期有人在印度北部發現這種蘭花之後，從此似乎就消失無蹤了。採蘭人遍尋印度和緬甸，無功而返，不過金主還是一直派他們回去再找找看。山德的採蘭人曾經採集到很像拖鞋蘭的一些品種，讓他堅信自己中了頭彩。他寄了一些標本給植物學院的院長威廉・瑞辰巴哈（William Reichenbach），請他仔細看一下。瑞辰巴哈最後認定是嘉德麗雅蘭，而非失落的拖鞋蘭。他還寄了一封信給山德，口氣很難聽：「你的嘉德麗雅蘭算哪根蔥，少拿那種微不足道的東西來煩我！」四十年後，芭菲爾拖鞋蘭才再度由採蘭人於喜馬拉雅山發現。至於朱唇嘉德麗雅蘭（*Cattleya labiata vera*）一度為歐洲溫室的常客，後來一株接一株離奇死去，最後全西歐只剩下一棵。沒有苗圃專家、也沒有任何一個採蘭人回憶得出這種嘉德麗雅蘭出自何處。碩果僅存的一株因後來所處的溫室失火，也隨之化為灰燼。採蘭人苦苦搜尋了七十年，一無所獲，差不多已放棄了。最後一株朱唇嘉德麗雅蘭燒掉之後七十年的一天晚上，一位英國外交官出席巴黎的大使館晚宴，看見一名女士佩戴的胸花，想起了朱唇嘉德麗雅蘭，他追查那朵胸花的下落，發現源頭是巴西，並證實了那朵花的確是眾人苦尋不著的嘉德麗雅蘭。沒過多久，採蘭人便又讓嘉德麗雅蘭重回歐洲的溫室。儘管如此，多數蘭花一旦失傳，就再也見不著了。

到了一八〇〇年代中葉，採蘭人運回的蘭花數量越來越大，部分原因固然是利慾薰心、短視近利，也因為運送植物過程不可靠，多數植物抵達歐洲時已經死亡，必須採集一大批，最後到達倫敦才能有少數存活下來。一名苗圃專家於一八一九年寫信給皇家園藝學會，說他收到的一千棵植物中，只有幾棵還活著。一八二七年，一位白教堂的外科醫生納善尼爾．巴格蕭．沃德（Nathaniel Bagahaw Ward），將一條毛毛蟲放進廣口瓶中等牠化為蛹，但隨即忘了這件事。可能廣口瓶裡有一些泥土吧！當幾個月後沃德想起了毛毛蟲時，注意到廣口瓶裡長出一小株羊齒植物，還有一些小青草。沃德假設，如果密閉的玻璃容器中含有一些濕氣，讓植物不受倫敦骯髒空氣的影響，即使在陰暗的公寓裡，照樣有可能培植出外來植物。他隨後拿來一個更大的廣口瓶，在裡面多放些植物，最後創造出一個迷你花園，極為獨特，景觀設計人和園藝專家紛紛專程前來欣賞。沃德醫生在室內培養出叢林的消息一傳十，十傳百，沒有多久，種滿羊齒植物的「沃德箱」就成了維多利亞式客廳必備的裝飾品。沃德本身也創造出最複雜的沃德箱，裡面包含了一個魚缸，羊齒園，一條變色龍，和一隻澤西島蟾蜍。

沃德醫生更進一步假設，他的玻璃盒或許可以克服運輸上的難題，因此於一八三四年製造了一個運輸盒的原型，裡面種滿英國蕨，然後裝上前往澳洲新南威爾斯的船，展開六個月的旅程。盒裡的羊齒植物長得很茂盛。接著他又裝載了柔弱的澳洲蕨上船，用密封的盒子運回英格蘭，這些羊齒植物也存活了下來。沃德於一八三九年在雜誌上發表文章，描述了自己的沃德箱。一八四二年，他把原來的文章擴增為一本書《培養密閉玻璃盒中的植物》。沃德箱很快就由歐洲園藝人直接採用，之後運送一千棵植物上路，差不多九百多棵都能安抵目的地，不會再發生只有一棵存活的情形。沃德箱成就了植物界的新經濟，能賺大錢的植物如茶樹、煙草、軟木塞橡樹、咖啡樹，都可由原生的大陸運送至其他地方，國內兩地之間的運輸更是不成問題。天然的疆界就此瓦解，世界縮小為一個養毛毛蟲的玻璃瓶。約瑟夫．派克斯頓（Joseph Paxton）能夠利用一個沃德箱，將俗稱「緬甸的驕傲」的瓔珞木（*Amberstia nobilis*）從印度送到查茨沃斯莊園。約瑟夫．胡克也可以從火地島托運阿根廷的大樹，送到英國皇家植物園。

沃德箱雖然改善了植物運輸的瓶頸，每次運送大批植物的情形依然未變，英格蘭的園藝期刊開始發表文章，對於清光整個叢林會有不良後果提出警告。有些常去的地方已經看不到蘭花，採蘭人想找蘭花，或想發現新品種，就要到越來越偏遠的叢林去，例如泗水[3]、納加丘（Naga Hills）、伊洛瓦底江流域[4]、雅浦島（Yap）、法克法克（Fakfak）。採蘭人在東印度群島，一個島接一個島地進行地毯式搜尋。一位馬來西亞植物學家於期刊中表示，馬來西亞幾乎已經找不到蘭花了。一八七八年，瑞士植物學家寫道：「品種優良的蘭花，採集了三、五百棵居然不滿足，還要清除整片原野，方圓數公里不准留下任何東西……這些現代的採蘭人什麼也不留，再也稱不上是採集，無異為恣意搶劫的行為。」一位從哥倫比亞返國的採蘭人表示，原本長滿堇色蘭的地方，現在「乾淨得像被森林大火燒過一樣。」即使是最難抵達的地方，都擠滿了採蘭人。

3 印尼第二大城。
4 緬甸第一大河。

約瑟夫．胡克爬過了阿薩姆的卡西亞山（Khasia），到達目的地後發現整個地方簡直像被暴民攻擊過一樣。他寫信給父親：「除了詹肯斯（Jenkins）和賽門的採蘭人，還有二、三十名發爾剛諾（Falconer）或羅伯（Lobb）的人，以及我的朋友拉邦（Raban）和凱夫（Cave），再加上殷格利斯（Inglis）的朋友；每條路被搜刮得一乾二淨，好像檳城的叢林一樣。有些路面還散落了殘枝和蘭科植物，範圍廣達好幾公里，簡直像被狂風掃過。發爾剛諾的人前些天才剛剛送了一千籃植物下山。」早期從熱帶運往英格蘭的貨櫃，裡面植物不過五十棵左右。當時破璃昂貴，多數溫室都蓋得小小的。五十棵放在小溫室裡剛剛好。到了一八四五年時，英國廢除對玻璃課徵重稅的政策，隨後大型溫室便如雨後春筍般興起。皇家植物園的棕櫚屋（Palm House）就是一例，使用了四千一百八十平方公尺的淡綠色玻璃。養蘭人和苗圃主人對各類植物的需求也跟著增加。一八六九年蘇伊士運河開通，從非洲、馬達加斯加和亞洲到歐洲的航程大幅縮短，植物也更能存活。採蘭人的技巧亦愈來愈高超，到了一八七〇年代，一艘船可以載運數千株乃至數萬株蘭花。採蘭人曾經到哥倫比亞尋找齒舌蘭，結果砍掉四千棵樹，然後從這些樹上採走一萬株蘭花。這樣驚人的紀錄並未維持多久。一八七八年五月四日，英國養蘭人威廉．布爾（William Ball）宣布，他即將收到兩百萬株植物，創下空前紀錄。

多數採蘭人的生活幾乎都沒有留下歷史記載，後世只知道他們效勞的對象，和他們發現的品種。只有在採集蘭花時不幸遇害，後人才知道他們最後的下場。一位採蘭人曾寫信給金主，表示儘管他發現了很多品種，希望死後不要留名，「要留的話就留名在種子的型錄上，反正也不見得會永垂不朽。」多數採蘭人不是德國人就是荷蘭人，不然就是英國人，多數都很年輕，其中可能很少人有家累。當時沒有期刊記載他們究竟在哪裡長大，也沒有記載他們如何踏進這一行，如果有受過教育的話，究竟教育程度如何也不得而知。當時到世界各地旅行不是一件容易的事，他們是怎麼找到路，沒有留下記載。他們究竟怎麼學會辨別植物，也幾乎沒人知道。顯然這些人全都愛好冒險，四肢也很健全。他們的方向感應該都不錯，也熟悉一些外語，能夠忍受單獨行動的寂聊。他們選擇的生活，很少能享受到一般人生活中的舒適，可能一點家居生活都沒有，薪水也可能少得可憐。他們很有可能是跳脫中產階報傳統的一群人，因為過不慣中產階級的生活，選擇能夠旅行到世界角落的工作，看見其他人可能一生都看不見的東西。他們覺得這些東西超出想像範圍，比想像還要神祕、美麗、與眾不同。十八世紀的大旅行家找出了文明世界中令人驚嘆的事物，事實上他們達成的成就戰勝了大自然。到了十九世紀，人類的好奇心改變了方向。可能就是這個時候，憤世嫉俗的想法才油然而生。工業革命的發展，證明不是所有人造事物都是完美的，很多反而可能帶來禍端。達爾文的同事艾菲德．瓦勒斯（Alfred Wallace）曾經提到，英國工人階級生活在悽慘的處境中，連亞馬遜流域的「原始人」都不如。相形之下，大自然顯得純潔又迷人。偉大的旅行家不再以文明世界為目的地，轉向蠻荒世界進行探索。原本大家都著迷於人類可以創造什麼，現在則變成追索人類是如何被創造出來，以及人類到底和其他自然界生物有什麼差別的疑問。

英倫群島上原生的動植物種類不多，然而英國採蘭人探險的地方卻擁有豐富的天然生物，令人嘆為觀止。維多利亞時代的人孜孜不倦地取名分類，將其他大陸上發現的物種加以分門別類。這項行動的中心點，就是要為蘭花進行辨識、分類和指認產地的工作，因為植物界中種類最多的非蘭花莫屬，隨著生活越來越混亂，令人無所適從，維多利亞時代的人開始尋找宇宙中的秩序，希望找出一套綱領，能將所有生物的知識組織起來，同時或許也能從中找到存在的意義。

採蘭人的生活有其重要性，也很具影響力，不過到頭來都成為隱形人。他們發現了數百種植物，卻多半成為無名英雄。世界上很多蠻荒地帶是由採蘭人帶頭打前鋒開創出來的，卻沒有一處是以他們的名字來命名，登陸的地方也沒有豎立紀念碑。皇室禮聘探險家前往世界各地，將發現新世界的功勞歸於這些探險家，其實很多地方早在他們登陸之前，採蘭人就已捷足先登了，這一點也沒有人記得。採蘭人從最險惡的叢林中帶出來的植物，不但令人驚艷，對科學也有很大的助益。他們比當時多數人見過更多世面，但世界終究還是遺忘了他們。我有時會想，約翰·拉若許脾氣暴躁、獨立自主、又有雄心壯志，如果生在維多利亞時代，成為採蘭人最適合不過了。不過繼而一想，如果沒有人記得住他的名字，鐵定會把他氣昏。

—

第一棵在英格蘭開花的熱帶蘭花並非職業採蘭人的傑作。這株蘭花是灰粉紅蘭（*Bletia verecunda*），由教友派的布商彼得·科林森（Peter Collinson）於一七三一年在巴哈馬發現，足足比採蘭業到達巔峰時早了一百年。科林森回到英格蘭後，將灰粉紅蘭送給朋友查爾斯·維覺（Charles Wager）爵士。維覺將蘭花種在自家花園裡，冬天還用樹皮包起來避寒。整個蘭株看起來很乾，很像雜草，然而翌年夏天卻長出可愛的花朵。接下來幾十年間，殖民地官員和返鄉的傳教士也帶回一些蘭花當作紀念品。帝國軍艦戰利品號（HMS Bounty）的船長布萊（Bligh）出任務時，就從牙買加帶回一些蘭花。朱唇嘉德麗雅蘭於一八一八年引進英格蘭，最早的發現者是園藝家威廉·嘉德麗（William Cattley）。他從別人運送青苔和地衣的包裝材料中，發現了外觀奇異的植物，並加以培植。事實上在中國，三千年來養蘭一直是上流社會的嗜好。全世界第一本蘭花書籍出版於一二二八年，書名為《金漳蘭譜》，作者是南宋的趙時庚。一二四七年，王貴學寫了一本《王氏蘭譜》。明朝人以蘭花治療性病、腹瀉、癤瘡、神經痛等病，也用來替大象治病。西印度群島居民長久以來都食用某種蘭花，用來化解腐敗魚肉產生的屍毒，也使用假球莖製作笛子。馬來西亞人利用石斛蘭治療皮膚膿瘡、水腫、頭痛。祖魯人使用蘭花作為催吐劑。史瓦濟蘭人會用蘭花治療某些兒童疾病。南美人用俗稱雪茄蘭的蘭花製成皮匠用的黏膠，也拿來當作小提琴的潤滑油。儘管有這麼多妙用，蘭花在一八〇〇年代初期的英格蘭，還是屬於嶄新登場的植物。第一批熱帶蘭花出現在英格蘭時，充其量不過是引發大家的好奇心而已。一八一三年，皇家植物園的熱帶蘭花只有四十六種。

情況在一八三三年為之改觀。當時威廉・史賓瑟・卡文迪徐（William Spencer Cavendish）在倫敦一個小展覽中看到文心蘭，決定開始蒐集蘭花。卡文迪徐是德文郡的第六代公爵。他聽力殘障，長期憂鬱，外界懷疑他智能障礙，因為他的父親和妻子以及妻子最要好的朋友三人住在一起，還讓兩人都懷孕。儘管如此，卡文迪徐還是繼承了家族封號。他畢生獨居，後來大家稱他是單身公爵。卡文迪徐蒐集起東西來很狂熱，對蒐集的東西精挑細選。他設立了一間規模龐大的圖書館，收藏了最早期的四本莎士比亞對開書，四開書則蒐集了三十九本。他很喜歡植物，一八二

○年代曾擔任皇家園藝學會的主席。公爵的園丁是一名農夫的兒子，名叫約瑟夫·派克斯頓，後來升任為公爵封地查茨沃斯的首席園丁，當時只有二十三歲。派克斯頓對於推動事情很有天分。卡文迪徐僱用他沒多久，他就在查茨沃斯蓋了二十間溫室，包括當時全球最大的「大爐」溫室（Great Stove）。大爐長達九十公尺，有三十多公尺寬，熱氣管共有十一公里長。派克斯頓利用空閒時間，發明了一個小小的網孔器材，稱為草莓硬布，用來圍在草莓株旁邊，防止蛞蝓爬到草莓上。為了紀念他，有一種廣受歡迎的草莓就命名為約瑟夫·派克斯頓，一直到一九五○年代都還有人栽種。他也幫一種矮腳蕉命名為卡文迪徐芭蕉（*Musa cavendishii*）。這個品種後來大為成功，派克斯頓因而獲得皇家園藝學會頒發獎章。據說，派克斯頓培養矮腳蕉的靈感，是來自在查茨沃斯看到中國壁紙上面畫有小芭蕉的圖案，才進而栽種這種芭蕉。英國現有的所有芭蕉，全部都是派克斯頓芭蕉的後代。

派克斯頓於一八三七年在英屬蓋亞那發現一種巨大的睡蓮，為人津津樂道，不久後就被冊封為爵士。當時人認為，這種睡蓮是全世界最大的開花植物。維多利亞時代一名植物學家將這種植物描述為「植物界的奇蹟」。派克斯頓發現了睡蓮之後，全英格蘭的園藝圈人士都爭相栽種這種大王蓮，希望能在英國本土成功培養出第一株，後來由派克斯頓拔得頭籌。他的睡蓮種在查茨沃斯的一個特製的池塘裡，葉子直徑長達二公尺，花朵大過甘藍菜，香味近似鳳梨。大王蓮開花轟動一時，連維多利亞女王和艾伯特親王都蒞臨查茨沃斯欣賞。有一次，派克斯頓和單身公爵一時興起，將派克斯頓的七歲女兒安妮打扮成小仙女，讓她站在池塘中的一片大葉子上，拍照留念。安妮．派克斯頓站在睡蓮上的這幀相片引起一陣轟動，作家道格拉斯．傑若德（Douglas Jerrold）發表了一首詩，一開頭就是「派克斯頓之女安妮妝點為仙女／站立不屈之葉上／倒影斜倚水面／眾人以眼以心來喜愛欣賞」。睡蓮的設計圖案紛紛出現，壁紙、瓷器、布料、吊燈上都看得到睡蓮的影像。把小孩放在睡蓮上拍照也成了一種一窩蜂的攝影手法。單單把女兒放在葉子上，派克斯頓還不滿足，他後來發現，葉子不僅可以放安妮，其實可以承載五個一般體形的幼童，載重量相當於一百三十五公斤。他研究大王蓮的葉子結構，認為葉子之所以可以承載這麼多重量，是因為其葉骨形成了一種懸桁式的構架。一八五〇年，派克斯頓設計了一座壯觀的玻璃建築物「水晶宮」，作為第一屆世界博覽會的展示廳，博覽會的全名是「世界各國工藝創作大展」。水晶宮的設計原理就是根據大王蓮葉的承重結構。這座建築占地七公頃，以交叉鐵梁作為骨架，撐起將近三十萬片玻璃，是當時前所未見的建築。水晶宮首度在建築物中大量運用鐵，不僅是為了美觀，也有結構上的考量；玻璃大尖頂更是讓工程界大開眼界。裡面展示的物品也令人讚嘆不已，有破世界紀錄兩噸重的虎蘭，有放在黃金鳥籠裡的柯伊努爾（Koh-i-noor）鑽石，有裸體雕像、罕見的陶器、時鐘、布料、家具，也展示了一群青蛙標本，裡面塞了東西，讓青蛙擺出人類的姿勢，據說頗受維多利亞女王青睞。部分展出的作品有實用價值，例如法蘭西斯・帕克斯（Francis Parkes）新發明的全鋼花園耙子，讓農人鬆土時可以省下很多力氣。不過水晶宮裡展示的多數作品，被當時的設計家批評為有史以來最沒品味的展覽。另一方面，派克斯頓的水晶宮本身卻大受推崇，公認是設計上的一大突破，成為維多利亞時代建築師和工程師群起仿傚的對象。現代的大樓仍然沿用部分其結構上的作法。

單身公爵一迷上文心蘭，就全心全意養蘭，指示派克斯頓為他蒐集蘭花。十年之內，派克斯頓蒐集的蘭花數量傲視全英格蘭。派克斯頓也從工作人員之中指派一位園丁去進行採蘭的工作。一八三七年，年輕的園丁從阿薩姆寄給派克斯頓至少八十到九十種植物，在歐洲都沒有人見過。這些植物多半是蘭花，其中有一株來自加爾各答品種獨特的印度樹木，瓔珞木。公爵對這棵樹反應熱切，派克斯頓寫信給妻子時提到：「我鄭重向公爵介紹我長久珍愛的瓔珞木。詳情在此無法細述，只能說公爵吩咐將早餐送進種植瓔珞木的畫廳，然後要我坐下來，悉數將我對這棵樹的熱愛一一細述給他聽，他一面吃早餐一面聽。」派克斯頓為瓔珞木蓋了一間專用溫室，結果瓔珞木長得不錯，卻從來都沒有開花。儘管如此，維多利亞女王還是在一八四三年大駕光臨。當時必定是全世界最耀眼的夜晚之一。女王和親王乘坐馬車通過單身公爵的大爐溫室，派克斯頓在溫室裡點亮一萬兩千盞燈。

單身公爵對蘭花的痴迷，引發英格蘭上流社會的蘭花風潮，流行數十年之久。英格蘭人將蘭花視為財富、修養與見過世面的象徵，代表對荒野與境外之地瞭如指掌。蘭花的珍貴，也讓他們成為上流社會美麗的一分子。每天都有人發現新品種，蒐集蘭花的人因此一刻也不得閒。迷上蘭花，就會沉迷得永無止境。一旦愛蘭蔚為風潮，蘭花的標價、取得手法、附加的重要性都帶有瘋狂的意味。維多利亞人得了「狂蘭症」，變得對蘭花無限痴迷貪求，痴迷程度可以媲美荷蘭人一六三〇年代的鬱金香熱潮。鬱金香狂熱於一六三七年達到最高峰，當時有一棵名為總督（Viceroy）的鬱金香球莖公開拍賣，得標價相當於一整個農莊全部值錢的東西，包括六車穀子、四頭牛、八條豬、十二頭羊，還包括葡萄酒、啤酒、一千磅起士。最具有價值的鬱金香都帶有亮麗的斑紋和彩色條紋，當時人認為這樣的鬱金香代表尊貴的地位，不過現代植物學家卻發現，這種鬱金香其實是感染上一種由蚜蟲散布的致命病毒。荷蘭的鬱金香市場後來發展為不只是園藝而已，竟成了一個投機、以小搏大的期貨市場，急速成長形成泡沫，不久後落得崩盤的下場。

蒐集蘭花或是蓋溫室、聘園丁、僱用職業採蘭人，這些花費都不是一般英格蘭老百姓負擔得起的。擁有蘭花是有錢人的特權，但是追求蘭花的慾望則沒有階級界限，普通老百姓也非常希望獲得蘭花。一八五一年，班哲明．威廉斯（Benjamin Williams）寫了一連串的文章，呼籲讓蘭花普及化。這一系列的文章稱為「百萬民眾的蘭花」。後來這些文章集結成書發表，一時洛陽紙貴，還再版了七次。

——

英國人種植蘭花的技巧，最初實在非常差勁，不管什麼蘭花，一到他們手上，通常必死無疑。皇家植物園的園長對此大為震怒，於一八五〇年宣稱英格蘭為「所有熱帶蘭花的墓園」。不過十九世紀末的大苗圃如布萊克與富羅利（Black & Flory）、史都華・羅與合夥人（Stuart Low & Co.）、查爾斯沃茲與合夥人（Charlesworth & Co.）、麥克賓恩（McBean's）和山德父子等，就算是每種必死的蘭花墓園，也都是賞心悅目的墓園。一塊塊玻璃都是人工吹製的，裡面是一排排鍛鐵的植物架。到了將近一八〇〇年代末期時，蘭花科學越來越進步，足以讓蘭花培植的過程更可靠，英格蘭的溫室終於開始綻放出朵朵蘭花。蘭花不再是種在裝了腐木和爛葉的花盆裡，改養在比較健康的培養媒介中。其中最具重要性的進展，要歸功於約瑟夫・派克斯頓。英國人相信蘭花要在類似叢林的環境裡才長得好，所以溫室裡都灌滿蒸氣，又熱又讓人喘不過氣，難怪當時把溫室叫做「爐子」。事實上，多數蘭花都偏好棲息在叢林地上方氣候溫和的地方，或是山區的樹上或岩石上。派克斯頓以溫室做實驗，減低溫度和濕度，之後英格蘭的蘭花才躲過被蒸死的命運。

一八五六年，由人類蓄意為不同品種的植物交叉受精，產生人工雜交的品種首度開花。這些早期的「騾子」蘭花震撼了植物界。養蘭人約翰・林德利（John Lindley）據說一看到雜交的蘭花就大叫：「天啊！植物學家會被你們整瘋了！」

不管是繁殖蘭花的人、植物學家、採蘭人或是蒐集蘭花的人，清一色是男性。維多利亞時代的女人不准種植蘭花，因為當時人認為花朵的形狀具有高度性暗示的意味，不利於女性嬌羞的氣質，而且蘭花昂貴、到熱帶採集蘭花危險又必須獨立行動，都超出維多利亞時代女性能掌握的範圍。英格蘭的女人和蘭花之間，長久存在著一種彆扭的關係。事實上，一九一二年支持婦女有投票權的人士搗毀了皇家植物園裡多數的蘭花，儘管女性連碰都不准碰，維多利亞女王本人卻熱愛蘭花。她成立了皇家蘭花栽培處，指派著名的養蘭人山德來主持。慶祝女王五十大壽時，山德獻給女王一束高達二公尺、寬達一・五公尺的蘭花，蘭花蒐集家羅爾（Loher）也將新發現的蘭花命名為維多利亞女王石斛蘭（*Dendrobium Victoria-regina*）。由於維多利亞女王喜愛蘭花，增添了蘭花在英格蘭乃至全世界的光彩。一八八三年，日本貴族福場逸人建立亞洲首座溫室，據說大如豪宅，裡面種植的蘭花都是英格蘭的養蘭人送到日本給他的，其中又以山德贊助最力。一八九一年，羅曼諾夫家族[5]冊封山德為俄羅斯帝國的男爵，因為山德幫他們蒐集了為數龐大的蘭花。不久以後，山德送給自己一個封號，開始自稱為蘭花大王。

一八三八年，倫敦人詹姆士・布特（James Boott）將一株熱帶蘭花寄給住在波士頓的哥哥約翰・萊特・布特（John Wright Boott）。約翰很喜歡，要弟弟再多寄幾株，弟弟也照做。結果不過幾年的光陰，約翰在波士頓蒐集的蘭花數目就相當可觀。約翰去世後，將蘭花留給麻州羅克斯伯里的約翰・阿莫里・羅沃（John Amory Lowell）。羅沃自己又添加了不少蘭花，然後在一八五三年全數賣給他鄉下房子的房客。多數蘭花在房客手中死去，碩果僅存的蘭花就分給兩個人，一個是住在麻州水城的普拉特（Pratt）小姐，另一個是住在波士頓的艾德華・蘭德（Edward Rand）。蘭花的種類在蘭德手裡再度增加，還培養了一棵巨大的嘉德麗雅蘭，據說有小浴缸那麼大。蘭德於一八六五年賣掉房地產，將蘭花全數捐獻給哈佛學院。熱帶蘭花就此進入美國，也立即擁有一批仰慕的民眾，和歐洲的蘭迷一樣熱衷養蘭，於是美國的蒐集者很快就和英國人並駕齊驅了。

5 羅曼諾夫（Romanov），羅曼諾夫王朝自一六一三年起統治俄羅斯，終於尼古拉二世被迫遜位。（編按）

紐澤西州澤西市民科尼里爾漸・范福斯特（Cornelius Van Voorst）喜歡蒐集蘭花，於一八五五年購買了第一株蘭花後，到了一八五七年，他蒐集的蘭花將近三百種，其中包括了豹紋蘭（*Ansellia africana*），大到兩個人還幾乎抬不起來。紐約州奧爾巴尼的約翰・拉斯邦（John Rathbone）將軍於一八六六年開始蒐集蘭花。他於一八六八年寫信給朋友時提到：「我非常喜歡我養的蘭花，染上了蘭花熱。更令我高興的是，蘭花熱現在已經在國內擴散得相當廣泛，我相信一定會成為傳染病。為了成功培植這麼迷人的植物，我在一八六七年建造了一間房子，專門給蘭花寶貝住。」

一八七四年，愛爾蘭的卡立克福葛斯（Carickfergus）有一位珍・肯尼伯夫小姐（Jane Kenniburgh）搬家到佛羅里達的塔勒哈西（Tallahassee），也帶了一堆她最珍愛的物品，其中包括紅花鶴頂蘭（*Phaius grandfolius*）。這類熱帶蘭花有時俗稱「修女百合」。肯尼伯夫小姐去世前，將所有植物送給朋友S・J・道格拉斯夫人。她是佛羅里達州長的女兒。後來道格拉斯夫人把蘭花都送給自己的女兒喬治・路易斯太太。路易斯太太的蘭花可有福氣了，冬天放在家中的溫室裡，夏天在後院的橡樹下做日光浴。佛羅里達的氣候很適合蘭花生長，而這些蘭花也蓬勃發展，繁衍不息。這些蘭花後來究竟如何，已經不可考，不過在佛羅里達，肯尼伯夫小姐的紅花鶴頂蘭被後世公認是首批溫室培養的蘭花。之後也有很多蘭花跟進。邁阿密、勞德岱堡、納蘭哈、宏姆斯地紛紛出現蘭花玩家。棕櫚灘和邁阿密的大片土地上蓋了蘭花房，也聘請了園丁和蘭花朝夕相處。

一八八六年，自然學家查爾斯・托利・辛普森（Charles Torrey Simpson）在比斯開灣（Biscayne Bay）購買一塊叢林地，在每隔一棵樹上栽種蘭花。辛普森後來寫了幾本介紹佛羅里達動植物的書，成為最富盛名的指南。小河鎮的約翰索爾苗圃（John Soar's）之類的職業養蘭園也紛紛在佛羅里達各地出現。在上流社會群集的城市如棕櫚灘，有商家可以在盆栽蘭花開花時出租蘭花，一般人為應付特殊場合時可以租來擺飾，也可以在蘭主不在時負責照料。

——

採蘭的動機讓人覺得又可怕又浪漫。一九三九年，高中生諾曼・麥當諾（Norman MacDonald）寫了一本書《採蘭人》（*The Orchid Hunters*），敘述他和一位就讀大學的朋友曾想採集狄薇蘇木（divi-divi）、猴子、棕櫚蠟、鱷魚皮，然而考慮過後作罷。不過他們隨後又決定到南美洲採蘭。這本書一開始就警告：「敬告讀者，切勿參照本書登錄的採蘭地圖前往。為了遵守採蘭人保密的傳統，地圖中的地名和河流名稱都刻意更改。我們覺得讀者並不會想要前往，只是……」他在序言裡又繼續寫道：「老採蘭人向後躺在枕頭上，身體無力……『你會痛罵昆蟲，』他最後說：『你會痛罵土著……白天會有太陽烤你，晚上會冷得動彈不得。你會感染熱病，飽受百種疾病折磨，不過你還是會走下去。一個人如果愛上蘭花，會不計一切代價擁有他想要的品種；就像是追求一個碧眼美女或是吸食古柯鹼……蠻病態的……』」

佛羅里達的男人主導了美國的採蘭業。他們走過中美洲和南美洲，進行地毯式搜索，一船一船運回蘭花。他們也會在離家幾里的森林裡和沼澤中東挖西找。法喀哈契林帶是個物種豐饒的地方，從前就像是一個蘭花超市一樣。採蘭人從裡面運出數以千計的蘭花，堆上馬車，然後包裝成箱，分批運到各地，隨後他們再回到法喀哈契去。一八九〇年，兩千株蛾蘭從法喀哈契以火車運往紐約市，後面還有滿滿一車廂接一車廂的美鈔蘭（dollar orchid）、牛角蘭、雲鬢蘭。我曾看過一張老舊灰白的照片，上面正是這樣一幅採購的情景：兩匹馬、四個男人戴著遮陽帽，穿著短袖上衣，兩個寬輪軸的拖車上面堆滿了沉重的貨物，看起來像是雜草叢生的垃圾，其實卻是一堆又一堆的蘭株。有些新品種佛羅里達的採蘭人以為要到加勒比海才能採集到，結果在自己後院就找到了。這些品種有些可能是隨著風力或鳥類飄洋渡海，或在不經意中運送過來，而佛羅里達南部就是他們生長的極北界。一八四四年，植物學家尚—舒．林登在古巴發現了一朵雪白色蘭花，饒富趣味。這棵植物沒有葉子，只有一大團根，因此命名為*Polyrrhiza lindenii*，意思就是「林登發現的多根植物」。一八八〇年，植物學探險家克提斯（A. H. Curtiss）也在科理爾郡發現同樣品種的古巴植物，地點就在法喀哈契林帶附近，確實為*Polyrrhiza lindenii*。過了一陣子，佛羅里達人為這個品種取了俗名，後人都稱之為幽靈。

——

我在佛羅里達的時候，有一天晚上熱烘烘的，活像烤箱一樣，美國蘭花學會在這天舉辦一場正式晚會，歡度七十五週年慶。慶祝晚會在棕櫚灘的富拉格勒（Flagler）豪宅舉行，距離位於西棕櫚灘逢恩（Vaughn）區的學會總部只有幾公里，而我對拉若許進行貼身採訪時，多數時間就住在離晚會場所幾公里的地方。我猜很多蘭花玩家都將出席，所以我也想湊一腳。我來到佛羅里達這麼久，終於有機會可以穿上沼澤裝、苗圃裝以外的衣服。所謂沼澤裝，就是那些進出沼澤後立刻功成身退的衣服，而所謂的苗圃裝，就是寬鬆的卡其褲和T恤，上面沾了永遠也洗不乾淨的污泥。我來佛羅里達時帶了一件黑絲外套和雞尾酒會洋裝，從來還未從乾洗袋子裡拿出來。我不太確定當初對來到佛羅里達會遇到什麼樣生活是如何想像的，不過我猜想，當時一定以為會有不少場合可以喝到雞尾酒，結果是相差了十萬八千里。我住在父母親位於西棕櫚灘市的公寓裡，他們多數時間都不在，每天早上我起床後收聽著一成不變的天氣預報，嗶啪擦上防曬油，然後不是去宏姆斯地就是到法喀哈契，不然就是到邁阿密，中途在好萊塢停下，去訪問當地的養蘭人，參觀他們的苗圃，看看塞米諾保留區的人，到森林裡散散步。感覺上每天像開車開了一百萬公里，右手食指一直在按收音機掃瞄電臺的按鈕，按到都麻木了。四處旅行的業務員在大熱天所做的事，例如不管停在哪裡，都把地圖攤開在儀表板上，遮陽板也彎到能擋住最多陽光的極限，車子裡總是放著些換洗衣物等等，我也開始有樣學樣。我的鼻子裡總是充滿了甜甜的花香、苦苦的肥料味，以及路面瀝青融化的酸味。晚上我通常是一身泥濘回到西棕櫚灘市，有時候拗不過好意，車廂裡會放一兩棵植物。我會先設法把植物送掉，然後到高爾夫球場跑步，一邊注意有沒有鱷魚埋伏，一邊回想當天訪問到有關植物的對話，也想想佛羅里達、想想生活、想想其他事情。西棕櫚灘市多數餐廳很早就打烊，所以動作不快點，就沒有晚餐可以吃。最晚打烊的餐廳是一家壽司吧，位於一個帶狀購物中心內，旁邊有一家澳洲牛排館、義大利咖啡廳、泰國餐飲店。我在佛羅里達時，很多時候都感到有點昏昏沉沉，彷彿是來到異鄉，聽到看到聞到摸到很多新鮮事物，結果全都塗抹成一堆，成了新鮮加上陌生的單一感受。我在佛羅里達有親朋好友，不過待在那兒的時候，很多人我都沒有過去打招呼。我覺得自己真的像是身處異鄉，不管看見什麼東西，都不希望認出來，也不想要認出來。

美國蘭花學會舉辦的晚會對拉若許來說，似乎是個上好的商機，因為有朝一日他栽種幽靈蘭成功，這些蘭花玩家正是他希望前來爭相購買的一群人。然而我也知道，就算你給他一百萬，他也不願意出席這種場合。不過我還是打電話問他要不要一起去，趁機捉弄他一下。更何況，我也不太想一個人參加。打電話的那天，他心情很開朗。「我，參加晚會？」他說：「我才不幹。那些人都討厭我。他們認為我是犯人，全都鄙視我。我在植物圈裡名聲不佳。」他聽起來心情不錯：「他們認為我死掉最好。我不蓋你。你覺得我在開玩笑嗎？告訴你，我不是在開玩笑。老實說，我也覺得他們死掉最好。」

「這麼說來，你不和我一起去囉？」

他用鼻子呼了一口氣，半個字也沒有說，久久才掛掉電話。

富拉格勒豪宅很適合舉辦慶祝晚會。豪宅由亨利．富拉格勒於一九〇二年建造，他是金融家，擁有石油事業，是最早開發邁阿密的業者之一。豪宅非常大，廂房之內還有廂房。一九五九年起這個地方就成了歷史博物館，不過還是看得出來先前有人住時一定非常豪華。豪宅和船一樣呈四方形，門廊有六根高聳的石柱。裡面的房間很大，天花板也很高，橫梁都很粗重，室內到處亮晶晶：木頭擦得亮晶晶、銀器擦得亮晶晶、牆上地板上鑲金的花體字也亮晶晶。為了舉辦晚會，豪宅前面的草坪上裝了一盞盞閃爍的黃燈，在濕熱的夜晚裡時而明亮，時而模糊。我開車抵達時，半月形的車道上停滿了又長又乾淨的亮晶晶車子，六七個泊車少爺穿著漿過的白色襯衫和蝴蝶結，在這裡和遠方的某個停車場之間來回奔走。我排隊等待時，看著前面每輛車率先鑽出來的都是穿著長長晚禮服的女士，肩膀上圍了一條披肩，隨後下車的是穿著整齊黑色燕尾服的男士。這天晚上月色宜人，棕櫚樹斜倚在車道上方，撒下大手般的陰影。草坪上的露水閃閃動人，躲在小草裡的蟋蟀吱吱叫著。豪宅的門不時會打開來，對著夜空襲來一陣管弦樂。

豪宅裡面讓人目不暇給。入口大廳有一兩百人在鑽動，另外還有很多人排隊，緩步走向蘭花學會的理事，和他們握手，同時介紹來自英格蘭的榮譽理事：曼斯菲德（Mansfield）伯爵與伯爵夫人，史凱莫斯戴（Skelmersdale）議員與夫人，以及阿拉斯戴．莫利森（Alasdair Morrison）先生和莫利森夫人。來自英格蘭的女士都穿著美麗的打褶洋裝，顏色精美，金色的頭髮向上梳攏著。大廳和俯視舞池的迴欄擺設了六七十張圓形餐桌，每張桌子上的蘭花都插得不盡相同。餐桌上這些蘭花是由養蘭人贊助，他們有的是佛羅里達人，有的來自加州、泰國、英國澤西島、夏威夷和荷蘭。大廳裡有三個高高的平臺，約屋子的一半高，每個平臺上都有一個浴缸大小的黃銅大碗，滿滿地盛著蘭花，有粉紅色、象牙白、淡綠色、淡藍色、檸檬橙色，還有純白色。大碗裡的蘭花都是當天早上才從新加坡空運來的。不管站在什麼地方總是香味撲鼻。一名男服務生端著銀盤在人群中穿梭，盤子上面有小小的開胃點心，中間放了一堆蘭花。一位女士抓住我的手肘和我打招呼。她是我先前在一個蘭展中認識的。她低聲告訴我，本來餐後點心會有純巧克力蘭花，可惜還沒等到晚上已經全部融化了。

晚餐後舉行拍賣會，拍賣物品是大家捐獻出來的，有古董吃角子老虎機、奧運會門票、手繪蘭花的古董盤子、六朵罕見的拖鞋蘭、知名拖鞋蘭畫家畫的拖鞋蘭，以及皇家園藝學會專屬畫家所畫蘭花，種類可自選；也有新雜交品種的命名權，可以用自己的名字，也可以用任何你選擇的名字。依莉莎白・泰勒在會中捐了六百瓶新發行的香水，包裝成小禮物，贈送給來賓。拍賣物品旁的畫架上置了一幅她的大畫像。大家排隊觀看拍賣物品，隊伍又寬又長，所以我只能從別人肩膀上看到這裡一點，那裡一點。我看到有人對蘭花盤子投標五百七十五美元，自選蘭花畫像也有人投標五百元。

我正要走向餐桌就座，看見曼斯菲德伯爵斜靠在牆邊。我在排隊等候進場時就已看到伯爵夫人，留下深刻印象，因為她很漂亮，雙手握起來像嬰兒爽身粉的感覺。曼斯菲德伯爵身材削瘦，白色頭髮閃亮，戴著黑色塑膠眼鏡，表現出有點心不在焉的快活神情。他一定是從接待隊伍中逃脫出來，低垂著頭，皺著眉轉動著肩膀，小心翼翼地不讓手中的酒溢灑出來。我向他打招呼，他顯然很高興地說：「要恢復精神，美國馬丁尼最有效了！」他邀我一起和他靠在牆邊說話，過了一會兒他說，他剛動過小手術，還沒完全復原，不過不久前又出去玩了一趟，非常快樂。他先和幾個好友去西班牙打獵，然後和幾個好友到瑞典打獵，然後到義大利拜訪幾個好友，然後又到巴貝多（Barbados）拜訪幾個好友。他問我蒐集了什麼品種，我向他坦承自己只是個蘭花世界的旁觀者。他嘆了一口氣說，他之所以迷上蘭花，一開始只是因為有朋友從哈洛德百貨買了一棵東亞蘭送給他。「在那之前，我和蘭花一點瓜葛也沒有。我把那盆東亞蘭放在我的小溫室裡，結果很遺憾的……枯死了。後來我一九七一年搬到蘇格蘭，結果就開始蒐集蘭花了。我父親喜歡種植蘆筍和番茄，一點也不喜歡蘭花。他去世後老園丁歸我管，由我照顧。」

伯爵這個時候看起來神情極為振奮。他提到自己有一間小酒廠，生產皇家納葛爾湖特釀（Royal Lochnagar Special Reserve）的純麥蘇格蘭威士忌。這時有位服務生經過，伯爵招手要他過來，把喝過的馬丁尼換上一杯新的。服務生直挺挺地站著不動，臉上不知為何顯出羞赧的神色。伯爵對他眨眨眼，然後轉身面向我：「我們一旦開始迷上蘭花，就永遠戒不掉了，」他說：「我變得非常喜愛蘭花，你知道嗎？我喜歡蘭花是因為蘭花帶點邪惡，和神祕，你不覺得嗎？最初要讓它開花實在很難，後來成功了，會感到極大的成就感。蘭花是個極大的挑戰。蘭花，會鬧彆扭，會噘嘴鬥氣，會不理你。不過從此以後你就和蘭花糾纏不清了！我已經在自己的土地上蓋了一間特製的蘭花房，裡面有三種氣候型態，全部由電腦控制，如此一來就可以同時擁有彼此氣候不合的品種。我把每一株蘭花的所有資訊都存在電腦裡，記載了蘭花的出處，什麼時候開過花，大大小小一概都記載下來。」

我問曼斯菲德伯爵從事哪一行業，他說他曾擔任柴契爾夫人的國務大臣，於一九八一年下臺，也曾擔任上議院議員。「現在啊，我猜你會說我退休了，」他說：「如果可以的話，我寧願每天待在蘭花房裡，只可惜身不由己。你說是嗎？」他對著接待隊伍比比手勢，然後評論了一下大廳裡插的蘭花。人群的吵雜聲慢慢靜下來，管弦樂隊也逐漸降低音量，表示晚餐時間快到了。伯爵挺直身體，伸了伸脖子，讓喉結露在衣領外。「你說你一棵蘭花也沒有是嗎？」他問：「像你這麼年輕，現在開始蒐集的話，到了我這年紀，你就會有極大的成果。」他自己蒐集蘭花的歷史不到三十年，在蘇格蘭已經無人能出其右。

「你的兒女中有沒有人養蘭？」

他笑了一下說：「我有個兒子今年三十九歲，我相信他很想染指我的蘭花。我想他一定很急著等我翹辮子吧。」

第六章　絢麗

隔天我打電話給拉若許，告訴他晚會的情形，以及看到了什麼蘭花、遇到了什麼人。那個時候我對他已經很熟悉，很清楚他會以什麼樣的口氣和內容回應我。電話打過去時正好是正午。其實不管什麼時候打給他，他回答電話的聲音都好像剛醒過來似的，彷佛是他看著電視遊戲節目在沙發上睡著然後被電話吵醒。我倒不覺得我真的吵醒他，那種感覺只是因為他的聲音低沉模糊，加上講話的態度帶點昏沉、不滿的意味，還有查稅員般的懷疑口氣。隨後，一旦聽出是我，他的聲音便立刻放大，開始抱怨我說話不算話，為什麼忘記答應打電話給他、去看他、和他約在什麼地方見面。不過，他的抱怨全是一派胡言。我在佛羅里達這段時間除了跟著他到處跑，根本沒有其他事情，而且還不是因為他我才來到佛羅里達，想家想得要命，若有預訂行程總是會讓我興奮不已，念念不忘。事實上，拉若許才是每次讓我手足無措的人。剛開始認識他的時候，他對我的指控常讓我心神不寧，不過最後我終於說服自己隨他去說。所以晚會隔天我打電話給他的時候，他含糊哈囉了一聲，然後開始罵我這個時候才打去，他罵夠之後，換我告訴他蘭花學會舉辦的晚會情形，說夠了之後，他清清喉嚨說：「我今天下午要去勞德岱堡參觀一個小小的蘭展，看你要不要跟。這個展覽不大啦，不過可能會有些什麼可愛的東西也說不定。」展覽場地是戰爭紀念體育館，他隨後也告訴我怎麼去。

每次我到佛羅里達的時候，若正好碰上有蘭花活動，都會覺得很幸運。不過事實上，這裡無時無刻不在舉行某種植物展或園藝大會還是植物講習會。邁阿密的報紙一向會刊登當地本週即將舉行的植物活動。以當週為例，即將舉行的就有熱帶開花植物學會的會議、南佛羅里達羊齒植物學會的講習會（「如何為羊齒植物參展前整理儀容」）、勞德岱堡蘭花學會會議、稀有水果協會的演講（「移植熱帶果樹的成樹」）、南佛羅里達觀賞鳳梨學會展覽與特賣、黃金海岸蘭花學會、佛羅里達原生植物學會、南佛羅里達蘭花學會的會議（「加州的蘭花趨勢」），以及南戴德郡園藝俱樂部和勞德岱堡夜間園藝俱樂部的聚會。在佛羅里達州，植物和金錢一樣淹腳目，而植物就是金錢。不管我開車到什麼地方，都會經過和火車站一樣長的溫室，也會看到盆栽棕櫚樹放在盡是鏽斑的小卡車後面賣，以及種聖誕樹的農場、蘭花農莊、家庭植物農場、草皮農場、搬樹公司（一通電話服務到家：930-TREE！）、電線杆上的廣告招牌寫著：「前有棕櫚大俗賣，從這裡走有芒果樹和芭蕉樹」，還有平臺卡車載著橫放的棕櫚樹，樹幹包著寬寬的白色棉布條，看起來活像賽馬的腿。如果你不喜歡植物，來到這裡會備感寂寞。

和拉若許講過電話之後，我準備就緒，開車前往勞德岱堡的體育館等他。起先沒看見他，所以漫步過街到對面的古董店，裡面的古董沒有一件是在一九六八年以前製造的。透過店面前方的窗戶，我可以看到體育館裡人進人出。出來的人都提著一個袋子或箱子，露出植物的頂端。最後我終於看見拉若許的廂型車從停車場的出口前經過，再開過合法停車位的橘紅色圓錐，最後他把車停在一個有樹蔭的地方。我離開古董店，過街去和他碰面。走到他身邊時，只見他臉色蒼白瘦削，靠在廂型車的門上。我和他打招呼，問他是不是不舒服。「當然不舒服了，還用說嗎？」他語氣很不耐煩：「我他媽的快死了。」他拒絕告訴我病因是什麼，我們只好站在那裡一句話也不說，直到他把菸抽完，然後一起走到體育館入口。

門票一張六元。拉若許看著我，「你難道弄不到免費門票嗎？」他問。

「免費門票？我憑什麼拿得到？」我說。拉若許皺皺眉頭，走到我前面，問坐在售票桌前的男人：「嘿，給我們兩張票行不行？」賣票員咯咯笑著對他伸出手，手心向上。「研究需要嘛，」拉若許仍不死心。售票員的手一動也沒動。體育館門打開，一對男女從裡面走出來，離開展覽會場。男的抱了滿滿一箱植物。他們走過時我聽見他說：「狄狄，我真的不喜歡嘉德麗雅蘭！」她也搖搖頭說：「是嗎？菲爾，我可是對拖鞋蘭沒興趣！」這時吹起一陣熱風，刮走了桌上一張展覽會的節目單，在空中飛舞了一下，隨後輕嘆一聲跌落在地上。我們身後開始大排長龍，人心浮動。我數了十二塊錢，放在售票員的手心裡。拉若許把票根丟進抽獎箱中，然後推門進去。

展覽會場裡，整個體育館內沿邊一圈都是販賣蘭花的攤位，中央也擺滿一排排蘭花攤位。最中央部分有兩個長條形平臺，上面陳列了蘭花商的商品。拉若許告訴我，這場展覽的主題和馬戲團有關。他指給我看旁邊有一個展示，以蘭花架在小型的摩天輪上、圍繞在玩具小丑和馬戲團動物的畫像旁。我們依順時鐘方向開始參觀，經過的第一個攤位招牌寫著「跳舞娃娃—粉紅色漂亮寶貝！香噴噴！」另外還有一張長桌子，上面擺滿塑膠花盆。多數植物都很小，葉子也只有一丁點。靠近最後面有一株很高大的蘭花，有著長長的弓形葉子，花朵形狀酷似小畚箕。葉子綠中帶黑，蘭花本身呈光滑耀眼的黃色，像剛上過蠟的計程車，上面有數百顆深紫色的斑點。斑點略呈卵形，聚集成一條條曲線，看起來彷彿一邊轉動蘭花，一邊有人上色一樣。一直盯著斑點的圖案看，令人感到暈眩。再看久一點，就會有被催眠的感覺。過了一會兒，我眼球後面的肌肉開始感到微微刺痛。拉若許靠過來，瞇著眼睛看。他左右移動蘭花的位置，「真是漂亮得要命，」最後他開口道：「就像是油漆工廠發生爆炸一樣。你知道這是怎麼發生的嗎？這個蘭花的染色體全被搞亂了，才會有這種看了頭昏眼花的圖案。日本人就喜歡這種調調。這東西在日本可能很受歡迎。」他陡然吸了一口氣：「要是我能培養出黑色蘭花，花瓣上還有一道紫色閃電，就永遠不愁吃穿了。」

一位穿著粉紅色緊身短褲的女士停在展示桌前，對拉若許手中的蘭花大感驚訝。她問他：「他們是怎麼弄出來的？」負責這個攤位的人走過來，她對他說：「請教一下，我種的蘭花都長不出花來，到底錯在哪裡？全部都可憐兮兮的。虧我一直撒Bloom Booster（花肥），不開花就是不開花。」

負責人說：「別撒太多肥啦，撒太多就像暴飲暴食一樣。」

「可是，我以為Bloom Booster可以……」

負責人口氣不滿：「唉，大家都以為那種東西是萬靈丹，其實啊，小姐，根本不是啦。」

她噘起嘴唇：「知道了，知道了。謝謝。好吧，人家不是說這邊有種巧克力香味的蘭花，到哪裡才找得到啊？」

拉若許拍拍她的肩膀，她轉身過來。他說：「算我多事，不過，還有一種聞起來很像葡萄口味的Kool-Aid（果汁粉），別錯過了。」

這些蘭花都有響亮而別出心裁的名字：黃金杯、凱斯媽媽、小熊馬基、黃金菩薩、爽口紫莓、狄狄的豐唇。蘭花初抵英格蘭時，有人以為屬於一種非常小非常不尋常的植物家族，後來新發現的品種數目暴增至數萬，因此蘭花家族的本質必須重新檢討。事實上，要注意所有新發現的品種，幾乎是不可能的任務，所以一八九五年建立起一套正式的登記程序，現在由皇家園藝學會管理，全世界的蘭花專家也沿用至今。新品種通常由發現者來命名，或者以贊助發現者的人來命名。如果是雜交品種的話，就由最先雜交成功的人來命名。國際蘭花登錄名單現在列出的蘭花名稱和解釋，已超過一萬個品種和雜交種。

「卡特蘭（*Carteria*）：紀念賞心林（Pleasant Grove）人J．J．卡特（Carter），於一九一〇年首度發現。」

「赫夫麥斯特蘭（*Hofmeistera*）：謹將此一品種獻給待人最和善、名聲最卓著的W．赫夫麥斯特（Hofmeister）。此一品種花粉醒目，微小美麗的花室中帶有絲圈，其雄蕊群交織成令人稱奇的形狀，展現出許多纖細的優點，獻給顯微鏡專家赫夫麥斯特最最適合、貼切不過了。」

「羅比柯蘭（*Robiquestia*）：紀念法國化學家M．皮耶．羅比柯（Pierre Rodiquet），以彰顯包括咖啡因和嗎啡等多項重大發現。」

「歐林斯蘭（*Orleanisia*）：紀念嘉斯頓．歐林斯（Gaston d'Orleans）王子，巴西花卉園藝的業餘愛好者與贊助人。」

有些蘭花根據外表來命名。幽靈蘭長了很多根，正式的學名是*Polyrrhiza*，希臘文的意思是「多根」。有一種蘭花的花頭下垂，花瓣軟弱，中文名稱為鎧蘭（*Corybas*），希臘文的意思是西貝利（Cybele）女神的隨從，任務是陪伴女神狂歡勁舞。有些蘭花的名稱具有復仇的意味。一九六〇年代末，美國人在巴西發現兩種文心蘭。這個人我們姑且稱為約翰·史密斯[6]。他發現其中一種文心蘭又大又美麗，另外一種活像長了麻子似的。史密斯說服了一個巴西人幫他採集蘭花，千辛萬苦將蘭花送到港口，答應他其中一種要以他的名字來命名。史密斯沒有食言。他為了紀念巴西腳伕的幫忙，以他的名字來命名那種麻子文心蘭，而不是花枝招展的那一種。幾年以後，巴西的養蘭人利用史密斯那種又大又美麗的文心蘭來進行雜交，產生的頭兩個品種分別命名為貪婪白人和可惡的約翰。

商業養蘭人為新品種命名的靈感，通常來自朋友的名字、忠實客戶的名字或最喜歡的名人。位於維吉尼亞州的查德威克父子（Chadwick & Son）苗圃最近為一種雜交品種登記為「第一夫人希拉蕊」。為了向美國蘭花學會七十五週年慶的主席依莉莎白·泰勒表示敬意，有一種由蕾麗雅蘭培育出來的蘭花，就命名為「依莉莎白的明眸」。「賈桂林·甘迺迪」蘭花顏色雪白，點綴了紫色紋路。「尼克森」蘭花呈油灰色，上面有棕色的斑點。此外還有「南茜·雷根」蘭花，一個以作家瓊·蒂蒂安女兒為名的雜交品種，以及一種有拉札的紅寶石（Rajah's Ruby）之稱的「貝比的寶貝」，命名人與栽培人是布魯克林道奇隊的貝比·赫曼（Babe Herman）。伊利諾州有位養蘭

6　美國最常見的人名。（編按）

人以鈴木信一來命名一種新的雜交蝴蝶蘭。鈴木信一是日本小提琴家，曾發明一種教導幼兒學習音樂的教學法。我在佛羅里達遇到很多名字被用來命名蘭花的人，這些蘭花都是鮑伯．富可士和馬丁．莫慈（Martin Motes）兩位佛羅里達苗圃人培育出來的品種。有一次在一個蘭展上，我和蘭花裁判霍華．布朗斯坦（Howard Bronstein）站在一起，他指著其中一株對我讚嘆：「天啊，這朵『霍華．布朗斯坦』長得真棒！」霍華．布朗斯坦表示，這朵是他見過最漂亮的「霍華．布朗斯坦」。「霍華．布朗斯坦」蘭花他見過不少，因為這個雜交品種很受歡迎，是由他的朋友鮑伯．富可士培養出來，以他的名字來命名。

拉若許陪我走過展覽會場，一面向我解說：「我以前好喜歡這些，它們叫做蛾形文心蘭……蛾蘭。我以前愛得要死哪……那是小可憐的貝殼蘭……看看這個黑黑硬硬的東西，這是一種拖鞋蘭。如果你活在維多利亞時代的英格蘭，當時人一想到花朵馬上想起黃色的雛菊，把這種又黑又硬邦邦，上面還有蓋子的東西擺在家裡，你能想像嗎？一定酷斃了……噢，有人在展羊齒植物。你看，是不是很漂亮？真的很漂亮。我有一陣子也蒐集羊齒植物。很難種的。羊齒植物喜歡死。

它們最愛做的事情就是死。『我們今天要做什麼？嘿，我們去死好了！』塞米諾土地上有很多不錯的羊齒植物，我想在苗圃裡面也養一些，應該可以賺一點錢……這個你喜不喜歡？我前妻以前種過，所以現在我一看見就有點想吐。為什麼分手？我怎麼曉得。別人分手的原因是什麼？其實啊，我們分手是因為她可以坐著聽完半面的死之華（Grateful Dead）合唱團專輯，我沒辦法……快看！這是什麼？我剛才指給你看過嘛。貝殼蘭。簡單啦，你看看花瓣不是呈小貝殼狀……這個形狀就怪了。你看看這根管子這麼長。蛾都把長不拉基的舌頭伸進去，讓這傢伙受精。就像幽靈蘭一樣嘛，都是由這種體形龐大的鷹翼蛾來傳粉。這種蛾大得不得了啊。有一次我進去法喀哈契的時候，有一隻不知道從哪裡飛出來，一股腦兒撞在我臉上，害我像小女生一樣哇哇大叫。」我們停在一株蘭花前，這棵蘭花頂端花瓣呈圓形，有一個球莖狀的囊，兩邊各有一根細長的花瓣，捲成螺絲錐狀，直直向前伸出。這朵蘭花的每一部分都有不同顏色，有可可色、鐵鏽色、黃金色。在我眼裡看來，就好像一隻貴賓狗搭車兜風，窗戶打開來，風把狗的耳朵吹到臉後方的輪廓。拉若許伸手撫過這花的捲曲耳朵，說道：「想像一下，如果你是這棵蘭花，為什麼花瓣要長成這副德性？它有它的用處。萬物都有用處在。我相信要學好植物學，一定要靠想像力。我儘量讓自己站在植物的角度上來看，儘量想出個究竟來。唯一長出沒有真正用處的東西的，就是雜交種，因為有人把不同蘭花湊在一起，產生非自然的品種。雜交好玩的地方就在這裡，你是上帝，你來主導植物做愛。這是一種人工的嗜好。」

「有沒有天然形成的雜交品種？」

「幾乎沒有。」他說。

「為什麼？」

他輕蔑地哼了一聲：「你想，誰閒閒沒事，會跑去和大猩猩亂搞？」

——

拉若許說，這裡整個大廳都是複製蘭，人工製造的基因拷貝。我們觀賞到的蘭花，有些是從種子或插枝長成的，不過多數都是在實驗室裡製造出來。複製植物現在是家常便飯，不過複製的手法一直到一九五〇年代晚期才有人發明出來。當時法國植物學家喬傑．莫赫爾（Georges Morel）想培養出免受病毒侵害的馬鈴薯，結果發明了複製的方法。莫赫爾發現，如果從馬鈴薯植物中成長最快速的地方取下幾個細胞，放在成長媒介中，給它一些生長激素和化學藥物來刺激成長，細胞會跟著增殖。植物細胞會循地心引力和熱來源異化，一種向地下發展，一種往太陽的方向生長，不過在細胞異化之前，所有細胞都是一個模子打造出來的。細胞一開始分別往上下發展，有些細胞就演化為根，有些演化為葉子和莖。莫赫爾發現，如果繼續刺激並轉動培養皿，細胞會持續分化，但性質仍保持一致，一直分裂為基本細胞，而不會發展為植物。他讓細胞分化為數千個基本細胞後，才停止搖動培養皿，將細胞分成比較小的幾團，置入另外的成長媒介中，然後放在靜止的培養皿裡。過沒多久，小團細胞便成長為數千株植物，每一株的基因結構都完全一樣，都是原來植物的複製品。莫赫爾在進行馬鈴薯複製實驗時，有數名研究生助手，其中之一是名叫沃特．波奇（Waler Bertsch）的年輕人，他正好也是愛蘭人，而且女朋友正好也在一家著名的法國蘭花公司上班。波奇把莫赫爾的複製方法應用在蘭花上試試看，發現很多品種的反應都不錯。從此，蘭花就成了第一種進行大規模複製的觀賞類植物。

複製法發明之前，繁殖蘭花需要相當大耐心。想要從種子栽培出蘭花，可能一輩子都辦不到，因為蘭花很少結種子莢，即使長出種子莢，也要花上七年蘭株才會成熟開花。蘭花也可以用分枝的方法來繁殖，一株分成兩株，最多分成三株，不過這種成長速率實在不夠看。複製科學讓養蘭業為之改觀。多數品種都有可能快速大量複製，而且基因一致，絕不出一絲差錯，因而也可以用合理的價格來出售。從前蘭花只生存在野外或者百萬富翁的溫室裡，有了複製技術，蘭花幾乎可以像雛菊一樣普遍。不過最優質的蘭花依舊價值連城，一棵可供展覽的貝茜南美兜蘭（*Phragmipedium besseae*），價值至少五千美元。兜蘭之類的品種則會抗拒複製，現在仍屬稀有，還是極為昂貴。除此之外，多數品種可以在實驗室中製造出來，數量不但很大，品質也絕對整齊劃一。養蘭人有點像是巫師的學徒，將一棵植物變成幾百幾千棵，甚至更多。理論上，複製數目沒有極限，一棵漂亮的植物可以複製成一百萬棵。

門票票根進行抽獎，宣布了得獎人，我們沒有中獎。「真的有一種蘭花聞起來像葡萄口味的果汁粉，」拉若許說：「我一定要想辦法把它給找出來。」他一個攤位接一個攤位找。史都華蘭花。蘭花人。山景蘭。亞力山卓蘭花。金鄉里蘭。「美豔萬分的橙色蜘蛛蘭，首度公開發售！」一位來自夏威夷的養蘭人在招牌上寫著「通通七折，全部出清！」委內瑞拉來的養蘭人賣的是一百元的嘉德麗雅蘭，宣稱「這些花朵詩意盎然。它們朝水平方向生長，是因為想回老家委內瑞拉。」攤位之間人群簇擁，撫摸著花梗、蘭葉、花瓣、掏出鈔票、刷卡，指著植物說「我要、我要、我要要要！」還有「我連一眼都不能瞧」，還有「來這種蘭展，應該先把我自己五花大綁才對。」民眾有老有少，也有中年人。有男女眼睛緊盯某棵植物，彼此講著悄悄話。有母親推著嬰兒車，傾身向前細看桌上的蘭花。有的穿著白色風衣和上好鞋子，有的穿著有蘭花圖樣的羊毛衣，有的繫著印了一百朵小嘉德麗雅蘭的絲質領帶，有的戴著銀質鏤空花的蘭花耳環或髮夾，有的穿了前面繡了薄薄一層蘭花的短褲和T恤。他們湊近細看蘭花，閉上一眼，就像珠寶商檢視寶石一樣，然後向後退，歪著頭再看一次，就像博物館長研究畫作一般，然後他們付了錢，臉上帶著中了超級大獎那種瘋狂的淺笑，走了開去。

拉若許在角落一個小攤位前停下來。「這東西真是怪不拉基啊，」他說。他指給我看一排小陶盆，大約只有拇指般大小吧，每個小花盆裡有一團長滿鱗片的灰綠色根。沒有葉子，沒有花朵。拉若許看了我一眼：「漂亮吧？」我想他是在開玩笑。他舉起一個花盆給我看，植物的小根微微顫抖著：「這是亞洲幽靈蘭。看起來很可憐，不過卻很稀有，所以大家都想要。一迷上這些可惡的蘭花啊，不管看什麼都是母豬勝貂蟬，」他說：「這就是蘭花熱的症狀之一。」

一名年輕的金髮女子背著寶寶，停在攤位前，站在拉若許身旁，掃瞄著桌上的植物。

「你看，」他拿起一個花盆，問她：「漂不漂亮啊？」

「美極了。」她回答。

拉若許指著幽靈蘭大聲說：「噢，這些植物看起來病懨懨的，大概快死了！」負責人原本一直在銷售桌另一端電話接單，這時倏然轉頭，瞪著拉若許。

拉若許揚揚眉說：「抱歉啦，老兄。」

年輕女士把花盆放在手上轉了又轉，還用手指頭撫摸著根部，稍微撐開來看花盆裡面是不是還有其他東西。

拉若許看著她。然後他開口問：「喜不喜歡它？」

「是很喜歡啦，」她說，但又遲疑了一下：「我是說……是有點……有點……不尋常，不過我還是很喜歡。」

「即使是隻醜小鴨你也喜歡，」拉若許說：「沒有花，沒有葉子，說不定開花的時候就是現在這副德性。」他的聲音很溫和，她點點頭。「我知道你為什麼喜歡，」他說：「是蘭花熱的症狀之一。」

和拉若許來這種地方，可以學到很多東西。很多人都認識他。就外表上來說，他很引人注目。可能全佛羅里達上下就屬他的膚色最白，瘦得皮包骨。在勞德岱堡這場展覽中，他穿的是連身衣，顏色幾乎褪成白色，穿在身上就像衣服掛在曬衣繩上。他的眼睛幾乎無色，牙齒全部掉光，看起來鬼裡鬼氣。然而大家還是被他吸引住。他在體育館裡到處和人聊天。我在《紐約客》雜誌裡寫了一篇關於他的文章，附他的照片，有些人因此認出他，所以過來搭訕他，說些客套話，讓他很高興。他會回答：「沒錯，正是在下，我就是那個到處偷蘭花的人。」還洋洋得意談論那個案子。他也向攤位負責人或來賓提供不請自來的評論，也大聲說出冒犯的話語，引人側目，通常還能引起一陣對話。他說個不停，大小事情他都知道一點，至少裝得很像萬事通。他也能脫口而出拉丁學名和植物學上的論據，還一直像教授般關心我有沒有學到東西。他這個人是個永無止境的謎題，大家這麼喜歡他，讓我相當驚訝。儘管他是個不折不扣的怪人，大家還是喜歡他。一般人受歡迎的特質，諸如：公認好看的外表、態度合宜、令人感到愉快，這些他一樣也沒有，但無損於他受歡迎的程度。他的幽默感帶有種挑釁的意味，還有點猥褻，又喜歡遲到，還常常承諾一些自己做不到的事。我在想，大家喜歡他的原因，是因為他對他們關心的事物表現熱心，就像是自己的事情一樣，也因為他的自信具有傳染力，讓別人感覺到他們自己也有潛力，可以做好事情。若是你別無選擇，他還可以把黑的說成白的。在勞德岱堡那場蘭展之前幾週，我待在父母親西棕櫚灘的公寓裡，有事想和拉若許談談，所以約定在西棕櫚灘和他北邁阿密的家之間會面。我告訴他，我必須早點和他見面，因為我母親和我一起來佛羅里達，我開的是她的車子，不想讓她困在家裡沒交通工具。拉若許滿口說他都是一天亮就起床，可以在七點半左右和我見面，還答應他會想出一個比較方便見面的地方，早上再打電話告訴我怎麼去。他甚至還問需不需要他打電話叫我起床。我六點半的時候自己起床，在高爾夫球場周圍慢跑了一小段路，回來洗澡換好衣服。十點的時候，他還是沒有打來，所以最後我決定打電話給他。他父親接聽電話，說約翰正在睡覺，如果叫醒他，他可能會不高興。最後拉若許打電話來的時候，已經快十一點了。我還沒機會痛罵他一頓呢，他就搶先宣布他認為這時候見面不太好，因為我母親和我一道來。「我是說，她好歹是你媽媽吧，」他說：「我說啊，那很重要。你也不是每天都見得到媽媽吧？好吧好吧，我們就這麼辦。我覺得你還是多陪陪媽咪，帶她好好吃一頓午餐或早午餐，享受這一天，明天再打給我，我會讓你知道明天的行程，到時候再聊，不就好了嗎？」他很肯定這個計畫錯不了，還拚命說服我，這樣計畫才對，而且可能我本來就想這麼做的，不是嗎？

我們在勞德岱堡的展覽會場裡一面逛著，他一面口出狂言。舉例來說，我問他現任女友在哪裡高就，他說：「她是個臭婊子！」一分鐘後他又吹噓說她聰明絕頂，目前在邁阿密潛水艇餐廳賣三明治，在這之前她念過醫學院。他還是和往常一樣，不管講到誰，不管講到什麼事，一概尖酸刻薄，不過一談到和母親進入法喀哈契那次經驗，他就變得抒情感傷。那一次他們母子兩人走到一處空地，突然眼前大開，沼澤變成一個池塘，裡面盡是鮮黃色的睡蓮，還有一隻水獺、紅頂啄木鳥和看著池塘的朱鷺。他向來情緒起伏不定，我算是很習慣了，不過還是常常丈二金剛摸不著頭腦。他一直都叫我有膽就別相信他，然後又變得很可靠，讓我大吃一驚。他也每次都叫我有膽就當他是怪人一個，然後又會顯現出一點都不怪的一面。我剛認識他的時候，他說他發現了現存唯一的寶石級珍珠化石。由於他吹噓得生動逼真，讓我忍不住想去查個究竟，但我問過的人沒有一個可以證實。我真的很想逼他說清楚講明白，不過他後來再提到的時候，我正準備質問他，他說：「你知道我為什麼很喜歡那顆珍珠嗎？因為只要珍珠在我手中一天，我就還能擁有發現珍珠當時的感覺。我找到的地方，當時還是荒蕪一片，現在都不見了，全部被開發一空，樹林也被清得一乾二淨。發現的時候我和妻子在一起，現在她是前妻，當時我也和老媽在一起，現在老媽也死了。擁有那顆珍珠，就像仍然擁有那一刻，老媽還活著，婚姻生活還是很美滿，我發現的地方也還是很漂亮。」珍珠的問題，從此我再也沒有提。我不是三歲小孩，容易受騙上當。我只是覺得，質疑那顆珍珠究竟是不是現存唯一寶石級化石珍珠，和他口中對他的意義相形之下，反而顯得微不足道，因為那就好像告訴一個深陷情網的人說，他愛的人又矮又醜。

——

我不得不離開花朵一陣子了。我的眼睛很累。我往往會盯著花心看得太用力，因為我總是在看到花朵上的皺褶和尖狀物時，覺得看到的是臉孔：小舌頭、盲眼、蓮蓬的嘴唇、拳擊手被揍扁的鼻子、龍蝦、正在笑的毛毛蟲。每次我一看到臉孔，就會一直盯著看，拼命想知道這朵花像誰或是像什麼，直到眼睛感到一陣刺痛才作罷。此外，吸住我目光的顏色和圖案，也彷彿無底洞似地，會讓我一直看一直看直到拉若許失去耐心，硬是把我拉開。約莫一個小時後，我提議休息一下，一起到體育館的小吃吧，坐在一張搖搖晃晃的塑膠桌前。我喝著味道酸酸的加奶精咖啡，拉若許吃了條熱狗，我們都呼吸著小吃吧的油膩空氣。「想不想知道這樣的展覽一個攤位的負責人可以賺多少？」拉若許吃完熱狗後問我：「可以賺一大車喲。植物圈的錢多的很。植物是商品，就像豬肉一樣。舉例來說好了，法喀哈契和科理爾—塞米諾州立公園的棕櫚樹加起來，就值八百萬元。價值八百萬咧。一棵大王椰子可以賣到四千塊。做景觀的人最愛大王椰子了。前幾天我在想，如果你一星期偷一棵棕櫚樹，一年就可以賺五萬塊了。」我問他，是不是想改行偷棕櫚樹。「當然不想，」他的口氣很不耐煩：「要幹的話，是個不錯的小企業，不過重點是，我和植物站在同一邊。就拿幽靈蘭來說，我是想撈點錢，不過我其實是想解救幽靈蘭，不想讓它們絕種。即使我們從法喀哈契帶走幽靈蘭時，我自己那一點噁心的道德觀念還讓我有罪惡感。」他站起身來，東摸西找地在口袋裡尋香菸。「人類會為植物而瘋狂。有一次我帶一個女人進法喀哈契，因為她想看——噢，對了，就是幽靈蘭。她一直作夢夢到幽靈蘭。我知道哪裡可以找到正在開花的幽靈蘭，所以我們一起走進沼澤，向裡面走了三公里，穿過最可怕的地方，她簡直是用跑的。後來我看到不喜歡的東西，對她說：『噢，芭芭拉，你還是停下來比較好。』因為在她正前方有一條二公尺長的響尾蛇。她站住不動，我用開山刀把蛇砍死，我簡直快，噢，幹！我快受夠了，結果她又開始向前跑。她就是等不及，急著想看那朵可惡的蘭花。她讓我想起一個朋友，他在厄瓜多發現一朵很不錯的幽靈蘭，但他不知道自己正站在軍方的土地上，結果被憲兵擋下。憲兵氣炸了，要他交出那一袋植物，他居然說：『儘管開槍打死我算了，沒有蘭花，我是不會走人的。我情願讓你們開槍打死。』憲兵看著他，覺得他心智有問題，他的確是很有問題。」

第七章　好日子

偷來的蘭花有一部分死掉了，其餘沒死的又黏回法喀哈契的樹上。法喀哈契的公園管理員把從拉若許身上沒收來的蘭株都帶回森林裡，黏回樹上，看看還能不能存活。這種方式我並不是第一次聽到。拉若許遭逮捕後，我第一次到佛羅里達時，認識了自然學家羅傑．哈默（Roger Hammer）。他在安德魯颶風過後曾進入法喀哈契，如果發現有蘭株被風雨打落，就擠幾滴人稱「液態鐵釘」（Liquid Nails）的接著劑，將蘭花黏回直立的樹上。蘭花可以忍受這種接著劑。一般而言，蘭花比我們想像得還堅強。雖然它看起來像玻璃般脆弱，其實不然。蘭花的幼株都是被塞在箱子裡、又擠又壓又動來動去，還放在悶不透氣的地方，然後運送到世界各地。儘管如此，箱子打開後，替蘭花鬆綁，撢撢灰塵，一切都若無其事。我第一次看到養蘭人打開一箱從新加坡寄來的蘭花，裡面是一團亂七八糟的幼苗，我看了一眼，以為這下子養蘭人一定不肯與對方善罷干休了。哪曉得他不但沒發火，反而從中拉出幾株，投以讚賞的眼光說；「嗨，哈囉，寶貝！」野生蘭也可忍受相當大的折磨。安德魯颶風過後，人們發現許多樹木都已傾倒死亡枯萎，上面的蘭花卻依舊生命力旺盛。拉若許告訴我，他和前妻以前常開車到處走，解救蘭花。他們會到工地去翻垃圾堆，看看有沒有被砍下來扔在一邊的樹木。如果拉若許可以取得花朵而不惹上麻煩，他就會將蘭株剝離樹木，帶到鄰近的樹林裡，黏在直立的樹上。

佛羅里達堅強不屈的植物簡直可以寫成一本書。我有一次在棕櫚灘郡的羅沙哈契保護區見識到植物的韌性。保護區內泥沼遍地，地勢低平，多數植物不是草叢就是香蒲，不然就是高及臀部的雜草或一簇簇的絲柏，都緊貼地平線生長，只有在泥濘地中間長了三棵乾瘦的澳洲松樹，並不特別高，不過在這個平坦的世界裡，卻顯得有如摩天大樓般昂然矗立。每次這一帶出現閃電，必然會集中到這些樹木身上，而佛羅里達南部經常有閃電，因此這些樹木都一次又一次地遭到雷擊，如今有一部分樹枝上的樹葉已經掉個精光，樹枝裡面大概也早已烤焦，不過仍然站得好好的，還是活生生的樹木。佛羅里達長生不死的植物當中，還選得出一個總冠軍，那就是白千層（melaleuca），一種不起眼的樹木，於一九〇六年時由澳洲引進，作為裝飾用的造景植物。白千層可以長到十五公尺高，白色的樹皮像海綿一樣，看起來有點像頭髮長長的尤加利樹。這種樹木很會吸水，一天就可以吸乾一整公頃的濕地，所以被種在當時人認為一無是處的佛羅里達沼澤地，幫助排水。一九三〇年代，房地產業者派人開飛機從大沼澤地國家公園上空撒下白千層的種子。白千層很喜歡佛羅里達的環境，引進至今數目已經成長數千倍，每天以二十公頃的速率擴展。大沼澤地國家公園三百零七萬公頃的地面，已經有二十萬公頃被白千層占領吸乾。由於白千層的樹葉飽含油脂，一燒起來不可收拾。一九八五年曾經發生一場白千層樹葉的大火，讓佛羅里達有兩百萬人無電可用，因為油脂助長火勢，火苗直往上竄，燒到主要的電力輸送線。沒有人對這種樹有好感，多數人現在都認為它們是到處亂長的惡魔。問題出在白千層不喜歡死，就算被冰凍、被餓昏、被砍斷、被下毒、被折裂、被焚燒，它也會在死前釋放出兩千萬顆種子，向四面八方傳播，所以就某個角度而言，它是比死前還要生意盎然。想殺掉這些樹木需要一點詭計，就是慢慢來，不然樹木受到驚嚇會射出種子。第一次帶我走進法喀哈契的管理員就是位謀殺白千層的專家。他表示，有一種稱為象鼻蟲的澳洲小昆蟲，長得胖嘟嘟的，專吃白千層樹葉和花苞，所以進口了三百隻，野放到大沼澤地國家公園，希望牠們可以減少白千層的數目。如果沒有象鼻蟲，要殺掉這些樹木而不驚動到它們，唯一的方法就是所謂的砍噴並進法：稍微砍一下，噴進一點點除草劑，一段時間後再回來噴除草劑，砍了再噴，噴了再砍，直到樹木凋零死去為止。

異鄉客在佛羅里達生活通常都過得不錯。該州的植物當中，有白分之二十五是外來品種。最常見的蘭花為一種小小的草坪蘭，就是從印度移居而來。最早時候這種蘭花的種子不慎混入好幾袋青草的種子裡，然後運送到邁阿密來，不知情的人便將種子撒在成千上萬的草坪上。巴西青椒樹也是隨處可見，它們和白千層一樣，都是進口用來做為造景樹，後來逃脫到野外成家。它們也像白千層一樣，不喜歡死，因此只要被焚燒、砍倒或拔起，就會釋放出種子。大沼澤地國家公園非常適合它們生長，結果它們大批進占。植物學家最後認為，除掉巴西青椒樹的唯一方法，就是徹底刮除它們所在地的表層土。常見的亞洲白茅也是以種子的形式進入佛羅里達。它們有些藏在造路器材的輪胎紋路裡，有的藏在包裝材料裡。討人厭的鱷魚草原生地是南美洲，偷偷進入佛羅里達後一炮而紅。我決定進入法喀哈契查看被盜採的蘭花那天，在邁阿密報紙上看到一篇報導，政府命令越南籍的農夫摧毀他們田裡的空心菜。這種空心菜在亞洲很普遍，但在佛羅里達，越南籍的農人剛到不久，空心菜也是。這篇報導並沒有提到農人的生活過得怎樣，不過空心菜顯然過得很好，而且因為生命力過於旺盛，阻塞了當地的水道。幾星期後，我又看到一篇報導，內容也是有關一種適應得太良好的移民生物，是一種有毒的南美洲蟾蜍，原先引進這種蟾蜍到佛羅里達是為了吃掉甘蔗上的害蟲。現在這些蟾蜍可以長到十七公分長，重量超過一．三公斤。最近，有人指稱蟾蜍身上的毒害死了家中寵物，而且牠全身痘痘很恐怖，嚇到了觀光客。

從我在西棕櫚灘市的公寓到法喀哈契林帶有兩條路線。法喀哈契林帶和西棕櫚灘位於佛羅里

達州的兩側，呈對角線。我可以向西開車，走鱷魚走廊。不過我比較喜歡走另一條路線，蛇行經過棕櫚灘郡和亨德里郡，繞過歐基求碧湖的下半部，然後橫越大沼澤地國家公園，沿著甘蔗田邊緣，穿過靠近依莫卡里的塞米諾保留區，經過幽靈似的招牌，這些招牌上的觀光據點如鱷魚大觀和原住民村，早已銷聲匿跡。小小的州道每隔幾公里就有直角的彎，彷彿是用美工刀劃出來的。在小路開車開不快，不過越開路面越寬。我去看被黏回去的蘭花那天，知道要早點到沼澤地，晚一點天氣會熱得受不了，可是我實在很喜歡這些小路，還是捨棄了比較快的路線。這天早上有風，所有的棕櫚樹葉都隨風飄揚，就像模特兒拍時裝照的模樣。不管開過什麼地方，都沒有看到有人走路。出了棕櫚灘我才看到一些人，其中很多排成一列走在路肩，手上拿著沒有寫字的橫幅標語，還有長長的竹竿，上面綁著鳥羽毛。開車經過時我搖下窗戶，聽聽看他們是不是在唱歌，或者說什麼，可以藉此知道他們正在做什麼，可惜他們不發一語，只聽到四十雙腳踩踏在路邊沙上的聲音。我經過了獅王野生動物園的入口，接著旁邊就是長寬綿延數公里的甘蔗田，甘蔗和我一樣高，有的被砍掉只剩下殘梗。田邊小路有卡車進進出出。偶爾可以看到房子，由於距離馬路很遠，看起來很小，好像玩具一樣，不過四面看不見人影，怎麼走都是甘蔗田；開過好幾公里的甘蔗田，還有好幾公里的甘蔗田要走。我在加油站停下，進去買瓶健怡可樂，但是怎麼樣都找不到不加糖的飲料。

歐基求碧湖高高隆起的堤防附近，出現一個野餐區的標示，地點好像叫做約翰．史崔奇（John Stretch）公園。我在旁邊停了下來，爬到堤防上看看湖的景色。約翰．史崔奇的停車場裡共有六輛黃色計程車。三名粗壯的婦人身穿色彩鮮豔的印度裹身袍，慢慢走向堤防上面。在計程車對面有一個涼亭，大約二十個成年人和一群小孩跑來跑去。有幾個男人在照料烤肉架，幾個女人在野餐桌上擺餐具。整個公園都是小茴香的味道。我爬到堤防上面，欣賞藍色的大湖。那三名粗壯的婦女已經爬到上面，我後面也有兩名婦人跟上來，拉著印度袍，不讓它沾到泥土，每次風一吹動她們的裙擺，上面的亮片就投射出一角硬幣般明亮的光點。大家都一面點頭，一面看著藍色的湖面，然後我們全部一起走下來，我跟著她們走進涼亭。一個負責烤肉的男人告訴我，他們是一個巴基斯坦的大家族，住在勞德岱堡，來到公園野餐。其中幾個男人在勞德岱堡開計程車，停在停車場裡的計程車就是他們的。負責烤肉的男人穿著西裝褲，漿過的白色襯衫，還戴了又大又亮的珠寶首飾。他邊說邊翻著漢堡肉，肉片在烤肉架上吱吱作響。「辣椒羊肉片，」他用鏟子指著解釋：「巴基斯坦漢堡。吃過嗎？」

「應該沒有。」

「我們準備了很多，」他說：「乾脆坐下來一起吃吧。」

我說我不能留下來，因為時間已經來不及了。他看起來有點洩氣：「我能了解，」他說：

「佛羅里達很多人都怕我們的食物。」

——

過了約翰．史崔奇公園，馬路蜿蜒經過一些小鎮：惡魔花園、豆子市、柑桔中心、哈林（Harlem）、旗洞，也經過一些濕地：信號沼澤、螺旋起子沼澤、青草濕地和葛蘭蘭濕地（Graham Marsh）。地面像大理石般平坦，一直延伸到天邊都沒有一絲皺紋。我的視線掠過帶狀的綠色地面、碗狀的藍色天空，然後落在一個廢輪胎、一隻從空中飛過的小鳥、一道舊圍牆和一個生鏽的桶子上。眼前幾乎完全沒有來車，從頭到尾後視鏡裡一輛車也看不到。我開過了很多空盪盪的土地，而土地以外的地方同樣是空盪盪的土地。我前前後後看著空盪盪的路面，再抬頭看看空盪盪的天空。這個世界無限寬廣，光是想到這一點，就讓人寂寞到骨子裡。世界這麼大，人類老是迷失在其中。有太多想法、太多事情、太多人、太多可以走的方向。我開始相信，有人可以熱衷於某件事物，因為這樣一來可以縮小世界到自己可以掌握的大小。鎖定某件事物，可以讓世界看起來不那麼大，不那麼空盪盪，比較充滿可能性。要是我也曾經擔任過採蘭的工作，我就不會把這個空間看得既空曠又難過，反而應該是把這裡看成無限廣袤的機會，且我喜愛的事物正在這裡等著我去發掘呢。

道路兩旁都是淺溝，裡面堆滿了黑黑的髒東西、棕色的水、捲來捲去的綠色雜草，看起來就像鱷魚喜歡亂爬的地方。靠近一個溝渠的地方有個廣告看板，上面宣傳的是個老舊的觀光景點，用粗黑斗大的字體寫著：**保證看得到鱷魚!!!**這樣的保證其實一點也不新鮮，因為在佛羅里達鱷魚就和蟋蟀一樣稀鬆平常。事實上，佛羅里達每個郡都設有專門擒拿擾民鱷魚的官方單位，一有民眾打電話來，立刻派人前往捕捉。我上一次到法喀哈契的途中，停車在加油站，正用橡膠刮刀刷掉擋風玻璃上的蟲子時，有四條鱷魚寶寶從水溝跑出來，快速進入另一條水溝裡，距離我的腳只有二公尺遠。當時我只穿著涼鞋而已，下一秒鐘我立刻換上一般鞋子。

準備上通往法喀哈契的馬路前，我在岔路前停下來查看路標。我要走的是右邊的路，路標則指向左邊：大絲柏塞米諾印地安保留區。休閒區。比利沼澤野生動物園。搭汽艇遊覽！獵捕野豬！生態之旅！大絲柏牛仔會！這個比利沼澤野生動物園裡的比利，就是詹姆士·比利酋長。他曾因射殺佛羅里達美洲豹遭起訴，後來無罪開釋，給了拉若許很大啟示。比利酋長訪問了德州一個私人的外來大型動物保護區，玩得很開心，覺得他們的部落也應該成立一個，所以塞米諾人才設立這個野生動物園。野生動物園在大絲柏保留區占地八百公頃，裡面養了歐洲淡黃鹿、印度進口的黑色雄羚羊、中國進口的梅花鹿、地中海進口的科西嘉羊、非洲進口的彎角羚羊。觀光客若付出一千美元，就有人帶著經過野生動物園，不管獵到什麼動物都可以帶回家。野生動物園一成立，馬上引來輿論大聲撻伐。比利酋長向記者表示，連塞米諾的兒童在學校都遭到嘲弄，被同學譏為小鹿班比的殺手。除此之外，部落還必須建造昂貴的大型圍牆，目的不是要關住進口的動物，而是防止原生的動物進入，因為佛羅里達的豹子和鱷魚都發現外來動物很可口，開幕頭幾個星期就吃掉幾十頭動物園裡的動物。最後比利承認，野生動物園的確惹了很多麻煩，不值得花費這麼大的功夫經營，所以重新定位成一個獵捕鏡頭的園地。拉若許和比利酋長從來沒有見過面，不過兩人的個人史有頗多相似之處：兩人似乎都惹人爭議，並因而聲名大譟，但也似乎都有超能力，最後安全著陸。

二十九號州道通過依莫卡里鎮，經過了一家鄉村廚房（Kuntry Kuddard）、美隆包（Melon-Pac）工廠、一間鮮橙包裝工廠、布拉瑪（Brahma）畜牧場，又經過柳橙樹林，然後是亨德利戒護所。過了亨德利，幾乎就是一片荒野，只剩下交通標誌警告此地為美洲豹橫越的地方，還有兩三座小木屋和一些小樓房，是寇普蘭路二十七號監獄。監獄附近有一家小商店，看似荒廢，不過店前有名男子正在清掃泥土車道，所以我還是決定上前一試。我離開棕櫚灘時氣溫才二十七度，現在至少升高了十一度，我急著找東西解渴。商店的門很不好開，用力一推就發出可怕的聲響，裡面幾乎一點光線也沒有，木頭地板或傾斜或翹起，十分不平整。商品架的角度很奇怪，大冰箱裡幾乎空無一物，只有幾罐黏答答的汽水和布滿灰塵的棕色啤酒瓶。兩個身型臃腫的女人坐在收銀機後面，臉上露出刻薄的表情。我買了一罐可口可樂，拿到外面喝，不過味道怪怪的，我甚至覺得有人在裡面下毒，所以乾脆倒掉，再進去找其他東西。我沒找到想喝的東西，卻注意到一個塑膠盒裡裝了莓子果凍，讓我食指大動。那兩個女人一直用眼睛跟蹤我。我把果凍放在櫃檯上，取出皮夾，兩人一動也不動。後來體型比較大的一個拿起果凍，用手轉了一下，終於說：「不行，小姐，這個不賣。」

「法喀哈契」是塞米諾語，意思是「分岔的河流」、「狩獵的河流」、「藤蔓的河流」、「陶土的河流」或「泥水混濁的小溪」。「林帶」是當地的方言，意思是狹長的沼澤森林。法喀哈契林帶是一塊狹長的土地，裡面有較小的林地，還有一串污水湖、由天然水道連接起來，深入南佛羅里達的石灰岩層裡。這些水道的水來自一條九十六公里長的疏洪道，北起歐卡羅酷奇（Okaloacoochee Slough）和卡盧沙哈契（Caloosahatchee）河。法喀哈契有個特色：有些污水坑將近三十公尺深。除污水坑之外，整片土地極為平坦，如果有任何一塊地面高出一兩吋，整個生態立即完全敗觀。稍高的土地已非爛泥一片，而是碎土，一群樹木也在這裡生根茁壯，形成絲柏島、橡樹頭、松樹島、大王椰子高地等。地勢的高低可以決定樹木的種類，全看樹木需要多少水分而定。紅樹林聚集的地方和銀葉鈕扣樹（buttonwood）高地的高度就只有幾吋之差而已。有些樹木群只有十幾棵，有些聚集了數千棵。法喀哈契的樹木半數以上屬熱帶植物，不過這裡事實上屬於溫帶森林區。兩種環境同時並存，意味著共同在法喀哈契裡生長的植物，通常無法在其他地方同時發現。例如這裡是全世界唯一有大王椰子和絲柏並存的地方。大王椰子是熱帶植物，而絲柏生長在溫帶。法喀哈契中央的大王椰子高地林區有三千棵樹，是全世界最大最健康的高地林區。大王椰子是法喀哈契的珍寶之一，這是一種稀有品種的棕櫚，樹幹呈水泥灰色，狀似紀念碑，長出一叢苗條的綠葉，就像三十公尺高的雞毛撢子一樣。大王椰子是一種古巴棕櫚的近親，習於溫暖的氣候，法喀哈契大約是這種殖物分布的極北界線。探險家早在一八六〇年就注意到沼澤裡的大王椰子，不過一直到一九二〇年代才開始受人注目，當時邁阿密的亥爾利亞（Hialeah）賽車場主人從法喀哈契移植了幾棵，種在賽車場中間，大家才開始注意。觀賞鳳梨在法喀哈契也長得很旺盛。有些比較深的泥沼裡，每棵樹上都長滿了單柱（*monostachia*）擎天鳳梨。這種又大又耀眼的觀賞鳳梨，有綠色、棕色和紅色。此外，法喀哈契裡的原生北美洲蘭花品種數目之多，傲視其餘各地，而這裡有十一種蘭花則是在北美洲其他地方都找不到的品種。

法喀哈契看起來是一片荒野，事實上卻是一個遭人入侵、被蹂躪過、被破壞過的野生環境。曾經有人在這裡將一塊塊濕草地清理乾淨，開墾出來，試圖在上面栽種柳橙、葡萄柚、橘子、番茄、芒果和冬季蔬菜。但是開墾沼澤地種農作物很不划算，所以最後農人還是走了，留下他們的農作物無人聞問。即使到今天你都還可以看到在原生雜草掩蓋下的田埂，以及在棕櫚和絲柏之間有幾棵飽受風霜的柑橘樹。白千層、巴西青椒和澳洲松樹皆非原生植物，紛紛溜進法喀哈契，繁衍不息。彈塗魚也是，牠從污水湖裡游過來，就賴著不走。穿山甲也是，牠原本是傑克森維爾市一家醫院做痲瘋病的實驗動物，結果逃脫之後在這裡繁殖下一代。有一陣子這裡也住著野牛，牠們原本是附近農莊裡的普通牛，逃出後在沼澤裡住得舒舒服服的，直到一九四八年州政府才僱人來把牠們處理掉。法喀哈契非天然的生物中，要算豬活得最成功了。狩獵俱樂部從前在當地農場上飼養普通的豬，養得白白胖胖，然後帶到沼澤裡放生，讓俱樂部會員去追捕射殺。有些豬逃過一劫，更有些適應了沼澤的生活。牠們的後代子孫目前在法喀哈契繁衍得極好，而且原本溫馴的農莊動物也轉變成巨大難纏的沼澤豬，脾氣非常暴躁，完全一副野生動物的模樣。

要不是有塔米阿密（Tamiami）步道，法喀哈契會是一個無人之境。這條步道從麥爾茲堡通到邁阿密，穿越了保留區的南端。在步道開通之前，要通過法喀哈契簡直就像進行障礙賽。一九〇八年一名旅行者描述行程如下：「我們乘坐獨木舟出發，最後卻改搭牛車。我們又划又涉水地走了三百公里，通過布滿花朵的湖泊，走過泥濘不堪、處處噬魚蛇的步道，從佛羅里達大沼澤地國家公園的一側蛇行走到另一側，然後坐了五天的牛車，經過松針遍地的沙地，通過被水淹沒的大草原，穿過大絲柏地區的泥沼，可惜只差四十公里就可以抵達大湖。」

塔米阿密步道前後動工三次才築成。第一次是在一九一五年，開路工人想要穿過泥沼卻功敗垂成。第二次是一九二三年，一群自稱開路先鋒的人從麥爾茲堡出發，誓言要開通步道。他們一共有二十五人，多為佛羅里達的商人，想要建立一條像樣的道路通往邁阿密，讓西南海岸不再是沒有生意可做的落後之地。他們預計這趟路要花上三天，但兩天之後他們就失蹤了。大家猜想，可能是住在沼澤裡的密科蘇奇印地安人認為他們擅闖領土，把他們都抓走了。直到幾乎一個月後，筋疲力盡的開路先鋒才出現在邁阿密附近。之後，又過了五年，總算真正由開路工人開通了步道。

一九四七年，李伊・泰德沃特（Lee Trdewaler）絲柏公司開始在法喀哈契砍伐絲柏。為了穿透林地，該公司鋪設了幾十條軌道，每條軌道之間距離都是整整五百公尺。軌道必須高出地面，所以必須挖出泥土堆成土堤，再將軌道鋪設在上面，如此一來，每條高出地面的軌道旁邊都有一條壕溝，裡面是水；有的是雨水，不過多數是從周遭沼澤流入的水。軌道鋪設完成後，壕溝也積滿了水，法喀哈契的水位則下降超過六十公分。蒸汽火車在軌道上前後進出法喀哈契，工作人員便搭乘火車進來，一旦發現成熟的絲柏樹，就鑿出溝紋、鋸斷、拖倒，然後用鏈條拖至佛羅里達培瑞（Perry）的雙鋸鋸木廠，將絲柏切割成壁板、屋頂板、棺木或醃菜桶。尋找樹木的人、鑿溝紋的人、鋸木工人、拖木頭工人、滑車的工作人員等，全都聚集在沼澤邊緣，搭帳篷住在一起。負責鑿溝紋的多半是塞米諾人。其他工人有黑人也有白人，動不動就打架。有些工人不喜歡沼澤地的生活品質，有些鋸木工人聲稱，他們老是在樹林裡碰到死人骨頭，有些人甚至因覺得毛骨悚然，毅然放棄月薪八百美元的待遇，辭職不幹。在當時，那可是一份相當優渥的報酬。儘管如此，李伊．泰德沃特公司的目的還是達成了：他們每年運走的絲柏，可加工成三十萬公尺的木板。

到一九五二年時，法喀哈契的絲柏幾乎已經完全砍伐殆盡，所以李伊．泰德沃特絲柏公司結束營運，離開法喀哈契。歷經五年的砍伐，森林已經面目全非；壕溝讓林地變得乾枯，倒下的樹木壓壞了灌木叢；原木被拖出去時，在沼澤地面上刮出又長又深的水道。該公司離開後，探勘人員描述法喀哈契看起來簡直就像「綠色地獄」。

一九六六年，李伊．泰德沃特賣掉三萬公頃的法喀哈契及其周邊土地。買主是羅森（Rosen）兄弟朱力爾斯（Julius）和連納德（Leonard），公司名稱是美國海灣企業（Gulf American Corporation）。羅森兄弟出生在巴爾的摩，最初做的是賣鍋盤的生意。四〇年代晚期，他們調製了一種洗髮精，名叫第九號配方，宣稱可以治療禿頭。他們在電視上打廣告，時間從五分鐘到三十分鐘不等，是歷史上最早出現的電視廣告之一。洗髮精的主要原料是羊毛脂。多數廣告一開始都是連納德．羅森讚揚羊毛脂的優點，他問：「禿頭的綿羊，你見過嗎？」羅森兄弟靠著第九號配方大賺一筆，更重要的是，他們從中發現，無論什麼東西要進行大眾行銷都很簡單。後來他們和房地產銷售員密爾特．孟德森（Milt Mendelsohn）搭上線，因為他讓他們相信，土地和洗髮精一樣可以行銷出去。孟德森和羅森兄弟一樣，都善於創新。他在佛羅里達各處樹立起看板，上面寫著「佛羅里達土地：頭款十元，月付十元」。靠著這個賣點優勢，賣出了數百塊售價過高的土地。羅森兄弟也想加入孟德森，一起合作類似的計畫，所以連納德．羅森和孟德森飛到佛羅里達南部，一起去找可以買賣的空地。他們第一個計畫是珊瑚角，位於墨西哥灣和卡盧沙哈契河之間，是一個面積一百一十四平方哩的半島。他們分割出十三萬八千小塊地，鋪設了一千七百哩的道路，卻沒有提供學校、購物、自來水、下水道、垃圾掩埋場等設施；倒是蓋了一個旅遊景點珊瑚角花園，裡面有一個海豚水池，一個所謂的愛國者花園，陳列了歷屆美國總統的半身雕像，還有一個稱為水舞（Waltzing Waters）的噴水池，水柱可以噴達二十五公尺高。

在羅森兄弟持有股分的期間，珊瑚角的土地只賣出百分之二十五，珊瑚角花園也很快被棄置，再度成為廢土一堆，不過羅森兄弟還是賺了不少，想再行銷更多佛羅里達的土地。他們和李伊・泰德沃特絲柏公司簽約，開始開發西南海岸荒廢的地區，包括李伊・泰德沃特絲柏公司的土地，以及現在的大絲柏沼澤地。羅森兄弟所賣的土地，其實很多並未真正買下，他們只是買下一小部分，其他的則只是擁有選擇權而已，但是在推銷手冊裡他們還是將美國海灣公司描述為「全世界最大的土地行銷公司」。

美國海灣公司挖掘了三百二十公里的運河，讓濕地的水流乾。他們的工作進行並不順利，因為這裡不像珊瑚角，該地多為沙洲，而李伊・泰德沃特的土地都是低窪的沼澤地，底下是一層堅硬的岩石，除非動用炸藥，否則根本挖不動。隨後他們劃分土地，再進行細分、測量，然後在乾掉的沼澤地上鋪設棋盤式的道路，共長四百八十公里。沼澤地的水位下降了四公尺。水流乾了，原先是青草平原和絲柏林地的沼澤現在轉變為高地生態系統，長滿了生長在樹下的矮植物叢、毫無價值的樹木以及巴西青椒之類生命力堅韌的外來物種。羅森兄弟把土地一部分稱為黃金門地產，另一部分稱為雷穆達牧場地（Remuda Ranch Grants）。美國海灣公司在靠近黃金門地產之處，蓋了一棟有兩百個房間的飯店，還築了一條飛機起降的跑道。除此之外，不論是黃金門或是雷穆達，都未看到房子蓋起來。然而，如果你看過他們的行銷手冊，你會有全然不同的印象：

美國海灣的土地遼闊，無論走到哪裡，都能發現富豪天堂的氣氛、魅力和樂趣，價格卻公道合理，幾乎每個人都付得起。

漂亮的房子前是寬闊大街。最令人印象深刻的是，黃金門家園和黃金門社區一樣，皆是專為一般收入的人所創。

住在黃金門，您可以光臨黃金門鄉村俱樂部輕鬆一下……裡面設有職業高爾夫球場，是未來舉辦重要巡迴賽的場地，極具水準的俱樂部。您也可以在鄉紳餐廳（Country Squire）用餐，或光臨優雅的美食小築（LE Petit Gourmet）用餐，或在貼心的名士風流廳（Beau Brummel Room）小酌一番。您也可以住進裝潢大方的黃金門旅館，游泳、划船、釣魚、打網球，參加各式各樣的社交活動。黃金門提供您全新愜意的生活方式。

雷穆達牧場地的高樓屬於高雅的地中海式建築，聳立在地平線上猶如西班牙城堡……然而，您在西班牙，甚至在整個地中海一帶，絕對找不到如此令人心滿意足的好生活！

黃金門地產是兩個開發區中較大的一個。如果美國海灣公司真的在那裡進行開發的話，將會是擁有全球最大地產的公司。

美國海灣公司將土地分割成二公頃的小塊出售，每塊標價一千兩百五十美元；分期付款每月只要十元。廣告中，這些土地都有水景，坐船就可以直達墨西哥灣，其實不然，除非你想划船走排水道進入海灣裡。羅森兄弟想要吸引上門的顧客，在購買前都不太有機會親自來看地，這樣買主就不會提出距離海邊河流有多遠之類的問題。美國海灣心目中最理想的顧客是沒有很多錢的人，他們不是住在距佛羅里達很遠的地方，就是剛從海外返國的軍人，因為他們能申請優惠軍人的房貸，不然就是一些愛做大頭夢的人。

為了吸引這一類的顧客，美國海灣打出一整套不同的行銷伎倆。他們在「猜對價格」（The Price Is Right）的電視遊戲節目中贈送房子，也在全國各地設立銷售辦公室，寄出數百萬封邀請函，請大家來享用「友善的晚餐」，通常也會邀請一位當地的體育明星或名人出席。有些邀請函會暗示，晚餐是慶祝收件人的結婚週年紀念或是生日，或是升官加薪之類，不一而足。寄給現役軍人的邀請函則註明美國海灣隸屬美國軍方。銷售晚宴通常一開始會播放影片，介紹黃金門地產風景優美，價格低廉，還建議聰明的顧客可以買一塊地來蓋自己夢想的家園，然後再買幾塊當作是投資。根據美國海灣的說法，土地的價格即將飆漲，因為迪士尼樂園就在附近，此外還有即將興建的機場和公路，因此幾年後，顧客便可賣出手中持有的額外土地，獲利可觀。美國海灣公司為心態比較積極的顧客提供了指導手冊，標題是《如何利用佛羅里達的土地賺錢》以及《開啟飛黃騰達未來的黃金門》。

晚宴之後，銷售員會和每位顧客坐在一起，開始推銷土地，裝得很緊急的感覺。根據銷售員的說法，土地價格正在逐步上升，沒有多久，佛羅里達的土地就貴得買不起了。美國海灣公司承諾，晚宴中買下土地的顧客，都可以免費搭飛機到佛羅里達。在美國海灣的旅館裡所有消費，都由該公司負擔。如果晚宴中有顧客決定購買，負責接待他的銷售員就會跳起來，大聲說：「二十三號土地賣出！」和公司串通的人也會不時跳起來大叫：「我買了一塊地！」如果有顧客表現出興趣，卻又舉棋不定，負責的那位銷售員就會主動提議可以暫時保留給他；讓他考慮一下。但幾分鐘後，經理會跳起來大聲說：「這塊地不能再保留下去了。」逼得顧客當場做出決定。

並不是每個買主都免費搭乘飛機到佛羅里達。有些買主光是看介紹影片就很滿意，所以只簽了合約。他們可能認為，反正很快就退休，到時候再去看也不遲。免費飛到佛羅里達的人，公司會讓他們搭小飛機到沼澤上空，銷售員會向飛機外扔下五公斤重的麵粉袋，標示出顧客的土地。如果顧客看上其他土地，銷售員也會朝地面投擲麵粉袋。有些銷售員會開車載有心的買主去看地，一直開到最遠的一端，然後向顧客暗示，不簽下買地合約，就得自己走路回去。美國海灣的旅館裝有竊聽器，銷售員可以偷聽猶疑不決的顧客對話，針對每位顧客個別的顧慮改變推銷攻勢。美國海灣公司從一九五〇年代中開始賣土地一直到一九七〇年為止。土地便宜，又有將來可以住到溫暖的佛羅里達，在當地尋找美好新生活的希望；這些都是格外誘人的引子。於是有超過四萬六千人搭乘小飛機到沼澤上空，空投麵粉袋到他們最中意的一塊地上，總計美國海灣公司賣出了十九萬公頃的土地。羅森兄弟最早在佛羅里達投資的事業珊瑚角，投注了十二萬五千美元。幾年後，他們公司的價值達到四億五千萬。

高雅的地中海風格建築、黃金門飯店、美食小築等支票，沒有一張兌現，完工的房子總計可能只有三十間左右。羅森兄弟賣的土地浸在水裡，交通既不便，也沒有電話和電力，蚊蟲滋生，到處都是沙子，一點也不友善。最近的便利商店也要走上十五公里，最近的醫院則有三十公里遠。儘管挖掘了排水道，多數土地每年仍有六到八個月的時間淹在水裡。沒水的時候，乾燥得像紙一樣隨時會冒出火焰。黃金門像世界的盡頭，既陰鬱又偏遠，棋盤式的道路哪裡也到不了，房子永遠也沒蓋成。一九七〇年有人控告美國海灣公司，一名心懷不滿的顧客宣稱，美國海灣告訴他，他買的那塊地納入那不勒斯市的開發計畫中，意謂著地價會高漲，幾年後就可以轉手「大賺一票」。審理本案的法官寫下自己的意見：「事實上，該地並沒有在那不勒斯的開發計畫中，反而是在大絲柏沼澤地中。」根據聯邦貿易委員會一九七四年做出的同意令：「黃金門並非開發完成的社區。黃金門主要為空地，購物設施不完整而且不恰當，休閒設施也不完整。沒什麼娛樂服務和公共設施。」

——

佛羅里達是塊沃土，不但植物一直冒出來，炒地皮的騙局也不相上下。直到一九五〇年代中，佛羅里達州大規模土地的買賣都還欠缺規範。佛羅里達炒地皮的濫觴，一般認為是一八二四年時，拉法葉將軍由於在革命運動中有功，因此獲得塔勒哈西市附近一塊地。大家都認為他會轉手賣回給當地農人，沒錯，他真的要賣，只是索價為實際價格的兩倍。一八三〇年代，紐約人彼得．史根（Peter Sken）出售聖奧古斯丁附近的土地，宣稱那裡「覆蓋有真正的佛羅里達螃蟹草」。他讓螃蟹草聽起來好像又好又稀罕，結果賣出數十公頃長了螃蟹草的土地。更絕的是，他賣的土地所有人根本不是他。之後又來了一個約翰．惠特尼（John Whitney），他向北方人保證，佛羅里達「蟲子既不多也不煩人，」把沼澤地賣出去了。漢米爾．迪斯頓（Hamilton Disston）於一八八〇年代販賣大沼澤地國家公園裡積水的土地，後來騙局被拆穿，在自家浴缸裡舉槍自盡。理察．伯爾斯（Richard Bolles）在二十世紀初推銷積水的土地，打出了「精明的投資勝過終生辛勞」的口號。巴倫．科理爾（Barron Collier）買下法喀哈契附近的矮樹叢泥地四十公頃，決心複製一個巴黎。查爾斯．羅茲（Charles Rodes）覺得有水景的高價位地產不夠多，所以在一九二〇年代蓋了狹窄的土堤深入湖裡，當作水景地產來賣，然後又挖掘寬闊的水道，把混濁水道旁邊的土地也當作水景土地來賣。這種手法後來稱為「手指造島」（finger-islanding）。另外不能漏掉底特律汽車大王卡爾．費雪（Carl Fisher），第一次世界大戰一結束，他就來到佛羅里達，在一塊紅樹林叢生的沼澤地倒進三百萬立方碼的沙土，創造出現在的邁阿密灘市。

騙局和炒地皮之所以在此地蓬勃發展，是因為佛羅里達的土地和美國其他地方的土地都不一樣。別的不說，佛羅里達的土地具有彈性，可以從中獲得更多東西。佛羅里達半島是美國本土最晚露出海洋的地方，多數地方還沒完全成為土地，這其中有些地方——沼澤、泥地、濕地，都才露出一半而已。運來一堆泥土，挖掘幾條水道，就可以弄乾一塊露出一半的沼澤地，創造出一塊新的土地，確實可以將佛羅里達的沼澤變成房地產。佛羅里達州很多地方都是人造的。根據一八五〇年一項全州的調查報告，佛羅里達估計有三分之二的土地都是濕地，不適合開發或開墾。從那時候到現在，那些濕地已經有百分之七十五被抽乾，多數新創造出來的土地不是已經蓋了房子，就是成為開發預定地。佛羅里達州的規劃空地比其他各州都要來得多。目前在兩千六百個小塊地中，共有兩百萬塊空地，多數土地在水流乾、填土之前，都還稱不上是土地。如果上述空地全部開發，佛羅里達州的人口可以達到九千一百萬。

佛羅里達讓人懾服的不僅是持續擴增的土地面積，而且是這些土地先後代表的特質。十九世紀，農業在美國人生活中占首要地位，佛羅里達是美國農人的夢中仙境，因為土地不但便宜，一年還有十個月的農作物生長期。到了二十世紀，美國人的願望從優質農業轉變為優質生活，佛羅里達也跟著轉變——它仍然是農人的夢中仙境，不過現在也代表了中產階級的夢想，一個兼具健康、溫暖、休閒的樂土。佛羅里達既沒有油污，又不是工業用地，心胸不狹窄，也不搞小圈圈。它不像沙漠那樣又乾又枯；這裡綠意盎然，果實豐碩，感覺新鮮，看起來也新鮮，有全新製造出來的土地，所有的廣告看板一律指示著新開發之處和這些添上新沙土的海灘。佛羅里達對美國人而言，就像美國對世界各地所代表的意義一樣：是個新鮮、自由、不受污染的起跑點。

佛羅里達又濕又熱，屬於熱帶地方，本質上沒有特色，卻有無限改造的潛力。它和受到催眠的人一樣，怎麼說就怎麼做。它的本質可以重複形塑。頑強的巴西青椒污染了大沼澤地國家公園的泥土，為了遏止巴西青椒的入侵，現在正進行清除表土的工作。泥土清除過後將堆積起來。上面覆蓋塑膠雪花，變成滑雪度假區。任何一個濕答答的佛羅里達絲柏沼澤都可以將水抽乾，重新製造為一塊地，然後改造成像是托斯卡尼的村莊，或是新英格蘭小鎮，然後模仿托斯卡尼村莊或是模仿佛蒙特州的小鎮住滿人，有紐約人、有芝加哥人、有夏威夷人，他們都重新將自己塑造為佛羅里達人。平坦無味的佛羅里達並不會對你有所要求，所以你可以要求佛羅里達實現你自己的夢想。

一九六七年，美國海灣公司承認使用「不實、誤導、欺騙和不公平的手法」販售佛羅里達的土地。翌年，連納德．羅森將美國海灣賣給賓州的金融公司ＧＡＣ企業。他們兄弟倆每人得到價值六千三百萬的ＧＡＣ股票。連納德最後又創立了一家土地公司，對德國投資人行銷內華達州的沙漠荒原。一九七七年，他因逃漏稅遭起訴，大陪審團調查他控制的海外祕密銀行帳戶。他不進行抗辯，被判三年緩刑，罰款五千美元。

ＧＡＣ買下美國海灣時，提供給羅森兄弟總值將近一億兩千六百萬美元的股票做為交換，然後繼續行銷美國海灣的地產直到一九七五年為止。那時ＧＡＣ已經負債三億五千萬。接下來ＧＡＣ宣布破產，花了十三年時間才還清債務，一般認為是佛羅里達企業史上最大最複雜的公司重組，牽涉其中的債權人超過九千人，土地所有人也有兩萬七千人，土地面積達二十萬公頃。宣布破產後，美國海灣旅館賣給一群整脊按摩師，沒多久也宣布破產，然後又賣給南美洲一家公司好萊塢國際量販店，這家公司的保全人員利用旅館私藏一捆捆的大麻。美國海灣用來載運潛在顧客來看地所建的機場，於是變成運載毒品的貨機降落之地。

ＧＡＣ破壞了珊瑚角的濕地，為了和佛羅里達政府達成和解，因此捐了將近四千公頃的法喀哈契土地給州政府。州政府隨後開始收買投資人手中的美國海灣土地，一塊接一塊地買。這一片土地最後成為法喀哈契林帶州立保留區。保留區內仍有好幾千塊私有地，州政府還是持續收買，不過因為多數土地都不到一公頃，土地所有人就有數千人，州政府每收買一塊地，都必須和個別所有人進行牛步協商，而這些所有人通常都住得很遠。佛羅里達的土地保護計畫中，就數這個收購計畫最複雜、最受爭議、訴訟也最繁複。有一百個家庭最後真的搬進黃金門社區。他們住在孤立的房子裡，沒有電話，沒有電力，也沒有市政府提供的自來水，而他們周遭的空地也逐漸轉變回沼澤地。很多在黃金門買地的人連現地都沒有去過，政府一宣布要收購，他們多數很樂意脫手。不過對於高度獨立自主的人來說，住在黃金門具有很大的吸引力。很多住在黃金門的獨立自主人士對政府的徵收計畫抵死不從。不多久前，一名土地所有人宣布自己為東科理爾郡地主促進會的主席兼研究主任。該促進會的口號是：「政府人士奪走寡婦孤兒的土地，上天會討回公道。」

黃金門的棋盤式街道仍然存在，如今淪為飆車、亂倒垃圾、運毒飛機降落的場地，還有人沿著馬路堆放走私貨物。既然當地逐漸恢復為沼澤環境，有人也追著路過的熊和豹跑，或是在排水道釣真鯛和鶴鱵魚。科理爾郡消防隊接到的緊急電話中，有一半的火警都是發生在美國海灣公司昔日的土地上。有些火警是由閃電產生的，有些則是由所謂的「獵人閃電」造成。獵鹿人在打獵前，會先放火燒掉一部分樹林，幾星期後燒過的林地會長出嫩葉，獵人知道新葉一定會引來野鹿。要來這裡只一條路，即從高速公路下來後，延著米勒路延伸道（Miller Road Extension）走，而這條路的標識非常不清楚，科理爾郡也未好好進行維修。再這樣怠忽下去，沒過多久，這裡想必就會長滿雜草和樹叢，或是淹沒在垃圾堆裡。然而過去幾年來，一直有位不知名人士開著推土機或壓路機，大約一個月清除一次路面，壓死爬過馬路的植物，將垃圾推到路邊。這位駕駛推土機的不明人士綽號幽靈壓路機。他清除的土地再也不是稱為黃金門或雷穆達，現在這裡的正式名稱是科理爾郡第一百九十七號地，住在附近的人只管這裡叫做「街區」。

管理員麥克．歐文和我約在法喀哈契林帶的總部見面。我們進去看被偷走的蘭花之前，先開車到「街區」繞了一圈。這裡的馬路被高熱蒸騰得呈粉筆灰狀，雜草高及臀部，沿著路的兩側密密生長，因此除了正前方之外，什麼景物也看不見。這裡的街區又直又方正，和真正郊區的街區一樣，馬路又寬又白，也像郊區的街道一樣，有些交叉路口還標出聽起來很普遍的街道名稱，並有一個「停」的標誌，從一團野松樹、鹽草、毒藤中伸出來。開車經過這裡並不像開車經過叢林，比較像開車經過一個郊區，只不過郊區裡的房子和人都已被清除了。每隔一段時間我們會經過從茂密的植物叢中清理出來的一塊地，可能原先準備要建通往某人住處的車道。有些空地上置

放了一堆堆的垃圾，有鏽到極點、門已不見的舊冰箱，還有一疊黑色輪胎和一張戶外涼椅。在一處空地，我看到一輛小卡車，好像還有人在使用似的；卡車上載了十幾個蜂箱，不過附近並沒有養蜂人。遠遠的前方，在地平線上，距離這裡好幾公里的路上，我注意到一個微微發光的東西，然後變成小點，小點再變成大點，接著變成黑色的房車，看起來像是車身漸漸生長越來越大，反而不像在移動。一下子它就來到我們面前，一下子又呼嘯而去，路面再度空白一片。沒有看見車子或人影，感覺已經很古怪了，最後終於看見車子，反而感覺更怪，就像私自闖入的人侵犯到另一個私自闖入的人。我打開車窗，把頭伸出去。這裡的聲音不多，但都被放大：管理員的汽車引擎聲、看不見的昆蟲飛舞鳴叫聲、一隻鳥的鳴叫聲。這裡有一種詭異的寧靜感，並非無聲，卻充滿了空虛，比空盪盪的鬼域還令人感到陰森。在鬼域裡，不見的只有人煙，這裡連建築物都不見了。它也不像一個什麼事情都不會發生的平靜地方，而是充滿了有一百萬件事情升火待發，卻從來都沒有完工的感覺。

在排水道的岸邊，一名男子正把釣魚竿插成一列，有個小男孩蹲在旁邊，手伸進水桶，裡面的魚餌深及手肘。經過他們的時候，管理員放慢車速，打開車窗：「天氣真熱啊。」他向那名男子打招呼。濕氣沉重的熱浪從車頂一波波襲來。

「沒錯，是真熱啊。」男子點點頭說。小男孩站起身，手裡抓滿蟲餌，對我們揮揮手。

管理員在下一個轉彎處調轉車頭，準備打道回總部。我們經過的每個「停」字標誌上，都被打出了幾十個散彈孔。走過幾條街後，我們看到一輛福特野馬（Bronco）休旅車，駕駛是個彪形大漢，留了又黑又長的大鬍子。他停下車，揮手要管理員過去。大鬍子穿著卡其長褲，皮帶上有亮晶晶的鐵釦，沒有穿上衣。他的額頭上和鎖骨上汗水淋漓，胸部看起來彷彿正在發酵的濕麵團。他告訴管理員剛剛看到一頭黑熊，在一名拿著突擊步槍帶著兩條獵犬的男子追逐下，穿過一條馬路。大鬍子講話的時候，管理員的手一直按在槍上，他記下一些字，然後問大鬍子：「你剛才說，你在哪裡看到熊？」

大鬍子拉拉鬍鬚，皺起臉，一分鐘後才說道：「老實說，這裡是叢林，描述起來很難，不過我覺得是在史都華（Stewart）路和迪索托（De Soto）路的交叉口。」在一個沼澤地中，有一頭熊跑過去，居然聽到有人用街道名稱來描述位置，感覺很奇怪。不過，如果想到這裡幾年前是準備要成為某個人家的地址，感覺更怪。

我們回到保留區的總部，我也做好徒步進入沼澤地的準備。我第一次進去法喀哈契的時候，

不知道該穿什麼，只知道要儘量遮蓋住身體，還要避免被衣服悶熱得半熟。最後我決定穿長袖襯衫，一雙棉質加萊卡的護脛，短筒襪，外加廉價的球鞋。這一身打扮其實發揮了不錯的作用，不過好景不長，結束行程回到管理站時，我從自己車子裡抓了一些額外準備的衣服，直往廁所跑，一張臉整整洗了十分鐘左右，然後一件件脫下沼澤裝，全部扔掉。我的襯衫沾滿防蟲劑和防曬油，護脛也沾滿泥巴變硬，鞋子和襪子都被我走過的污水坑裡面的淤泥染黑。儘管如此，脫離那些污水坑讓我很高興，高興得只想脫光全身衣物，一股腦兒全部塞進垃圾桶裡。回到飯店的途中，我進凱馬特超市買了一些廉價的長袖襯衫、護脛、球鞋，準備未來走進沼澤地時可以穿。回到紐約後，聽我說起徒步進沼澤故事的人都問我穿什麼進去。聽過我的描述後，他們似乎都很訝異。我想他們大概以為我應該穿上比較耐穿、具有保護作用的衣物吧。走在沼澤裡，如果穿上具有安全感的衣物，諸如高及胸部的防水衣或從頭包到腳的保溫潛水服，固然很好，不過你也會死於熱衰竭。如果防水衣進水，不但有熱衰竭的危險，還會被淹死。法喀哈契的管理員進入沼澤地區時，有些就穿著公園服務處的制服和普通皮靴。和皮靴比起來，我喜歡穿球鞋，因為儘管皮靴感覺比較安全，也比較結實，但我覺得穿球鞋可以讓我到處探探污水坑底有沒有鱷魚。這是拉若許給我的建議，不過我碰到第一個污水坑時才想到，他從來沒有告訴我如果探到的是鱷魚時該怎麼辦。事實上，沼澤地區什麼東西都想抓下來，儘管我從頭包到腳，還是感到一絲不掛。沼澤水非常冰冷，蚊子從我的衣領和袖口鑽進襯衫裡，每種有刺的植物都會勾到護脛，髒兮兮的污水坑泥濘直接穿透鞋襪，弄髒腳踝和腳趾。我的肚子和臉都被蚊子咬到。頭一次進去沼澤地快結束的時候，我因為又疲憊又緊張，出了有生以來第一次的疹子。

管理員麥克．歐文載我繞過「街區」，載我到大污水坑湖附近，準備看看拉若許的蘭花被綁回樹上的情形。他說，他不和我一起進沼澤，因為還有其他事情要辦。另一位管理員凱瑟琳已經在大湖附近等著帶我進去。他還提到，凱瑟琳身邊可能會有幾個志工，他們也想看看被偷的蘭花。我換上沼澤裝後，繼續在法喀哈契唯一的馬路上向前開了幾公里。一路上看起來都一樣，豐盈，綠意盎然，而且難以穿透。幾分鐘後，我們在一個既豐盈又綠意盎然、看起來又難以穿透的地點停下，沒多久，凱瑟琳就從樹林裡走出來。她的體格壯碩，臉頰紅潤，一頭棕色捲髮就像一朵亂雲圍繞著頭部。她的管理員制服濕到腰部，身後有兩個彪形大漢，是我見過體型最碩大的人，虎背熊腰，肩膀就像烤沙朗牛排一樣大。我曾經讀到，據說住在法喀哈契的臭鼬人有二公尺高，體重有三百公斤重。這兩個彪形大漢穿著沒有形狀的粉色監獄制服，頭髮裡胡亂綁了一些破布。「來吧，」管理員對我揮揮手。麥克．歐文說他待會再過來接我，然後走回自己的車子，開車離去。

我從路肩走進沼澤，連看也不看一眼，因為如果我看了一下，可能就沒有勇氣走進去了。從一個高高的土堤走下又深又黑的水裡，這種事情只有不假思索才做得到。水淹上膝蓋，再淹到大腿。狸藻和圓葉植物（pennywort）飄浮在水面上，圍繞在我腳邊。底下的爛泥很軟，但不是那種舒服的軟，而是稀爛的軟，就像早餐穀片在牛奶裡面泡太久的感覺。管理員一個箭步就跨出去，我們也跟在她身後，一個接著一個涉水前進。我走在前頭，後面是大個子一號，他後面幾尺處是大個子二號。管理員說，蘭花位於沼澤湖裡，我們可以走過去，因為水雖然深，卻不像有些法喀哈契的湖那樣深。以深水湖為例，深度就達三十公尺。我們走了大約十分鐘，來到一個地點，這裡樹下的草叢敞開來，看不清水面下的沼澤底部。這就是管理員所說的湖。在湖的中央有幾棵野番茘枝樹，管理員示意要我過去，讓我看看她固定在樹上的蘭花。樹枝上用鐵絲捆了幾段鋸下來的原木。拉若許摘走蘭花的時候，就是把蘭花附著的樹木枝幹鋸下，因為他不想冒著傷到蘭花的危險強行剝除。管理員先將蘭花拍照存證，然後帶回樹林裡，讓蘭花繼續留在原木上，再將原木捆綁在野番茘枝樹上。被偷的蘭花分別放回沼澤裡幾處所在，在這裡有兩株晝殼蘭，一株蛾蘭，一株幽靈蘭，但沒有一棵正在開花，都只有一小團根和杏仁狀的假球莖。除了沒有葉子的幽靈蘭之外，都長了淡綠色、尖端細細的葉子。鐵絲繞著樹幹好幾圈，以確實固定原木。這種做法看似沒有章法，不過到目前為止蘭花都還活得好好的。

為了能夠看仔細蘭株，我們必須從水深及大腿的地方走向深及腰際的地方，有些地方還更深。這個時候最適合背誦法喀哈契策略計畫給自己聽，「保留區吸引了愛好全然未經開發地區的訪客。這些訪客喜歡艱苦的健行，無懼涉水經過深及臀部的沼澤。」我們四個人都來到樹木旁邊時，管理員終於介紹大個子給我認識，他們都是寇普蘭路監獄的囚犯，可以在勞動期間外放。監獄就在來法喀哈契的路上，我也經過了。兩個人都很靦腆，講話聲音很小，話都含在嘴裡。介紹完了，我才注意到他們兩個都拿著一公尺長的開山刀。不知道我之前怎麼沒有看到他們手裡的開山刀，可能是他們多數時間都走在我背後的關係吧。我痛恨走路的時候後面跟著囚犯，囚犯手裡還拿著開山刀。我們站在湖中一陣子，每隔一段時間他們其中之一就會舉起開山刀，有時是兩人同時舉起，然後用力拍進水裡，臉上有種害怕又想吐的表情。他們揮舞開山刀的速度驚人，開山刀拍在水面上的聲音像是有人被打屁股似的。管理員靠過來低聲對我說，她給他們開山刀，因為他們都很怕蛇，如果沒有保護措施的話，拒絕進入沼澤。給了他們開山刀後，他們才同意前來，不過儘管他們擁有重型武器，還是像小白兔一樣容易受到驚嚇，站著的時候雙手高高舉離水面，姿態僵硬。每次一有泡泡浮上湖面，或者從樹上掉下一片葉子，或者小鳥叫出一聲，兩位大個兒和我都會恐慌起來。我一恐慌起來就不能動彈。大個兒一恐慌起來，就會緊張地跳起來，然後另一個也會跟著緊張地跳起來，他們兩人加起來的體積讓柔柔的水波蕩漾到湖面的另一邊。每次他們一跳起來，冷冽的黑水就拍打在我的肚臍上。沼澤很熱，四下無聲，只有大個兒用開山刀拍打水面激起的聲音。在這種地方一不小心，真的會失蹤，掉進黑漆漆的污水坑裡不見人影，或者陷入茂密樹叢下面的暖泥堆裡。你一旦失足掉進去，這種地方沒有人找得到你。這時候我變得極為好奇，不過決定還是等到我們走出沼澤，進入安全的公家車輛中，再問大個兒為什麼會進監牢服刑。

第八章　人人都能養蘭

我認識佛羅里達知名養蘭人湯姆．芬諾爾（Tom Fennell）。當我把拉若許計畫製造幾百萬株幽靈蘭來賣的事告訴他時，湯姆說，他覺得拉若許的想法根本是異想天開。「幽靈蘭每養必死，」他說：「培植不出來的。幽靈蘭進行退化，把自己簡化得只剩下根和花朵，只能生存在一種絕對適合它們的小氣候環境，那種環境模仿不來的。」我告訴他，拉若許相信幽靈蘭會讓他成為百萬富翁。「那也是異想天開，」他說：「美國或許有一百個腦筋真的有問題的人，想要買棵幽靈蘭。除了這些人之外，你在食品展賣一棵一毛錢，大概也不會有人要。」其實湯姆．芬諾爾本身就是百萬富翁，只不過他並不是靠蘭花致富。一九九四年，在我遇見他之前，他和妻子楚蒂（Trudy）贏得佛羅里達州營彩券六百七十六萬美元，兩星期後，夫妻倆關閉了蘭花叢林。蘭花叢林是芬諾爾的家族事業，在宏姆斯地已經經營三十多年。一九二三年，湯姆的祖父買下一塊硬木高地，在上面蓋了一棟房子和一間蘭花苗圃，然後將熱帶蘭花用鐵絲固定在剩下來的樹木上。他本來的用意只是弄一個超大型、別出心裁的家庭花園，不過一九二六年《邁阿密前鋒報》刊登報導介紹，隔天引來將近兩千名好奇訪客。後來芬諾爾家族將蘭花叢林轉變為旅遊據點，在最熱門的時候，蘭花叢林一季可以吸引五萬名遊客，苗圃每年也賣出六萬株。然而，在湯姆和楚蒂贏得彩券之前，蘭花叢林已經出現危機。安德魯颶風將他們全部十三間溫室吹得一間也不剩，叢林的部分也有半數的樹木傾倒。以前觀光客常搭遊覽車來參觀當地的旅遊景點，如蘭花叢林、猿猴叢林和珊瑚城堡，如今觀光客都跳過宏姆斯地了。

我和囚犯一起進沼澤之後，又在一個酷熱天前往宏姆斯地，因為湯姆邀請我過去看叢林殘存的部分，也參觀一下他的養蘭鄰居。他同時還希望我認識「蛇郎」。蛇郎是一個年輕人，在芬諾爾家族的土地上租了一間木屋，不過我去的那一天他並不在。湯姆說，蛇郎在小木屋裡養了不少好玩的爬蟲和蜘蛛，都是他自己蒐集的。湯姆有意把這件事說得精彩萬分，不過蛇郎不在，我們無法進去參觀。我對這個結果並不會太失望，只是覺得有一點點遺憾。一屋子的爬蟲和蜘蛛對我沒什麼吸引力，不過我之所以還有一點遺憾，是因為我覺得自己開始瞭解拉若許在宇宙裡扮演什麼角色。最初我聽到他時，把他想成極端主義者，一個對蘭花癡迷的狂人，那種狂熱遠遠超出一般人對植物的感覺，甚至對任何事物的感覺。後來我在佛羅里達遇到越來越多蘭花界人士，全心全意投注在自己的蘭花上。接著我又聽到有關像蛇郎之類的人，和蛇、昆蟲住在小木屋裡，以及住在塔米阿密步道的老人，他成立了一個私人博物館，裡面陳列著絲柏木瘤。我還聽說邁阿密毒梟馬利歐．塔布拉威（Mario Tabraue）蒐集了全世界各種瀕臨絕種的動植物。他開了一家公司，叫做「動物進口股份無限公司」（Zoological Imports Unlimited）。透過這家公司，他購買了一頭長頸鹿、兩頭印度豹、一條名叫梅杜莎的雙頭蟒蛇、幾十隻稀有鳥類，還蒐集了價值七千九百萬美元的古柯鹼和大麻。我想訪問塔布拉威先生，瞭解一下他對稀有動物的熱誠，不巧在我到佛羅里達之前，他把一個政府的毒品線民剁成一小塊一小塊，放在後院的烤肉架上烤，結果被判謀殺與非法牟利，進監服刑一百年。我寫信到監獄給他，不過他一直沒有回信。後來我聽說塔布拉威服刑期間出庭作證，指控東尼．錫爾伐（Tony Silva），因而獲得表現優良的嘉獎。東尼．錫爾伐是鸚鵡專家，也是聲譽卓著的保育動物人士。他和母親合夥從巴西走私，將數百隻極為稀有的金剛鸚鵡放在鑽孔的塑膠管中運到美國。似乎有數以百計的人沉迷於對自然世界的特殊熱情中。我還是認為拉若許和他的計畫有特別之處，事實上不只是特別而已，可惜的是他越來越像連續劇中的完結篇。有些人著迷於非人類的生物，並且像追逐戀人般地追求這些生物，而拉若許在這群人中，更是怪誕到極點。

芬諾爾的房子和蘭花叢林僅存的部分，座落於宏姆斯地一條沒有人行道的幽靜路上；房子低矮寬闊。雖說颶風將叢林刮走了大半，房子周圍的植物依舊枝葉繁茂，向前擠到街道上。所有的植物都超級大；巨大的棕櫚葉在房子四周形成簾幕；前院的綠葉植物葉長一公尺，寬度和我的大腿一樣。沿著芬諾爾家的車道走近時，房子彷彿即將被叢林像包禮物般包覆起來。湯姆在門口迎接我，領我進屋。在我所認識的佛羅里達愛蘭人中，他如果不是最高也是第二高的了。他的姿態優雅，帶有一種望族的氣勢，使他看起來感覺更高。湯姆大約六十幾歲，下巴突出，滿頭濃密白髮，說話不疾不徐。變成百萬富翁之後，他和楚蒂常常去遊山玩水，替他們的房子買了幾幅好畫。至於培養植物，讓植物呈現出最好的一面，卻看著它被顧客開車載走，這麼痛苦的事，他們永遠再也不碰。在成為百萬富翁之前，湯姆偶爾也不得不割愛，不過如果自己心愛的植物賣給最討厭的顧客，他連看都看不下去，所以他會在最後一分鐘決定這棵不賣了，讓顧客空手而回。他的這種做法讓兒女感到很害怕。他的兒子告訴我，他自己一開始經營苗圃事業，就建立了一種不帶感情的「所有植物一律出售，一視同仁」政策，唯一的例外是一株嘉德麗雅蘭，那是他祖父數十年前從南美洲採集回來的。

在我們開車出去前，湯姆帶我參觀他的家，並指出一些他最得意的植物，告訴我芬諾爾家族的歷史。他的故事始於南北戰爭時期，地點是肯塔基州，湯姆的曾祖父在當地經營馬韁繩的生意。除了做生意之外，他的曾祖父也擅長發明，馬靴式樣總共有二十二種具有專利權，他就囊括了二十種。此外他也發明了芬諾爾馬尾繩，是一種設計來提高馬尾的韁繩。多數的發明沿用至今。曾祖母照料一大片玫瑰花園，還造了一間溫室，養了一些墨西哥來的稀有植物，以及一株蘭花。蘭花是傳教士朋友從馬達加斯加寄給她的。他們的兒子，也就是湯姆的祖父里易，小時候偶爾也玩玩園藝，後來染上肺結核，醫生吩咐必須多待在如溫室之類潮濕的地方，所以他開始花很多時間在園藝上，後來在欣西亞納（Cynthiana）開了自己的苗圃，地點在肯塔基州的藍草地區。他比較喜歡蘭花，成了亞拉尼山脈以西第一位培植蘭花的商人。一八八八年，里易・芬諾爾的生意開張時，從事蘭花苗圃的人沒有所謂下訂單這一回事，都必須親自到叢林裡採集。里易為了採集蘭花，於一八八八年動身前往哥倫比亞和委內瑞拉，帶回來超過一千種嘉德麗雅蘭。他於一八九一年舊地重遊，也僱用了英格蘭和德國籍的採蘭人幫他到世界各地的叢林採集。他在去南美洲的幾趟行程中，發現不少新品種，但是他拒絕向英格蘭的皇家園藝學會登記進入正式紀錄，因為他是愛爾蘭人，不屑和英國人搭上任何關係。

芬諾爾蘭花公司的溫室位於欣西亞納立金河（Licking River）的南支，數度遭到洪水侵襲，損失慘重。有一次水患災情特別嚴重，里易被迫宣布破產。一九二二年他決定搬家，把家人和蘭花、觀賞鳳梨都搬到佛羅里達。他將三輛卡車改裝為運送蘭花的廂型車，從肯塔基到佛羅里達來回走了兩趟，才把所有的花卉搬完。里易買下後來變成蘭花叢林的土地時，南戴德郡還是荒蕪一片。他在植物叢生的地方清理出空地，蓋了一棟房子、一間苗圃、一個植物實驗室，並在自己的實驗室裡研發促使蘭花種子發芽的方法，最後開發出現在知名的蛋糕烤盤法和土耳其毛巾法。（芬諾爾家族發明力旺盛。曾祖父發明了馬靴，里易發明了蛋糕烤盤，數年之後，里易的兒子湯姆斯一世也開發出奶油球火雞〔Butterball Turkey〕）。一九二六年，一場強烈颶風席捲宏姆斯地，重創里易的房子，將叢林掃得一絲不剩。他們全家人躲在史都貝克（Studebaker）敞篷車裡，安然渡過風雨。《邁阿蜜前鋒報》報導了蘭花叢林，因此該地再度遭到旋風席捲，只不過這次造成旋風的是成千上萬的愛蘭人。一九四一年里易・芬諾爾去世，未亡人朵樂西堅信他生前在蘭花叢林裡到處藏錢，因此接下來的十年一直在土地上挖洞，想找出寶藏。朵樂西和里易的兒子湯姆斯一世後來相信蘭花叢林底下根本沒有什麼寶藏，蘭花叢林本身也不值得什麼錢，考慮脫手賣出。湯姆斯當時服務於美國農業部，奉派到海地工作。湯姆斯的兒子湯姆，就是我到宏姆斯地拜訪的湯姆，當時就讀於哈佛大學。湯姆有一次休假回家時，覺得一想到蘭花叢林要賣人就無法忍受，所以休學了幾年，幫助母親經營。當他復學回到哈佛時，將主修由原先的行政改為生物學。一九四九年，他回到蘭花叢林全職經營。

湯姆回到蘭花叢林時，正值美國人越來越風靡蘭花的時候。士兵在太平洋地區看到當地生長了豔麗的熱帶品種，又在戰爭結束後經由夏威夷返鄉時，接受蘭花花環的獻花。當時雷克斯・陶特（Rex Stout）發表一系列推理小說，大受歡迎。主角神探尼羅・沃爾夫（Nero Wolfe）是愛蘭人，在紐約的褐石建造高級房屋頂上種了一萬株蘭花，每天都要上樓探望兩次，每次兩小時，旁邊還有私人顧問植物學家席奧多・何斯特曼（Theodore Horstmann）陪伴。一九五一年，週六晚報刊登了飛利普・威利（Philip Wylie）一篇標題為〈大家都能養蘭〉的文章。威利在這篇文章中描述了他逛蘭花叢林的感想，覺得「令人目不暇給」，接著又描述芬諾爾簡單又不貴的蛋糕烤盤法這種培植蘭花的方法，讓大家都能擁有養蘭這種高價位的嗜好。這樣一篇文章的出現，告訴大家養蘭不是有錢人的專利，在當時一定和「大家都能養打馬球時騎的小馬」這種標題一樣聳動。威利寫道：「有人認為芬諾爾的想法是異端邪說……即使是一般業餘養蘭人，他們使用的器材不管在數量或價格上，都比撫養一般美國嬰兒還要繁多而昂貴。」讀者看到威利的文章後，寫信到雜誌社的數量之多，僅次於之前針對珍珠港事件的投書。這篇文章刊登出來後，芬諾爾家族也收到很多來信，還聘了三名祕書一一回信。「大家都想知道如何得到蘭花，以及如何到蘭花叢林，」湯姆說：「有三分之一的來信還真的在裡面放了已經簽名的空白支票，加上一張短短的字條：『請寄給我一些蘭花，什麼品種都行。』」

湯姆說，他想先介紹鄰居給我認識，下午再去逛蘭花叢林。我們走過前院，來到他的車子。稱呼這個地方叫前院也很奇怪，因為這裡只是茂盛的植物中一個開闊的地方，像是地毯上禿掉的一小塊。說禿，也不盡然。這裡隨處都有驚人的綠葉植物，偷偷長到修剪過的草坪上。綠葉植物很大，像是科幻小說裡面那種葉子大得嚇人的植物。我趁湯姆沒有注意的時候，試試看用一片葉子能不能將自己包裹起來。蛇郎的狗在車道上跳來跳去，所以臨去前，湯姆先在小木屋停一下，看看蛇郎到底在不在家。蛇郎不是湯姆的兒子，不過湯姆對他的感覺卻有點像是父親對兒子。植物圈裡有很多父子檔，也有非親生的父子檔。對蘭花的熱情能夠在家族中流傳數代，或許是因為父親對兒子灌輸了對蘭花的喜愛，也有可能是因為對植物的一些本能會一代傳一代，和民間故事一樣，湯姆．芬諾爾是蘭花人的兒子、孫子、曾孫，他自己的兒子湯姆三世現在也是蘭花人。蛇郎瘋狂熱愛昆蟲和植物，幾乎也像他們的家族成員一樣。小木屋的門看起來關得緊緊的，所以不到一會兒湯姆聳聳肩，把車開走。

在佛羅里達，不管到哪裡都得開車，如果你是愛蘭人，更會常開車。湯姆以前每年常到全國各地參加數十個蘭展。「有一年，我參加了十七個展覽，」他說：「需要兩輛貨櫃車才載得完所有的蘭花和展示道具。不是那種小貨櫃車噢，我是指那種大貨櫃車，大約有五公尺長。我開一輛，楚蒂開另外那輛，沒日沒夜不停地開，因為如果停下來，貨櫃會變得很熱，蘭花會死光光。我的展示真的很棒。本來大家都應該把展示區限制在九平方公尺以下，不過沒有人真的這樣做。那時候啊，想做什麼都行。有一年，我弄了一個五十六平方公尺的展示，有一個三層式瀑布，擺上幾十棵我最棒的植物。其中一棵在一次展覽中開了一千六百朵花。」我問他，哪一場展覽讓他最得意。他拍拍方向盤，想了一下，然後說：「我有一年弄了一個很棒的展示，主題是傑克與魔豆。傑克是用保麗龍雕刻出來的，拿兒子的衣服穿在上面，相當動人。」

一個個招牌閃過我們眼前：原生樹木苗圃；漢克批發綠葉植物；凱利觀賞鳳梨；上帝（神聖）罪惡——懺悔是唯一選擇。每一吋土地都充溢著某種東西，有的是青草，有的是果樹，有的是雜亂無章的草叢，有的是不知名的綠色長茅。我們駛過好幾公頃的熱帶榕樹田，榕樹像玉米一樣一列列排開。通常在花店裡看到的小植物在這裡種得一排又一排，每排都有數百棵，比我在花店裡看到的大上一百倍。湯姆將車子開進招牌寫著「莫慈蘭園」的地方。「我要介紹馬丁．莫慈給你認識，」他說：「他是一個非常非常厲害的萬代蘭人。他很有自己的想法，有些想法相當受爭議，而他這個人也有點……嬉皮，不過我還是很喜歡他。」莫慈蘭園包括幾間不怎麼起眼的遮陽房，幾小間附屬建築物，還有馬丁那棟有點搖搖欲墜的房子。院子裡有兩條土色大狗在閒逛，車道上停著一輛新型的BMW，牌照是Vanda I，萬代蘭一號。站在車子旁邊，我可以看到隨風飄舞的遮陽布後面有一叢吊鐘花，還有紫藍色和白色的花卉。過了一會兒，馬丁．莫慈從遮陽房裡走出來。他看起來有五十歲左右，細瘦健康，鬍子修剪得很短，身上的古銅色好像永遠都不會消褪似的。他身上的衣物都很寬鬆，沾了泥巴，從手指頭到手肘上也都是泥巴。「芬諾爾先生！」他口氣愉快地喊道：「你打斷了我的沉思。」他看著我說：「為了消磨光陰，我正在進行一項二十至三十年的植物計畫。」

湯姆在口袋裡摸索著：「種子莢給你，馬丁。」他從口袋裡拉出一條棕色鐮刀形的東西。「黎義．摩爾（Lee Moore）從祕魯特地帶來給你的。我本來也想帶蛇郎發現的東西給你看，可惜他不在家。」就在這個時候，一輛卡車開進來，噗噗噗在湯姆的車子後面停下來。開車的人下車，開始把卡車後面的箱子往下搬。馬丁看了一眼說：「啊，珠寶駕到。」我說我從來沒聽過有人這麼煞有介事地迎接卡車。「我必須讓你知道，敝人尚未完全脫離學術界的影響，」馬丁說；「我拿到了二十世紀詩學博士學位，現在還殘留一些症狀沒有根治。」他開始朗誦一些葉慈早期的詩，接著一段對句唸到一半就停下來，打開其中一個箱子。箱子裡面有六棵蘭花，葉子呈鐮刀狀。馬丁說這些植物是祕魯來的，和所有從國外運來的植物一樣，都要在邁阿密接受美國農業部檢疫二十一天，過了檢疫期，再燻蒸消毒後才能過關。馬丁繼續唸著葉慈的對句，然後停下來，對卡車司機說：「告訴你們的頭頭，植物在燻蒸消毒以後弄成這副模樣，我很不喜歡。我相信他收到這份訊息時會無限感激。」駕駛聳聳肩，遞給他一個寫字板和筆，說：「好。請簽名。」

馬丁的遮陽房裡擺滿了萬代蘭。這種蘭花的花瓣呈圓形，臉孔開闊，葉子看起來像是鳳梨頭。萬代蘭的花形比較平淡，唇瓣不像其他品種來得肥厚或奇怪。萬代蘭包含了世界上所有顏色，葉子有時上面有斑點，有的脈絡分明，有的什麼都沒有。那天正好馬丁的蘭花很多都在開花，多數屬於紫色系或粉紅色系，在光線暗淡的遮陽房裡特別亮眼。馬丁說，他的進口植物多數來自泰國。他在自己的實驗室研究新的雜交品種，希望能讓種子發芽繁殖。蘭花這一行裡，雜交屬於相當麻煩的技術，拿兩株優質的蘭花交叉傳粉，為的是要獲得一種可同時具有原來兩株植物最佳品質的雜交品種。蘭花品種總共超過六萬，登記過的雜交品種至少也有六萬，總計十二萬種都可以和天然品種或雜交品種來進行雜交混種。換言之，如果想知道雜交品種的種類最多可以達到多少，不拿計算機是算不出來的。有些雜交品種產生的後代體質不佳或基因突變，不值得保留，有些產生品質優秀的新花朵，比方說具有原先一株的鮮豔色彩，再加上另一株的優雅形狀和抵抗力強的特質。想預先知道哪種雜交會成功，根本是不可能的事情。研究雜交如果想要成功，必須具備優秀的直覺，對計劃雜交的兩種植物都很清楚，還要靠運氣，還要花很多時間，因為新的雜交品種要七年後才會綻放第一朵花。

如果養蘭人培育出不錯的雜交品種，他就會有大家想要的蘭花，大家都來向他購買。任何人都可以自己複製出相同的雜交品種，因為雜交的血統並不會刻意加以保密，不過自行雜交的養蘭人要等上七年才能等到花開。換言之，養蘭人如果有了前所未有的雜交蘭花，等於是擁有了七年的專利權。在這七年間，就能壟斷這株蘭花的商業價值，也能獨享創造新雜交品種的地位，可以用自己苗圃的名字來登記，參加美國蘭花學會的競賽，讓外界注意到自己栽培蘭花的技巧，甚至能影響這株蘭花的未來。養蘭人進行蘭花雜交時，心目中會希望培養出某種特徵，如果這樣的雜交品種大受歡迎而且獲獎，其他的養蘭人可能也會起而效法，開始培養出有相同特徵的雜交品種。以馬丁為例，他希望培養出的萬代蘭看起來要像維多利亞採蘭人卡爾．洛伯林首度在菲律賓地震過後的廢墟中發現的山德萬代蘭。其他養蘭人希望培育的品種，方向則和馬丁相反，他們希望雜交品種的花朵更大，更有型，更生動，更極端。哪一方在蘭展中大放異彩，或贏得蘭花界意見領袖的讚賞，就能引導未來萬代蘭的流行走向。

要培育出好的雜交品種，就像要發明新的食譜一樣麻煩。有很多養蘭人乾脆不惹這種麻煩，專心培養現有最優秀的蘭花品種。馬丁告訴我，他認為很多宣稱培養出新雜交品種的養蘭人，其實是從臺灣或泰國的苗圃買來，自居其功。「我絕對相信，有些你聽過的雜交品種其實是從遠方偷來的，」馬丁說：「太多時候佛羅里達的某個養蘭人宣稱剛剛培養出新品種，結果很巧合地，你會在泰國某個苗圃裡看到一模一樣的雜交品種。想想看就知道，蘭花雜交品種可以出現幾百萬幾千萬種可能，就那麼巧，若非美國養蘭人從泰國買來新雜交品種，宣稱是自己的成就，不然就是人類創意史上最值得大書特書的巧合。」他說，很多蘭花界的人既想擁有新品種上市，也想擁有創造新品種的榮耀，卻不是太忙就是太懶，沒法自己做實驗。「這是基本榮譽感的沉淪，」他說：「等於是竊取他人的點子。在泰國培育出新品種的那個人說不定是個佛教徒，不喜歡和人爭執。對佛教徒而言，抗議智慧財產遭侵犯在靈性上說不過去，所以我們這裡的養蘭人不管買走什麼，都可以宣稱是自行培養的，從來不用擔心有人會跳出來反駁他。」

我們走過遮陽房，馬丁和湯姆交換了一些蘭花故事，還辯論著植物的假敵對和假交配之間，哪種傳粉方式較具優勢。我走在他們後面，聽他們聊著，然後在一朵性感的粉紅色花朵前停下，聞了聞它，香味有如檸檬海綿蛋糕。「那朵花很不錯，」馬丁說：「大概可以賣上一千塊左右。」我們走過一張桌子，上面有幾小盆小植物，還沒有開花。馬丁舉起其中一個花盆，將手指伸進泥土裡，然後搖搖頭。湯姆揚揚眉問：「你種的是什麼？」

「這個實驗失敗，」馬丁說：「馬丁．莫慈博士數天前晚上做的行政決定，種出了一大堆爛東西，唉。」

——

精明的買蘭人經常來莫慈蘭園採買。馬丁帶我們四處看的那天下午，就有兩名顧客上門。他們的名字分別是理察・富爾佛（Richard Fulford）和丹妮絲・麥康諾（Denise McConnell），兩人都是高雅大方的牙買加人，是馬丁的常客，自己本身也養了不少蘭花。理察在邁阿密做生意，丹妮絲只是來這裡玩。她說她住在牙買加的泥沼走道（Bog Walk），房子占地遼闊。馬丁本來就在等他們來，所以他一聽到理察車子的聲音，就大喊「羅密歐與茱麗葉」的臺詞，接著對他們比手勢，要他們過來遮陽房。他們跳出車外，衝向車道，低頭穿過遮陽房入口處的綠布，然後腳步放慢下來，變成逛櫥窗時的步伐。他們漫步向我們走來，經過了一群長著咖啡杯大小的紫色花朵植物。在這群植物上方吊掛著板條做成的木籃，裡面的植物綻放出鮮白和粉紅的花朵。理察和丹妮絲最後走到我們身邊時，兩人的表情都有點恍惚。「天啊，我覺得好像快神經錯亂了。」丹妮絲嘆了一口氣說。「理察啊，」她說，「幫我控制一下。」她告訴馬丁，她答應過老公，這一趟一定儘量節制。她的丈夫也在邁阿密，不過他不想來馬丁蘭園。「他不是愛蘭人。」馬丁向我解釋。

「對啊，他沒有那份閒情逸致，」丹妮絲說：「他的嗜好是吃。」

「丹妮絲今天已經買了一箱子植物了。」理察說。

丹妮絲揮揮手：「噢，箱子裡面的不過是些小意思罷了，大概有四五千塊，不過都只是小意思而已。」

「噢，天啊，」馬丁嘆道。理察和丹妮絲緩緩走離我們身邊，走向一張桌子，上面擺了有斑點的黃色花朵。「漂亮的東西太多了，馬丁。」丹妮絲說。

「那一棵啊，我花了十年才弄出來，」馬丁說。他指著其中一個比其他還要大還要鮮豔的黃色花朵：「花了我十年的人生。」

「看看那個唇瓣。」理察說。大家都靜靜站著，一隻黃蜂飄飛過來，東搖西擺地好像喝醉酒似的，撞到黃花，像打水漂一樣彈起來，再撞到另外一朵黃花。蜜蜂體型龐大，花朵被撞到之後顫抖了一下。「丹妮絲，」馬丁說：「這棵你應該擁有。像你這麼有品味的女人，應該『暢飲兼歡笑，每位智者之子皆知。』，買下這棵來犒賞自己。」

「的確很誘人。」她說。

「你需不需要什麼可以放在手提箱裡，方便走私回牙買加的東西啊？」馬丁說。他是在開玩笑，對她眨眨眼：「小姐，如果你有需要的話，這裡有一棵芬芳的迷你種。」他伸手拿起一個花盆，裡面種的是全世界最可愛的植物。我曾經發誓，不管來到佛羅里達幾次，絕不買蘭花，一棵都不行，然而這棵竟讓我有種沒有就會死的感覺。這棵蘭花的花瓣是黃色，帶有一點淺肉色，像是律師用紙一樣，在黃色的背景上有一點一點像針孔的鮮豔粉紅噴灑在上面，花朵附著在一根扭曲得像甘草枝一般的莖上。花瓣豐潤，觸感很舒服。花心看似乳豬的臉孔。我在欣賞它的時候，竟然覺得它其實也在看我。這朵花不是美麗，而是引人入勝。我覺得自己可以盯著花心看上好幾小時。

「噢，馬丁，我才不需要走私呢，」丹妮絲說。她的捲舌口音讓馬丁的名字聽起來很浪漫。「我不必買可以放在手提箱裡的東西。我有許可證。」她和理察走向遮陽房的後半部。其中一人看見了奶油粉紅色的花朵，指著它，兩人同聲驚嘆。「這叫什麼來著，馬丁？」丹妮絲提高音量問。「我簡直被它迷瘋了。」

他瞄一眼看看他們指的是什麼。「噢，沒錯，您可要留心囉！」他用南方口音說：「保祐花朵幼小的心靈。」然後他假裝在忙。丹妮絲向理察使了個眼色，低聲說：「一定又是什麼特別的雜交品種，他不想告訴我們。」

「嘖嘖，」馬丁頭也沒抬地答：「貪婪之心不可有。」

就在這個時候，馬丁養的一條土色長腿狗大步走進遮陽房，重重咬了我一口。我大叫起來，大家立刻注意到。馬丁抓住狗，開始談論這件事真的很有意思，因為這條狗從來沒有咬過人。我覺得這段對話的學術意味太重，聽了一點就瘸著腳走向房子去找狂犬病的藥。等我走出來的時候，丹妮絲已經選了大約四十棵她想買的植物。馬丁正在開收據給她。「丹妮絲啊，」他瞇著眼睛看收據：「你的錢全部被我們花光了嗎？」

她哀嘆了一聲：「噢，馬丁，可惜我們非走不可了。」

「噢，好吧，」他說：「可以。現在，小姐，我要宣布一件事。莫慈博士決定，你剛才看上的神祕粉紅萬代蘭，給你一株。」他笑著說：「我信奉第十一誡：若有新的萬代蘭，風華絕佳，絕對不可私藏，必須和最摯愛的顧客與朋友分享。」他捧著不知名的花朵走到桌子旁。丹妮絲和理察眼光跟著他。丹妮絲彷彿屏住呼吸。馬丁拿起其中一盆時轉身對我們說：「我摯愛的友人，鄙人對宗教團體的看法，是否已和各位分享了？」

——

天色已轉為昏黃，太陽西垂，但還徘徊在地平線上，希望把人烤焦才甘心。湯姆說，時間也差不多了，所以我向馬丁告別，相約一兩天後再見面。我們回到車裡，湯姆坐著思考了好幾分鐘，不知道接下來應該到哪裡比較好。不管走那個方向，都有養蘭人。在馬丁的車道方圓一公里內，可能就有十億株蘭花。這一個現象，我在佛羅里達永遠無法適應。像蘭花這麼珍貴的外來嬌客看了這麼多，看到它們的時候卻沒有什麼排場，只見蘭花排排坐在工廠的長凳上，種在隨手丟棄的花盆裡。這幅景象倒沒有使蘭花看起來像一般商品，反而比較會讓我想起去逛哈瑞，溫斯頓（Harry Winston）的珠寶工房時，看到總價約二十萬美元的西洋梨形鑽右堆在一個舊雪茄盒子裡。看到鑽石堆在那裡，其實比樓上紅絲絨展示盒裡的鑽石還令人瞠目結舌。湯姆說，他想帶我去見識植物真正多到目不暇給之處，那是一個稱為凱利觀賞鳳梨園地的地方。在凱利的園地裡，溫室就占了三公頃，總面積這麼大的溫室總共種植了三百六十萬株蘭花，以及一百四十萬株觀賞鳳梨。「那個地方很大，」湯姆在路上說：「真的大得超乎想像。」

原本的凱利觀賞鳳梨園地已經在安德魯颶風中摧毀，所以這個大得超乎想像的地方是個煥然一新的乳白色薄金屬建築物，有白色的高爾夫球車來回移動。凱利還真有其人，不過我和湯姆抵達時，他正在忙著清點剛送到的一百萬株蝴蝶蘭，所以苗圃的工頭過來帶我們參觀。凱利觀賞鳳梨園地並不是讓你徒步參觀的地方，這裡一定要坐高爾夫球車，交談時用無線電對講機，身分要用區和副區來辨別。工頭的名字是麥克，他年輕英俊，穿著肉色的馬球衫和短褲，爬上高爾夫球車，要我和湯姆坐在後面，接著車子向前衝出，噗噗前往一間超大型的溫室。

他說他會先介紹一些觀賞鳳梨給我們看。「什麼樣的鳳梨？」湯姆問。

「俗稱次球的彩葉鳳梨（*Neoregelia*），」麥克說：「我們這裡種了大約四十公畝。」他將車開進溫室裡，沿著其中一列走道開過去。走道兩邊各有一條長椅，大約高及臀部，寬數尺。這裡一共有數十列，每一列是三個網球場加起來那麼長，長椅上放著好幾千棵植物。金屬長椅井然有序，沒有鏽斑，安靜無聲，儼然是個有野地風味的小型叢林。麥克把球車停在其中一個長椅邊。長椅上的植物中心有堅硬的紅色尖狀物，僵硬的綠葉像香蕉皮一樣從葉柄上剝落下來。這些正是火球彩葉鳳梨。溫室裡種了幾十萬棵這種觀賞鳳梨，正等著包裝起來，運送到全國的家得寶賣場，和各地的花藝中心和凱馬特超市。

「我告訴你一個故事，」湯姆說：「這些彩葉鳳梨打哪兒來的，你知道嗎？從前啊，有個小老頭住在固爾茲（Goulds）的窮人貨櫃社區裡，離這裡不遠。他自己一個人住，不過嚴格說來，和他住在貨櫃裡的還有一隻狗和一匹小馬。說來也奇妙。有一天，他發現自己的蘭花上長出不知名的小幼苗，他把幼苗插在挖空的椰子殼裡讓它生長，就長成了這麼漂亮的觀賞鳳梨。他成立了自己的小苗圃，只管賣那棵觀賞鳳梨長出來的幼株。大概賺了有五萬美金吧，光靠那棵植物，他就好幾年不愁吃穿了。那棵鳳梨就是他的生命，他吃飯的傢伙，是他不經意間碰上的。」

「很神啊。」麥克說著，一面漫不經心地從球車附近的植物摘下枯葉。

「你知道嗎？老頭要退休的時候，我過去跟他買原來的那棵，」湯姆說：「那個時候，它已經長得巨大無比。我買下來後，四處挖挖，修剪一下，結果你猜怎麼來著，鳳梨還長在原先那個空椰子殼上哪。」

麥克發動球車，我們慢慢沿著走道繼續走下去，從長椅邊緣垂下的葉子刷過車身。在其中一條長椅上，小小的塑膠花盆堆得老高，裡面的植物都垂頭喪氣。溫室裡其他的長椅都排列整齊，猶如棋盤一般，就只有這裡一團糟。麥克對著那條長椅點點頭說：「失敗的花燭蘭計畫。」

「哪一種啊？」湯姆問。他伸手拿過來一盆，用手指撥動泥土。

「伊蓮（Elaine），」麥克說：「是一種叫做伊蓮的蘭花，靠放射線產生出來的。我們把預備發芽的種子拿來照放射線，本來希望能長出有意思的突變種，結果沒有成功。」

我問他，失敗的伊蓮要怎麼處理。「一萬棵全部丟到垃圾堆裡。」他說。

把一萬株植物扔掉，他會不會難過，我很納悶。我並不是在講多愁善感的話。我只是想知道，創造出一萬個新生命，再全部倒進垃圾堆裡，究竟是什麼感覺。麥克皺起嘴唇，一隻眼睛瞇著看我。最後他說：「當然會難過啊，真的很難過。我很不喜歡看到那麼多錢化為烏有。」

那天逛到很晚，已經不夠時間和湯姆去參觀蘭花叢林，所以他邀我過幾天再去。過幾天，我刻意繞道宏姆斯地，想經過苗圃，然後去蘭花叢林。當我經過凱利的苗圃時突然想到，這個時候伊蓮可能早已經不見了。

第九章　植物刑案

在南佛羅里達，植物不見蹤影是稀鬆平常的事。其他生物也一樣。我去過凱利的觀賞鳳梨園地後某天，所有伊蓮蘭應都已消失了之後，根據《邁阿密前鋒報》報導，在法喀哈契附近的大絲柏沼澤，有人大肆盜捕青蛙，每個月盜捕運出沼澤的濕地豬蛙重達兩噸。這麼多青蛙，摘下青蛙腿來煮，大約有一噸半重。報社記者有天晚上採訪到幾個盜捕青蛙的人，當時他們正坐在捕蛙營地裡剝青蛙皮。這些人表示，要不是黏答答的不太好受，抓青蛙倒是個不錯的討生活方式。反過來看，種青椒就不是什麼不錯的討生活方式。湯姆．芬諾爾有個鄰居的田裡被偷走很多青椒，價值兩萬美元。他火冒三丈，把剩下的青椒一一拔掉，還說這輩子再也不種青椒了。

拉若許專偷植物，也有很多人和他臭味相投。其實在邁阿密警方的筆錄中，除了常見的傷害、搶劫和車輛失竊案件之外，植物犯罪案件也屢見不鮮。那年冬天，我並沒有蒐集植物，反而開始蒐集植物刑案的新聞報導：

一九九二年二月六日——宵小於週末企圖侵入西二十七街六千五百號街區一處民宅，因無法開門而作罷，只割開後面的紗窗，偷走八株蘭花。

一九九二年四月三十日——東四十三街七百號的街區週六有人翻越民宅圍牆，竊走幾株蘭花，據估價值超過一千美元。

一九八五年七月十八日——市民法蘭克・拉貝特家中院子的植物遭竊，價值一千八百美元。拉貝特表示，失竊的植物包括了一株二・四公尺高的棕櫚樹、一棵一・八公尺高的白色天堂鳥、一棵羊齒植物、六株蘭花，以及兩棵迷你盆栽。

一九八四年九月二日——市民巴端・布拉克後院植物和院子家具遭竊，損失超過兩千美元。布拉克向警方表示，失竊了價值一千四百美元的三十五株蘭花，價值兩百美元的鹿角蕨，總價一百五十美元的十株懸掛植物，還有總值一百五十美元的三張庭院涼椅。

一九八四年五月六日——一條二公尺長的鱷魚侵入威尼斯花園市一處公寓的停車場，警方趕到後發現，這條灰色的鱷魚正企圖攻擊一名男子，因為這名男子想用繩索套住鱷魚的頭部，另外一名男子則抓住鱷魚的尾巴。

一九八四年五月六日——市民芭芭拉・卡特住處的後院遭宵小侵入，共偷走六朵總價超過七百美元的展覽蘭花。

一九九一年元月十日——市民朗恩・普里克樸前院種植的矮棕櫚樹遭人挖走，目擊者向警方表示，有兩名男子將棕櫚樹挖起，搬到小卡車上揚長而去。

一九九一年元月十日——樹木失蹤。

一九九五年二月十二日——一株價值兩百五十美元的棕櫚樹從院子裡失竊。這棵棕櫚樹高達四・五公尺，竊賊將樹木連根挖起，將洞填滿後離去。

一九九一年七月二十七日——**蘭花失竊**。

一九九一年五月十六日——**蘭花失竊**。

一九九一年三月十日——**蘭花失竊**。

一九九一年元月三十一日——**蘭花失竊**。

一九九〇年九月二十日——**蘭花失竊**。

一九九五年元月五日——西南二十二街兩百號街區一處民宅遭竊，損失一株棕櫚樹以及一個電錶。屋主表示，早上向外看時發現這兩件東西不翼而飛。

一九九四年八月二十日——竊賊從前院偷走一株盆栽侏儒棕櫚。

一九九一年五月六日——迪蘭德（Deland）地區的西米椰樹已經成為雅賊最熱門的目標。沃盧西亞郡西半部今年至今已有多達四百株種植在院子裡的西米椰樹遭人半夜挖走。其中有兩株屬於迪蘭德郵局財產。

一九九七年七月二十八日——威爾斯湖附近的史達湖（Starr Lake）苗圃兩度遭竊賊光顧，失竊三十餘株蘭花；波克郡警長辦公室正進行調查中。警長辦公室官員相信，竊盜案發生的時間在七月二十日晚間九點到七月二十一日凌晨六點之間。苗圃於七月二十六日清晨亦遭竊賊侵入。

一九九四年四月二十一日——週六晚間十點四十五分左右，警方看見一名男子推著購物推車，裡面放著一株大棕櫚樹。警方進行盤查時，男子扔下推車試圖躲藏在一輛廂型車後面。警方找到這名男子，他向警方供稱，那是從一處民宅偷來的棕櫚樹，正準備賣掉，把得來的錢拿去購買快克毒品。

有時候我也蒐集跨國的植物刑案。英國人對蘭花特別有犯罪的衝動。英國皇家植物園在展示蘭花時，必須用防碎裂的玻璃來保護，周圍也設有監視錄影機，如同蒂芬妮珠寶店展示珠寶時的做法一樣。一九九三年，倫敦附近有一棵二公尺高的稀有猿猴蘭開出淡粉紅色的花朵，自然學家信託（Naturalis' Trust）還得僱用兩名保全人員站崗保護植物，以免被蒐集蘭花的人染指。我看過一個發生在蘇聯的太空蘭花刑案：

一九八八年四月，莫斯科訊——據《社會主義產業報》（*Socialist Industry*）昨天報導，警方逮捕了綁架「太空人」蘭花的業餘生物學家。「太空人」是唯一在外太空培養出來的蘭花。這名男子意圖將蘭花賣到黑市給一名蒐集蘭花的人。「太空人」是在薩爾亞特（Salyut）六號太空站上培育出來，於一九八〇年送回地球。報導中指出，這株蘭花已於綁架過程中死亡。「太空人」蘭花由於在太空中培養而出，公認是無價之寶。

警方逮捕到現年三十六歲的維拉迪米爾‧提于林（Vladimir Tyurin）。業餘生物學家提于林時運不濟，曾服務於車諾比核子發電廠的清理小組，被捕之前任職於基輔的科學學會植物園。似乎有一名莫斯科的買主已經等著購買「太空人」，然而當警方突襲提于林的公寓時，發現這株舉世無雙的蘭花已經奄奄一息。這份報導也指出，專家抵達之前，蘭花已經回天乏術。

就地球上的植物刑案而言，拉若許貪得無厭的舉動固然罕見，不過並非舉世無雙。法喀哈

契、大沼澤地國家公園、大絲柏、羅沙哈契從被人發現的那一天起，就遭到被掠奪的命運。有時候，採蘭人如果知道自己是第一個進入沼澤地區的人，他們會拒絕透露發現新品種的地方，希望能保護蘭花。福列德・富可士（Fred Fuchs）二世就是法喀哈契的常客，於一九五六年在野番荔枝泥沼發現蛇尾（*Pachyrhachis*）捲瓣蘭，卻故意不說出發現地點。蒐集蘭花的人後來終究找到祕藏蘭花的地點，到一九六三年已經搜刮一空。從州立或聯邦保留區帶走任何動植物都算觸犯法律，不過人們照偷不誤。每一天，到佛羅里達保護區遊覽的民眾都會從搆得到的樹上隨手摘下氣生植物，結果在法喀哈契的木板路上，只要是手臂搆得到的地方，樹上再也沒有觀賞鳳梨。最近眾人對法喀哈契一種極為稀有的羊齒植物人手蕨大感興趣。人手蕨形狀和人類的手一模一樣，只是薄薄綠綠的，孢子長在薄薄綠綠的手腕上。人手蕨生長於甘藍棕櫚的靴部。所謂靴部就是棕櫚葉連接到樹幹的彎曲處。美國各地的人手蕨數量以法喀哈契最多。拉若許告訴我，他知道塞米諾保留區哪裡可以找到好幾千棵人手蕨，有朝一日他會實施人手蕨的上市計畫。人手蕨很難採集，因為一搬離它們原來的位置就必死無疑，所以唯一擁有人手蕨的方法是採集孢子加以培育。法喀哈契的管理員對人手蕨特別關照。拉若許盜採蘭花失風被捕大約一星期後，有兩叢正要釋放孢子的人手蕨不翼而飛。

在大絲柏沼澤裡，侏儒絲柏經常被偷去當作迷你盆栽樹來賣。一九七〇年，長嶼（Key

Largo）一株冠軍桃花心木遭人砍斷，因為有人想採集生長在最頂端樹枝上的美鈔蘭花。盜採的人遭逮捕時，經常被搜出各式各樣的羊齒植物、杜鵑樹叢、各種棕櫚樹、仙人掌、佛羅里達葛。一名男子在法咯哈契被捕，卡車上載了二十株叢立刺棕櫚，準備運到購物中心，再將葉子剝下，重新裝上絲質的假樹葉，然後安放在美食區的中間，或者放置在精品店門前。有兩名男子在大絲柏被捕，搜出五十公斤重的金足蕨，準備運到他們位於邁阿密的店Santeria，用來製造草藥，據說可以治療攝護腺疾病。似乎樹林裡的每種東西都會被相中，因為很多植物都有市價。一九九三年，有三個人在大沼澤地國家公園盜採一批阿爾卑斯山絲蝶，運到日本一對可以賣到三萬七千美元。在法咯哈契，管理員忙著逮捕「點燈射殺」的獵人。這些人在晚上非法利用探照燈照射野鹿，讓野鹿嚇得靜止不動。鱷魚也是無時無刻在失蹤。最近，有兩名男子在羅沙哈契因殺害鱷魚被捕。他們將鱷魚射死，切下二十九吋長的尾巴，裝上獨木舟，後來不知何故翻覆，兩人相互指責而打起架來。管理員逮捕他們的時候，他們正打得難解難分。

我和馬丁．莫慈見面幾天後，有天晚上參加了棕櫚灘蘭花學會舉辦的聚會，聽馬丁演講。

聚會場地距西棕櫚灘賽狗場一公里左右，建築物的形狀低矮不協調，正上方是西棕櫚灘機場飛機降落的路線。我抵達時，大家已經在會場四處走動，交換植物，享用餅乾。學會的主席站在講臺上：「停在外面那輛白色本田車是誰的？裡面有一隻小浣熊？」他大聲說：「不管是誰，你的車窗沒關。」幾分鐘後，他用拳頭敲著講臺桌子說：「各位一就座完畢，我就介紹唯一會對植物吟誦米爾頓的教授兼蘭花學家。」馬丁開始演講之前，先帶我四處走走，介紹我認識一些朋友。其中有一位葬儀社負責人兼養蘭人，還有一位七十五歲的老人家，他先向我誇耀他養的迷你嘉德麗雅蘭，接著誇耀他的三十歲女朋友，隨後馬丁又介紹一位名叫莎維雅．魁克（Savilla Quick）的女子。她在培育幽靈蘭方面運氣不錯。莎維雅的眼睛細長如埃及豔后，鼻子小而圓，南方口音濃重。她告訴我，她的父親務農，從小在邁阿密西邊長大，當時邁阿密以西還只有絲柏林地和好幾公畝的鋸草，以及一個很大的飛牛農場。星期天她都會繞著沼澤騎馬，尋找好玩的東西，特別是蘭花，尤其是無葉蘭屬例如貝殼蘭和幽靈蘭。當時採集蘭花還算合法，每當莎維雅看到她想要的植物，就站在馬鞍上伸手去採集。「我騎的馬都知道我在做什麼，」她對我說：「牠們一動也不動地站著，讓我不至於重心不穩。只有一匹巴洛米諾種馬[7]，每次我站起來時牠都會蠢動。」她把植物帶回家，固定在院子的樹上。那已經是好幾十年前的事情了。後來，邁阿密以西的樹林不見了，莎維雅也長大成人，結了兩次婚，搬了幾次家，有了小孩，也從職場退休下來，不過她年輕時候採集到的蘭花還在後院。

莎維雅住在博因頓灘（Boynton Beach），她說如果我想看她的老幽靈蘭，可以過去看看，不過只有明天可以，因為她和先生巴伯正準備到阿肯色州避暑。終於能看到幽靈蘭了，我欣喜不已，一分鐘也不想耽擱。隔天我甚至提早到莎維雅家，這大概是我有生以來頭一遭提早到達目的地。我到的時候，莎維雅正在講電話，忙著安排這個夏季蘭花寄宿的地方。她的先生到門口迎接我，先讓我坐在餐桌前，然後進入另一個房間，幾分鐘後拿他用奇木雕成的筆出來給我看。欣賞完筆，我瞄了一下餐廳的窗戶，瞧瞧外面的遮陽房，看看能不能夠瞧見她的幽靈蘭。遮陽房大約有一個貨櫃車那麼大，裡面密密麻麻都是植物。微風鼓動著懸掛的籃子團團轉，吹動綠色的遮陽布，風鈴片也彼此碰撞著，發出慵懶的聲響。

莎維雅講完電話後衝進餐廳，在椅子邊緣坐下，手指不斷交纏、鬆開、再交纏，然後斜眼看了我一眼。「你想知道關於幽靈蘭的事情吧？」她問：「噢，我不知道應不應該！真的應該把祕密告訴你嗎？大家總是想從我這裡套出祕密，因為我是少數有能力培植幽靈蘭的人。」

巴伯將奇木筆一一收起：「甜心，我不知道你怎麼辦到的，不過你確實有辦法。」

7　巴洛米諾（Palomino），一種白色鬃毛的淡黃色馬。

「我發現的祕密是，幽靈蘭很喜歡芒果樹，」莎維雅繼續說：「你把小小的幼株放在芒果樹上，正好放在灑水器噴得到的地方，幽靈蘭最愛了。如果一開花，我就採集一點花粉，馬上放進冰箱裡。有個住在朱庇特的女孩子，她人很好，幫我讓種子發芽。小幽靈蘭也喜歡野番茘枝樹。我現在養了一盆野番茘枝，準備一起帶去阿肯色。還不夠大。等到夠大的時候，我就會試試看讓幽靈蘭附著在上面，這樣一來，以後要去阿肯色州的時候，就可以放在車上一起帶著走。」

蘭花界很多人都知道莎維雅培育幽靈蘭有成，她也常常接到有意購買的電話。那個星期她就接到一通從坦帕打來的電話，還有一通遠從加州打來。加州那位女士在電話中告訴莎維雅，說她很想要幽靈蘭，想得快抓狂了，問莎維雅一棵賣多少。「我告訴她要一百美元，」莎維雅說：「老實說，我大可叫價一千元！她的錢多的是！反正她說想得都快抓狂了嘛！不過我聽得出來，她想要幽靈蘭，只是想向別人吹噓而已。我覺得對她來說，幽靈蘭只是用來表現身分地位而已。」我問她，有沒有決定要賣。她皺眉頭說：「我告訴她，如果有種子的話，會再打電話給她。我可能就這麼辦了，不過我敢保證，一粒種子也不會給她。我分辨得出來，她那種人喜歡蘭花只有五分鐘熱度，然後就放任蘭花死掉。」

有時候巴伯和莎維雅．魁克會在蘭展中賣出多餘的蘭花。稍早以前，有位男子在展覽期間一再徘徊於魁克夫婦的攤位前，後來和莎維雅搭訕起來。他從他們的攤位買了一小株蘭花後離去。兩天之後，這名男子打電話到莎維雅家裡，說他還想再買一些蘭花。她同意讓他來看看她的蘭花。「他那時候又溫柔又親切，」她說：「儘管展覽時他只買了小小一棵蘭花而已，我還是讓他過來參觀。」男子對她的幽靈蘭特別感到好奇，莎維雅帶他繞到房子的旁邊，讓他看看芒果樹上一團團的幽靈蘭。當時許多株都沒有開花，不過其中一棵已開始長出兩個種子莢。當晚男子又打電話給莎維雅，表示願意花一百元買下其中一個種子莢。那時她還拿不定主意，然而第二天她還是回電了，說她願意出售，不過她也解釋種子莢還沒有成熟，現在還不能給他。一旦種子莢成熟，會再打電話通知他。莎維雅手中有他的名片，但名片上只有一個呼叫器號碼，沒有普通的電話號碼，和一個郵政信箱號碼，沒有一般住址。

幾天以後，莎維雅決定去看看幽靈蘭的種子莢長得如何，所以走到芒果樹旁，彎腰看個仔細。沒想到種子莢不見了。一個全部不翼而飛，另一個裂成兩半，一半還留在根上，另一半躺在樹下的青草地上。莎維雅形容自己是個極為多愁善感的人。她說，要是當時沒有因為種子莢而那麼難過就好了。她情緒失控，怒氣沖沖地在房裡和院裡四處走動，撿起破碎的種子莢拿給南喜．普萊斯（Nancy Preiss），就是住在朱庇特幫她讓種子發芽的人。南喜看了種子莢一下，說已經沒救了，但是南喜沒進實驗室檢查一下、看看有無挽回餘地之前，她始終賴著不走。最後，她回到家，打電話給那名好奇的男子，想博取一些同情。她把事情經過告訴他，還提醒他，他曾經表示想替朋友買一個種子莢。她問，會不會他的朋友等得不耐煩，不想要種子莢了。這名好奇男子說他對種子莢的事情也感到萬分難過，不過她記錯了，他不是想幫朋友買，想買的人是他自己。他說，一定是另有幽靈蘭迷聽見莎維雅有種子莢，動手偷走。

種子莢失竊後沒多久，有人闖入魁克夫婦家的遮陽房，偷走將近三百株植物，包括二十三株蘭花。這種蘭花的價值不在它的花形美麗，只有真正愛蘭人才識貨。魁克夫婦於是在遮陽房裡安裝了閉路電視，院子裡也安裝了警報系統。過了一段時間之後，莎維雅在一項植物展中看到那名好奇男子。自從種子莢失蹤之後，這是她頭一次看見他。她幾乎認不出他，因為他等於是改頭換面。「我剛認識他的時候，他的頭髮是金色，現在全部都是黑色。」莎維雅說：「而且我剛認識他的時候，他戴眼鏡，現在改戴隱形眼鏡。身上的衣服也變了！剛認識的時候他穿得很隨性，這回他穿得有點陽剛。」他們兩人並沒有交談，事實上，好奇男子想盡辦法躲避莎維雅。

莎維雅停頓下來，建議到遮陽房去走一趟。外面熱滾滾的，莎維雅提到她的女兒已經從佛羅里達搬到阿拉斯加的安克拉治。我們走在放置植物的長椅之間，低頭閃過幾個種植蘭花的吊籃。一隻野鴿子在籃子上築巢，用平靜的圓眼瞪視著我們，發出像貓咪一樣的呼呼聲音。鳥尾巴上有一條橙色的螢光條紋，看起來很不自然。「是我噴的，」莎維雅指著野鴿子說：「牠剛飛來築巢時，我用噴漆噴在牠身上，因為想看看牠會不會回到原來的籃子上。有了那道條紋，我就不會誤以為牠是其他小鳥。」我們邊走邊聊。莎維雅指著一些她想讓我看的東西；得到冠軍的萬代蘭，彩虹蕨，少女時代蒐集到的小捲毛蘭；我全都很喜歡。她蒐集的植物葉子都很飽滿光滑，彷彿全用洗髮精洗過再潤絲似的。傍晚的日光讓粉紅色和紫色的花朵看起來燦爛熾熱，紅色的花朵則像是警示燈。莎維雅說，我們應該去看看幽靈蘭，我其實已經等得幾乎按捺不住了。我們從呼叫的野鴿子下面走過，來到房子旁邊的芒果樹。就在這裡，我終於要看到我的第一朵幽靈蘭。幽靈蘭綠色的根遍布樹幹，形成星形的圖案，就像扔石頭打中窗戶時玻璃破碎的圖形。我一眼就看出沒有一棵幽靈蘭正在開花，很失望，感覺非常洩氣。有一團根上面有一個小小的突起，呈淺綠色，莎維雅說一兩個月後就會開花。我用手指頭上下撫摸平順如橡皮的蘭根，以及凹凸不平的芒果樹皮，然後回到房子裡。莎維雅打開一個小檔案箱，抽出幾張目次卡，她在上面記錄了所有蒐集到的野生植物。她給我看其中兩張，一張寫著「小幽靈，*Harrisella porrecta*，八九年五月大絲柏」，另一張寫著「林登多根蘭，八九年五月，採集於大絲柏」。這些都是放在芒果樹上的植物。

她將目次卡放回去，又說種子莢的故事還有最後一段沒講完。蘭花的種子要經過八個月才會發芽，種子莢遭竊事件後八個月，莎維雅接到一封信，寄件人是那名好奇男子。「大約是耶誕節前後，她說：「不過卻不是耶誕卡，而是一封信。我一開始還覺得非常奇怪，怎麼連耶誕快樂都不說。信裡面只寫著：『親愛的莎維雅，種子莢失竊的事情希望你已經釋懷，如果再長出種子莢的話，請打電話給我。』你說怪不怪啊？」她的理論是，在同意賣給他種子莢前，她遲疑了一下，他懷疑莎維雅會改變心意，所以決定先下手為強。她猜想，他有天趁夜色溜進院子裡，摘下一個種子莢，不小心弄斷另一個，然後想讓種子發芽，等了八個月才知道種子沒辦法發芽，所以又寫信給莎維雅，向她表現出友善的態度，還想再騙一個種子莢。她收到信後不再予以理會，不過還是把他的名片貼在廚房碗櫃門上。她曾經到處打聽這個人，但是在她認識的蘭花人當中，從來沒有人聽過這一號人物。她猜她永遠也不會再聽到這個人的消息了。

佛羅里達最知名的植物刑案發生於一九九〇年春天，有人闖進鮑富蘭園的一間遮陽房，偷走了價值十五萬美元的得獎蘭花數株。很多遭竊的蘭花都無法取代，因這些都是參展的蘭花，曾獲得美國蘭花學會最高榮譽，被用來當作種蘭，都是高大強壯的品種，血統特佳，專門用來繁殖和複製。闖空門事件對養蘭人和蒐集蘭花的人而言是件大消息，因為這樁案件可能是佛羅里達有史以來最大的蘭花竊案，也可能是全美國最大的蘭花竊案，絕對是蘭花界最大的竊案。竊案發生在鮑富蘭園，更加具有新聞性，因為鮑富蘭園是南佛羅里達最好、最成功的苗圃，負責人鮑伯・富

可士似乎是家喻戶曉的養蘭人。

鮑伯．富可士從一九八五年才開始全職養蘭販售，但是富可士家族已經有三代和蘭花淵源深厚。來到佛羅里達的第一代富可士，是鮑伯的曾祖父查爾斯，他本來在田納西州米蘭市開麵包店。一九一二年查爾斯四十八歲時罹患瘧疾，醫生建議他搬到南方去住。當時查爾斯一名友人正好要到南佛羅里達去看地，邀請查爾斯一同前往，查爾斯婉拒了他的好意，因為那個星期馬戲團要來到米蘭，他不想錯過好戲。不過幾星期後他改變主意，趕到佛羅里達的宏姆斯地和友人碰頭。一九一二年時宏姆斯地還沒什麼開發，幾乎沒有什麼房子，既沒餐廳也沒冰箱，只有幾家有電話，僅有的電話線就纏在松樹上。查爾斯和朋友決定到附近散散步，他們一走就走了十天，期間沒有走出松樹林一步。查爾斯愛上這片土地，所以他寄了一箱佛羅里達金橘給田納西的家人，讓他們知道自己多愛這裡。富可士家人從來沒有看過金橘，還以為查爾斯寄的是什麼奇怪的小柳橙。查爾斯回到田納西，賣掉了大半家當和麵包店，和妻子來到邁阿密，只帶了兒女、衣物、兩隻活雞。上一趟來的時候，查爾斯在宏姆斯地為家人買了一棟房子。家人抵達時才發現這房子又髒又暗，到處都是螞蟻和跳蚤；房子附近的馬路崎嶇又狹窄。全家搬進來之後，查爾斯的兩個大兒子查理和福列德（Fred）每個星期天都得分乘兩輛機車去市場買東西。有一次，他們在市場買了椰子，為了讓兩手空出來控制摩托車，所以把椰子塞到上衣裡面，結果在回家的路上不小心壓到路面上的野生椰子，從機車上摔下來，被上衣裡的椰子壓傷。剛到佛羅里達的時候，查爾斯打算種田養活一家人，可惜宏姆斯地的泥土只有淺淺一層沙土，下面是硬邦邦的珊瑚岩。如果要種東西，先要用炸藥在地面土炸出一個洞。查爾斯最後放棄了種田的想法，重操舊業，開起麵包店很快就研發出一套配方，製作出一種軟綿綿的白色三明治吐司，命名為奶油麵包（Cream Bread）。奶油麵包成了佛羅里達最受歡迎的麵包，富可士麵包店最後也成長為興旺的全國企業，名稱改為康健（Holsum）麵包公司。

一九二〇年代，查爾斯的兒子福列德，也就是鮑伯・富可士的祖父開始自力更生的時候，美國多數地方的生活已開始現代化，不過南佛羅里達仍然是荒野一片，比西部還要落後；不但沒有進行開發，而且遍地叢林，交通不便。美國蘭花學會於一九二一年舉行理事會議，會議紀錄裡指出，部分理事「提供他們（在佛羅里達）尋找原生蘭花的有趣故事，也提到將蘭花從密林運出時所遇到的艱辛，這些森林人跡罕至。」連他們都對佛羅里達的沼澤感到害怕，彷彿是條會生吞活人的野獸。在這之前不過二十年，想橫越佛羅里達南部，會被人認為有勇無謀。一八九八年，冒險家休・威洛比（Hugh Willoughby）乘坐獨木舟穿越大沼澤地國家公園，當時人對他的做法大感震驚。威洛比在日記裡寫道，他吃炒蒼鷺蛋、龍蝦、甘藍棕櫚沙拉，配上自己帶去的培根、檸檬水和口香糖。他本來計畫睡在氣墊床上，結果未能如願。「這次實驗失敗，只好睡在沒有吹氣的

（氣墊）床上，因為每次「翻身，氣墊床便發出鱷魚般的巨響，而且中間鼓起來，睡在上面便一直滾下來。」威洛比竟然安然歸來，讓朋友們至為驚訝。「回家之後，常常有人問我，你難道沒有發高燒嗎？你暴露在可怕的瘧疾沼澤裡，難道不會生病嗎？我回答他們，整個冬天我沒有一點疼痛或痠痛，只有一次例外，那是在佛羅里達暗礁發生意外，差點割斷鼻梁。」

佛羅里達的荒蕪和西部的荒蕪不一樣。西部拓荒者越過平原和山脈，視線所及都極為寬廣，浩瀚無疆。向西行越過空曠無垠的空間，讓人覺得自己孤獨渺小，如同在白紙上塗鴉。南佛羅里達的拓荒者兼冒險家則是向內遊歷，進入一個像鋼絲網一樣又暗又密不透風的地方，一個已經聚集過多生物的地方；面對像這樣陰暗、密不透風、聚集過多生物的地方裡面可能藏有的東西。要探索這樣一個地方，必須先消失其中。在我看來，忍受寂寞可能還比忍受也許會消失的想法要來得容易些。

———

福列德烤麵包的技術和父親一樣出色。他偶爾會去麵包店幫幫忙，不過他其實還是比較喜歡戶外的工作。他一搬出去住，就開始從事養殖業，熱衷戶外活動。他養了豬，種秋葵，研發了一種堅硬可口的酪梨，命名為富可士酪梨。他喜歡和住在附近的塞米諾人到大沼澤地國家公園去打獵。福列德體型高大健壯，喜歡生吃野鹿肉。他和其他幾個人如湯姆．芬諾爾一世、比爾．奧斯蒙特（Bill Osment）、C．C．范波森（von Paulsen）上尉、拉雷．伯尼（Raleigh Burney），都是當代偉大的沼澤探險家，也是有這麼多南佛羅里達可供探尋的最後一代。如今，特別是我坐在車子裡等著通過佛羅里達高速公路收費站時，看著瓷磚屋頂的連棟樓房向四面八方延伸，像是全世界最大盤的扇形烤馬鈴薯，這時我對福列德．富可士和其同輩探險家的生活感到不可思議。他們一樣睡在床上，一樣有車子代步，一樣也看電影；然而向後院走幾公里就進入沼澤地，還能找到從來沒有人發現過或想像過的東西。在沼澤裡，福列德發現了很多稀奇古怪的東西。他在法喀哈契發現據說炸死塔勒哈西酋長的大砲彈；又在大沼澤地國家公園裡發現一張《對，我們不賣香蕉》的唱片[8]，地點是位於廢棄的甘蔗田和香蕉園裡的一個印地安人舊營地。福列德一九三五年開始蒐集蘭花，可能從沼澤裡帶出了數萬株吧，其中有十五或二十種新品種。他也發現了幾十種新的氣生植物，並加以命名。此外，他也蒐集樹蝸牛和樹木，並特別中意大王椰子。這種在法喀哈契生長的棕櫚樹頂端點綴了穗鬚，全美只有南佛羅里達看得到。因為大王椰子幾乎不會倒下，福列德決定在自己的土地上種植一排十四棵。一九四五年颶風侵襲，福列德的農莊遭蹂躪，損失慘重，他和妻子之所以逃過一劫，是因為他們將自己綁在大王椰子上。一九四七年，南佛羅里達人後來稱這年為「雨下個不停的那年」，豪雨成災，將他的農莊沖刷得一乾二淨，福列德的大王椰子卻一棵也沒事。

福列德的兒子富列迪，也就是鮑伯·富可士的父親，也有發掘新事物的天賦。他曾經在塞克斯高地（Sykes Hammock）跌進一個深坑裡，困在洞裡時注意到一種稀有的羊齒植物。查爾斯·托瑞·辛普森（Charles Torrey Simpson）博士最後一次看見這種植物是一九〇三年的事，大家都以為它已經絕種了。塞克斯高地是一片硬木林，一萬兩千年前，海洋消退後，南佛羅里達首度浮現時生長出來的樹林。富列迪一開始學會走路，就和父親一起去採蘭。通常福列德會在富列迪的腰間綁上一條繩子，這樣他就不至於掉到泥巴裡。富列迪十幾歲時在家族農場上幫忙，負責灌碎牛肉製作香腸。他長大成人後，當上納蘭哈鎮的郵政局長，就在宏姆斯地旁同時經營蘭花生意。這個時候宏姆斯地多數林地都已砍伐殆盡，散步十天走不出綿延不絕的松樹林，這種事情做夢都想像不到。來到南佛羅里達的採蘭人必須越來越深入樹林裡，才有希望找到不尋常的東西。富列迪高大健康，又喜歡冒險。他很高興能漫步走過法喀哈契、大絲柏、大沼澤地國家公園等地的內部，後來也到南美洲和西印度群島採蘭，足跡幾乎遍及每一個國家。

8　一九三〇年代的老歌，敘述一個開水果店的希臘裔人，不管問他什麼，他都回答「對」。

富列迪的兒子鮑伯・富可士，現年五十歲。他很小就開始種植植物，當時在父親富列迪的溫室裡，有屬於他的蘭花長椅，還有他自己蒐集的非洲紫羅蘭。鮑伯十三歲時，隨父親到多明尼加共和國進行首度國際採蘭之旅。這趟行程原本從聖多明哥開始，卻因飛機油料不足，只好改降落在聖地牙哥。他們沒有按照預定行程降落，引來當局懷疑，還派兵全副武裝待命。富可士父子下了飛機，來到停機坪上，富列迪給士兵一桶肯德基炸雞以表善意。士兵們顯然很滿意，允許富列迪和鮑伯留下來採蘭三天。鮑伯十九歲時在尼加拉瓜發現新品種，向皇家園藝學會登記為富可士香蕉蘭（*Schomburgkia*）。高中畢業時，他的父母親送給他一間溫室當作禮物。鮑伯並沒有直接進入養蘭這一行。他先念大學，拿到學位，然後在宏姆斯地教國中美術。一九七〇年，他還在學校教書的時候，在納蘭哈祖父的土地上開展了一樁蘭花的小生意，稱之為鮑富蘭園，因為他的父親富列迪當時還在經營自己的富可士蘭園。一九八四年鮑伯的迪發・鮑伯萬代蘭奪得邁阿密世界蘭花大會的總冠軍，讓他享譽蘭花界。獲獎後他辭去教職，全職從事蘭花生意。

我第一次遇見鮑伯，是在一年一度南佛羅里達蘭展於邁阿密會議中心開幕的前夕。展覽者都在開幕前一晚做準備，所以我也到會議中心去參觀馬丁布置莫慈蘭園的展示場地。馬丁和鮑伯彼此都不喜歡對方，多半是因為兩人同為萬代蘭人，也因為兩人對花瓣形狀和大小抱持不同的哲學，更因為生意人本來就會互相競爭，總而言之他們就是不喜歡對方。儘管如此，馬丁說我應該去認識鮑伯，因為他是蘭花界的重要人士。休息的時候，馬丁帶我到鮑富蘭園的展示區，為我介紹。鮑伯其實是個相當惹人注目的人，至少有二公尺高，身材健壯，像中學的美式足球中後衛一樣。他從頭到尾完完全全沒有被曬黑，頭髮毛茸茸，呈桃色，小鬍子蓬鬆，藍眼睛總愛瞇起來。在南佛羅里達蘭花界人士的描述中，只有他常常被人說是非常英俊。

事實上，那個時候正有幾個女人在他身邊唧唧喳喳，想引起他的注意，卻都沒有成功。其中一個說：「鮑伯，鮑伯，你知道嗎？『fuchsia』[9]這個字就是從你的姓來的。」另一個女人高聲說：「鮑伯，鮑伯，我想請教你，那個萬代蘭……」鮑伯根本沒去注意她們，因為他正看著他的母親朝我們走過來，手裡拖著一公尺長的浮木，鮑伯打算把浮木加入展示中。他身旁的女人繼續呱噪，他則繼續置若罔聞，轉身指著展示區的一邊說：「媽，拜託行不行，浮木要擺在這裡。」

我遇見的每個蘭花人都認識鮑伯．富可士。有些人對他大加讚揚，把他當作蘭花界的國王般看待。另外一些人則深吸一口氣，然後緩緩吐出之後說，鮑伯這個人爭議性很大。後來我才了解，這是種客氣的說法，言外之意就是非常討厭他，或者至少是他讓這些人又嫉又羨。我立刻明白為什麼有些人討厭他——他講話刺耳，又喜歡堅持己見，有時候還故意和人爭辯，顯然他的養

9 吊鐘花。

蘭哲學不盡然投合每個人。他引人嫉妒的原因有一長串：他是佛羅里達蘭花貴族出身，他的事業很成功，贏了很多獎項；民眾喜歡他的蘭花，也喜歡他的展示，他培養顧客的技巧和培養蘭花的技巧幾乎不相上下。要不然就到他家走一趟，去看看。他家不但有花卉，也有螢光色的外來鳥類，有全然青綠色的游泳池，中間還有萬代蘭的馬賽克瓷磚。他還有一個珊瑚礁池塘，上面有瀑布，還有一種特別的斑紋魚，餵食的時候會閃到水面上。還有美麗的木質看臺，可以坐著欣賞瀑布和魚。他的房子很通風，欣賞起來像在看戲一樣，到處都是里摩瓷器（Limoges）和皇家祆切斯特（Royal Worcester）的蘭花瓷器，也有精緻的家具，非洲野獸的頭掛在牆上，還有一個法貝熱[10]復活節蛋，以黃金和紅寶石製成，中間鑲了一個小小的珠寶蘭花雕刻。他的前院裡有一條小路通往嶄新的苗圃，總共有七間溫室，裡面有十萬朵糖果色的花朵。如果你喜歡以上東西的任何一項，你就會喜歡他家。蘭展後某天下午，我來到鮑伯家，他帶我四處參觀後，又帶我到遮陽房旁邊一處綠草地，這兒頂上有一個很大的竹篷，約有四個飯店房間那麼大。我們在可愛的桌子前坐了下來、坐在可愛的椅子上，旁邊有種在陶土盆裡的「荷金（Joaquin）小姐」蘭花，葉子如同鉛筆般細。頭上有幾個吊扇，扇葉轉動發出喀噠喀噠的聲音，我們杯裡的檸檬水中冰塊也叮噹作響，發出亮光。鮑伯身後有連綿不絕的綠草、綠色的棕櫚葉、從遮陽房裡透出的綠暈，在一片綠油油的上方是晴朗無雲的藍天。微風從西方吹拂鮑伯的金髮，時起時落，像是個純粹逛街的人隨手拿起、放下，看看而已。我們身後傳來幾輛車子壓過車道上砂石的隆隆聲響，然後輕嘆一口氣停下來，隨後傳來昂貴轎車的車門打開闔上的聲音。接著沒過多久，便傳出店裡收銀機的鏗鏘聲。好長一段時間，我都不想說話，只想沉浸在溫室裡，沉浸在偶然的旋律中，沉浸在濃濃、厚厚的慵懶悠閒裡。鮑伯最後開口說，他不知道為什麼大家這樣嫉妒他，不過就在這個時候，在這個微風宜人的大竹篷裡，身邊綠意環繞，我可以理解大家嫉妒他的原因。

鮑伯·富可士的名聲於一九八四年達到巔峰，當時世界蘭花大會在邁阿密舉行。世界大會每三年在不同城市舉行，主辦城市包括了格拉斯哥（Glasgow）、東京、檀香山、聖路易、新加坡以及長堤（Long Beach）。邁阿密只主辦過一次，就是一九八四年那次，吸引了來自佛羅里達和世界各地的展覽者，人數刷新紀錄。蘭花大會期間頒發了數十種獎項，不過蘭花人心目中真正的大獎，就只有展覽中的最高榮譽：最佳蘭花獎。在全世界最大的展覽中獲得最佳蘭花獎，特別是在

---

10 Fabergé，末代沙皇的宮廷珠寶匠。

稱得上美國蒐集養殖蘭花首善之都的邁阿密，相當於在蘭花奧運中奪得金牌。一九八四年世界蘭花大會的首獎由萬代．迪發．鮑伯奪得，蘭花主的主人是鮑伯．富可士。這朵萬代蘭呈鮮豔的紅色，唇瓣小，略帶黑色，中間還有一個黃色小點，大型花瓣上鑲嵌有血紅色的脈絡。花朵既飽滿又圓潤，色澤深沉，感覺既甜美又性感，然而由於花形和花序的某種關係，讓花朵看起來有點像玩具熊。這朵蘭花令人難以忘懷，因為開得極為豔麗，也因為全世界最大的展覽在這個國家舉行的時候，這朵花奪得了首獎；更因為贏得首獎後，富可士用它來繁殖數千株極為美麗的蘭花，鮑伯．富可士因此成了明星。但也因為它的成功，導致鮑伯．富可士和另一位養蘭人法蘭克．史密斯（Frank Smith）交惡。

法蘭克．史密斯的年齡與鮑伯相仿，他自己的苗圃科羅爾－史密斯蘭園在佛羅里達也頗富盛名。蘭園位於阿波普卡（Apopka），就在迪士尼樂園附近。法蘭克．史密斯是通過鑑定的蘭花裁判，自己的植物也在展覽中獲得多項獎項。他和鮑伯是競爭對手，不過兩人之間交惡的情形超過一般競爭。世界蘭花大會之後，鮑伯因為自己的蘭花大放異彩，決定辭掉教書工作，全心投入養蘭事業。打從一開始，他似乎就很容易惹惱一些人。一位上了年紀的女蘭花裁判曾對他提出一百萬美元的控訴，指稱他在南佛羅里達蘭花學會的備忘錄中詆謗她。養蘭人在展覽中擊敗鮑伯，會顯得格外興高采烈。有位仁兄的蘭花在展覽中贏過鮑伯，後來走到鮑伯身邊對他說：「富可士，你知道嗎？我等了好久，總算讓你輸得很難看了。」鮑伯在全職養蘭之前，曾經看書準備考南佛羅里達地區的展覽裁判。通過這項鑑定的時間、程序冗長，不但要苦讀，還要先擔任學習裁判，有時要當上六年。擔任蘭花裁判之所以受重視，因為裁判受人推崇為蘭花的權威，透過裁判的選擇，可以影響蘭花繁殖的趨勢。舉例來說，裁判如果偏好小而圓的花瓣，就會將獎項頒發給小而圓的蘭花，等於是鼓勵養蘭人以繁殖小而圓的蘭花為目標。裁判也能提高獲獎蘭花的商業價值。一九八三年鮑伯完成了必備的手續，向美國蘭花學會評審委員會提出南佛羅里達地區的鑑定申請，不料卻遭到退回。他聽說有人寄信到委員會，聲稱鮑伯提供他最好的蘭花插枝，意圖賄賂展覽裁判。這封信是法蘭克．史密斯寫的。他在信中指出，這件事並非空穴來風，因為他本人就是鮑伯意圖賄賂的裁判之一。

一九九〇年，鮑富蘭園發生大竊案。警方進行調查，但是因為沒有目擊證人，線索也不多，所以告訴鮑伯，蘭花和竊賊都不太可能找到。竊案發生後兩天，一名愛蘭人洛伯特．培利（Robert Perry）正陪同妻子一起逛佛羅里達的蘭花苗圃。他們在科羅爾—史密斯蘭園駐足參觀，這時洛伯特注意到一叢看起來極為出色的植物被胡亂擺在獨立的遮陽房後面。其中有一株是洛伯特心愛的銀灰色蘭花，帶有一個有點紅紅的紫色唇瓣。由於植物堆積起來，洛伯特搆不到那朵蘭花，不過他看得很清楚，知道他從來沒有看過類似的蘭花。他走到蘭園前，向苗圃工作人員詢問，是否可以買那棵蘭花的幼苗，不過工作人員告訴他，那堆植物全是非賣品。一個月之後，洛伯特在翻閱一本過期蘭花雜誌時，看見鮑富蘭園一則廣告，上面有一朵銀灰色蘭花的照片，和他在科羅爾—史密斯蘭園看到那朵一模一樣。他相信，那麼特殊的蘭花，不可能在多家苗圃同時存在。鮑富蘭園發生竊盜案，他也有耳聞。雖然洛伯特從來沒有見過鮑伯・富可士，不過還是決定打電話給他，說出自己在科羅爾—史密斯蘭園看到相同的稀有蘭花的情形。幾天之後，警長偕同鮑伯・富可士、洛伯特，培利和鮑伯的合夥人麥克・科若納多（Mike Coronado）半夜驅車前往科羅爾—史密斯蘭園。洛伯特帶他們到獨立遮陽房，結果空無一物。那一堆植物，包括那朵銀灰色的蘭花，全部都不見了。洛伯特啞然以對。正當他們要離去時，麥克・科若納多漫步走進另一間遮陽房。沒過多久，他拿著富可士蘭園的標籤跑向警長，說是他在地板上撿到的。警長將所有線索記錄下來，然而最後還是罪證不足，無法對任何人起訴。

被偷走的蘭花究竟是怎麼一回事，各方說法不一，莫衷一是。不少人認為，洛伯特・培利的記性並不完全可靠，儘管鮑富蘭園的蘭花消失了，從來都沒有在科羅爾—史密斯的蘭園重新現身。有些人認為，竊賊另有他人，法蘭克・史密斯只是在不知情的情況下買到贓物。或許麥克・科若納多撿到的標籤，和竊案一點關係也沒有，也可能是法蘭克・史密斯從前向鮑伯父親的苗圃合法買進的蘭花，所以才是富可士蘭園而非鮑富蘭園的標籤。法蘭克・史密斯甚至在證詞中懷疑，他可能是被鮑伯「陷害」，因為鮑伯申請擔任蘭花裁判時受到他的阻礙，現在想趁機報復。

就在科羅爾—史密斯蘭園究竟是否涉及蘭花竊案情況還不明的秋天和冬天，有人開始打電話威脅數名南佛羅里達養蘭人。法蘭克．史密斯在幾星期的時間內，也接到了幾通。一九九一年二月二十日，他一個小時內就接到兩通匿名威脅的電話。第一通電話是法蘭克的友人珍．朵禾蒂（Jane Dangherty）接到的，她當天早上在科羅爾—史密斯的辦公室餵鳥。這些寵物鳥是她和法蘭克共養的。根據她後來的證詞，電話中的男子告訴珍．朵禾蒂，如果她真的關心法蘭克．史密斯的話，就應該別讓他參加一九九一年的南佛羅里達蘭花學會展覽，開幕時間就是下個星期，地點就在邁阿密。然後她供稱，電話中的男子自稱鮑伯．富可士。接著，科羅爾—史密斯蘭園的電話響起，由法蘭克本人接聽。他後來作證時表示，他認出那是鮑伯．富可士的聲音。電話中的人對他說：「你給我聽好：如果你來參加邁阿密蘭展，你會被整得很難看。」史密斯說，那通電話讓他很害怕，他之前曾寫信向評審委員會檢舉，可能毀了鮑伯通過南佛羅里達裁判鑑定的機會，所以鮑伯對他很火大，而且科羅爾—史密斯蘭園傳出有人看見被偷走的蘭花一事，鮑伯疑慮未消。不過，儘管電話讓法蘭克很害怕，他還是決心參加為期四天的蘭展，僱用了兩名保鏢貼身保護。另有一名苗圃主人表示，她也接到威脅電話，所以參展時也雇請幾名保鏢保護。

在佛羅里達州，電話騷擾罪要成立，定義是一天當中至少打了一通以上電話，目的在「惹惱、辱罵、威脅或騷擾任何人」。法蘭克‧史密斯聲稱，他在二月的那天接到兩通電話，所以有權提出告訴。當年七月舉行聽證會。鮑伯‧富可士被依電話騷擾罪名起訴。一九九一年八月二十七日，法官西奧提斯‧布朗森（Theotis Bronson）與十二人陪審團共同聆聽佛羅里達州對鮑伯‧富可士一案。現在沒有人喜歡再談這個案子，所以為了要更瞭解經過，我還得調出審判過程的錄音帶來聽。這捲帶子比多數法庭審判的錄音聽起來好多了，因為內容只有一點點涉及電話騷擾和商業競爭，其餘關於激情、令人難忘的蘭花以及地下戀情等反而占了很大部分。審判一開始，由鮑伯‧富可士的律師先質詢法蘭克‧史密斯的友人珍‧朵禾蒂，問話內容是鮑伯的萬代蘭大放異彩的那次蘭展。

辯護律師：朵禾蒂小姐，你是說，你認識富可士先生，是在一九八四年邁阿密舉辦的世界蘭花大會上，對不對？

珍‧朵禾蒂：對。

律師：算是世界上首屈一指的大會，對不對？

朵禾蒂：是的。

律師：事實上，富可士先生的蘭花……怎麼稱呼來著……是展覽中的冠軍？還是展覽中的首獎？

朵禾蒂：我不記得了。

律師：你不記得他的蘭花有沒有獲得首獎？

朵禾蒂：他是有一棵蘭花贏了首獎。我剛才以為你是問他的展示。

律師：一棵蘭花，在整個展覽中最大最好的蘭花，對不對？哇，這下子，大家不都垂涎欲滴了嗎？你有沒有嫉妒啊？

檢方：抗議！

法官：抗議成立。

律師：朵禾蒂小姐，一九八四年鮑伯．富可士還沒當上裁判，鮑伯．富可士的蘭花成了全世界最棒的蘭花，法蘭克．史密斯是不是很嫉妒？

朵禾蒂：他的蘭花只是那一場展覽中最好的而已。

律師：那場展覽碰巧是包含全世界的展覽啊，而且不也正好讓鮑伯．富可士受到眾人的矚目嗎？

朵禾蒂：他那個時候早就已經受到眾人的矚目了。

接到電話的那天早上，珍・朵禾蒂一直待在科羅爾—史密斯蘭園餵小鳥，這些鳥兒有些是法蘭克的，其他都是她的。辯護律師想暗示朵禾蒂不是可靠的證人，因為她有偏袒法蘭克・史密斯的嫌疑，原因是他們關係密切，連小鳥都養在一起。

律師：你和法蘭克・史密斯認識多久了？
朵禾蒂：九年。
律師。如果說你愛法蘭克・史密斯，這樣說行不行啊？
朵禾蒂：不行，我們是朋友。
律師：你不愛他嗎？
朵禾蒂：我是他的一個好朋友。
律師：一個好朋友。你和他之間什麼親密的關係都沒有嗎？
朵禾蒂：沒有。
律師：你沒有和他一起出去玩嗎？
朵禾蒂：我幫他準備蘭展展示，不過並沒有和他一起出去玩。
律師：是嘛……好吧，你們這種……一起養鳥的嗜好啊……有多久了？

朵禾蒂：大概六年。

律師：你把你的小鳥放在他的地方嗎？

朵禾蒂：我有些小鳥養在他那裡。

律師：好，你有多少隻小鳥放在他那裡？

朵禾蒂；大約有二十五隻英格蘭長尾鸚鵡是我的。

律師：你把二十五隻屬於你個人的小鳥養在他家！這是你和他之間一起經營的事業嗎？

朵禾蒂：不是，只是嗜好。

律師：所以你有一個嗜好，和他有一種共同的嗜好，你很投入……你把二十五隻小鳥和他的養在一起，你還說你們只是朋友關係？

從這裡開始，法庭裡變成你猜我猜的亂點鴛鴦譜。檢方想顯示麥克．科若納多和他的生意夥伴鮑伯．富可士是一對戀人，因此也不是可靠的證人。科若納多則斥為無稽之談。隨後富可士的律師想顯示珍．朵禾蒂不但因感情和法蘭克．史密斯牽扯不清，作為證人並不公平，另一個原告的證人也和法蘭克有戀愛關係，所以也不可靠。檢察官也加以反擊，說一位聲稱打電話當天正好在鮑富蘭園、可以證明鮑伯並沒有打電話的人，和鮑伯的關係「非常密切」，因此也不足採信。另外，一名大學行政人員作證時表示，法蘭克曾向他承認，說他並不認為鮑伯是打騷擾電話的人，檢察官也認為她有偏袒鮑伯之嫌，因此也非公正的證人。在科羅爾－史密斯蘭園看見銀灰色花朵的洛伯特・培利，沒有人能解釋他為何介入這件事，到底是因為愛上了那朵花之外的東西呢，還是愛上了他妻子以外的人。鮑伯・富可士並沒有出庭作證。在辯論終結時，他的律師和檢方都語帶厭倦地承認，兩人之間的嫌隙由來已久，敵意頗深，要理出一條線索都很難。鮑伯是不是深信史密斯偷了苗圃裡的蘭花，所以打電話威脅他？法蘭克・史密斯阻撓鮑伯申請成為蘭花裁判，是出於嫉妒心，還是因為他真的知道鮑伯不誠實？鮑伯是不是真的陷害史密斯，把他當作竊賊，以報復被評審委員會駁回申請的事件？

陪審團對鮑伯・富可士所有的騷擾罪名做出無罪判決，表示鮑伯・富可士於養蘭季節中不必在監牢裡度過。除此之外，這樣的判決並沒有澄清任何疑點？陪審員表決後決定無罪開釋，究竟是因為他們不相信鮑伯・富可士打電話威脅，還是因為他們相信電話確實是他打的，只不過佛羅里達州對騷擾的定義狹隘，這樣的電話並不適用？究竟是什麼原因，已不得而知了。判決當然也無以解開蘭花失竊的謎題。我認識鮑伯・富可士的那天晚上，也認識了法蘭克・史密斯。史密斯外表和善客氣，不過當我要他談談審判的事情時，他看著我的眼神好像我頭髮著了火似的。他說，他不想接受我採訪，一點也不願意討論這個案子，永遠都別想問他這件事。他說，整件事之所以會發生，是因為他「聽信別人」，還說他被「誤導」，不管怎樣，事情過去就過去了，現在一切都和好如初。他同意日後接受我訪問，條件是我要先答應不問他這個案子的事情。

富可士和史密斯之間的戰爭延續了十幾年。可能除了鮑伯和法蘭克之外，沒有人知道事實的真相，也有可能連他們自已都不太清楚發生了什麼事。鮑伯後來通過了鑑定，現在擔任不同區的蘭花裁判，他和法蘭克都持續在蘭展中有傑出的表現。鮑富蘭園失竊的所有蘭花，包括令人難忘的那株銀灰色的蘭花，至今仍下落不明。

第十章　烤鴿子

佛羅里達常常有東西消失，也常常有東西復出。佛羅里達的吸引力道強勁；與其說佛羅里達是一個州，不如說是一塊海綿還比較恰當。人們受吸引而來。白人前來屯墾時，占據了全州適合人居的各個角落，後來連原來認為不適合人居住的地方都占滿了，大沼澤地國家公園「可怕的青草帶」也不例外，移入佛羅里達的人潮從來沒停過。最近在法喀哈契隸屬的科理爾郡，每天都有一百人遷入建立家庭。負責都市計畫的人也表示，只要再過八年，那不勒斯就容不下移入的人口，一點餘地都沒有。外來植物和動物也受到佛羅里達的吸引而前來。很多動植物都是自然前來，不是游泳渡海。就是被風吹來，不然就是在無意間帶上貨船，或合法輸入做買賣之用。不過很多帶進佛羅里達的動植物，法律都禁止採集、運輸、買賣。邁阿密港是全美走私動植物進口的大港。邁阿密環保執法首長向我表示，有些人可能哪天早上醒過來，對自己說：「哇，要是養一對網紋紅尾蟒，該有多好！」就是這種人特別喜歡走私動植物進來。以一九九六年為例，共有七十萬條蠶蜥經過邁阿密走私進入美國。走私的手法無奇不有；最近幾年，邁阿密海關檢查員查獲一名婦女將一隻稀有的毛猴藏在上衣裡，企圖闖關，也查獲一名男子穿著一件有特殊口袋的背心，把澳洲棕櫚鳳頭鸚鵡蛋藏在裡面，還查獲一名男子把幾隻活生生的烏龜塞在玩具熊裡，另一名男子將活的紅尾蟒藏在他的上衣裡還有一名男子將侏儒猴放在霹靂腰包裡，試圖矇混過關。此外，海關也逮捕了一名男子，他讓長臂猿抱著他的肚子，自己穿了一件非常寬鬆的上衣來掩飾凸起來的地方。檢查員還曾發現塞在牛奶盒裡的獵鷹、塞在捲髮圈裡的鸚哥、帽子下面的猴子，以及逮捕一名叫做列寧．歐維耶多（Lenin Oviedo）的人。他是委內瑞拉的卡拉卡斯人，皮箱裡裝滿了四十七條彩虹巨蟒、十一條紅尾蟒、四十四隻紅足龜、二十七隻亞馬遜烏龜、二十七隻河龜以及十二條鼻孔中間有條深溝的蝮蛇。最近，海關也逮捕另一名來自委內瑞拉的走私人。這位仁兄在手提行李中藏了一隻專門吃鳥類的毒毛蜘蛛、兩百隻毒毛蜘蛛的寶寶，以及三百隻拇指大小的箭毒蛙。他還在長褲裡塞了十四條小紅尾蟒。

一般植物走私，特別是蘭花走私，都是國際間蓬勃興盛的商業活動。華盛頓公約組織會議決議禁止或限制所有野生動物的國際貿易之後，走私情形更加嚴重。公約有一百多個國家簽署，限

制貿易的程度依品種而異。[11]蘭花可分為兩種：瀕臨絕種和稀有的蘭花品種，屬於華盛頓公約附錄一，比較嚴格，嚴禁一切採集和貿易的活動。地球上其他品種的蘭花都屬於附錄二，允許有限制的商業和私下交易，條件是出口國家發給蒐集者許可證。

華盛頓公約並未受到全球歡迎。很多蘭花人告訴我，他們認為華盛頓公約太廣泛了，因為保育類植物面臨的真正威脅並非蒐集者，而是野生棲地的淪喪。蒐集蘭花的人抱怨，開發中國家拚命砍伐森林，同時也摧毀了稀有植物。只有從那些地方蒐集植物的人，才有機會保存可能永遠滅絕的品種，然後再將植物培育繁殖，就像保育類動物在動物園裡進行繁殖計畫一樣。一九九二年，國際蘭花種子銀行成立，宗旨是保存稀有的種子。蘭花種子可以存活三十五年，因此可以保存在種子銀行裡，總有一天可以讓種子發芽，或許也能讓稀有植物重新在野外站起來。種子銀行在德州和加州都有儲存設施，據負責人表示，必須將種子分散在不同地點，以免其中一個遭到破壞。遭誰破壞？我猜大概是立志要摧毀蘭花種子的人吧。愛蘭人中，有很多支持華盛頓公約，他們認為自古到今，採蘭人一逮到機會，都會將森林剝奪殆盡。他們也認為蘭花價值很高，必須防範存心圖利而非有心保育的人。但我在蘭花界採訪期間，第一次聽到蘭花人慷慨激昂抨擊華盛頓

11　截至二〇二一年底，已有一百八十四個締約國。（編按）

公約，感到很震驚，竟然會有愛蘭人反對環保公約。後來我聽到一個接一個採蘭人的故事，是他們在爪哇和貝里斯看到當地人放火焚林作為農地之用，華盛頓公約的執法人員不但不讓採蘭人先進去搶救蘭花，還命令他們站一邊，眼睜睜看著植物化為灰燼。

華盛頓公約成立後，熱門蘭花的價格在全世界都漲價，也更難到手。亨利．阿札德戴（Henry Azadebdel）是熱愛植物人士，也是研究不明飛行物體的學者，原籍亞美尼亞，於一九七九年移民英格蘭。他最近宣稱，他經手的黑市蘭花，一年之內就賺進四十萬美元。他賣了一棵從婆羅洲盜採來的洛思察兜蘭（Rothschid's lady's slipper），得到一萬九千美元。他也賣了幾株其他品種的兜蘭，每株賣六千美元，還吹噓說他向當地人買來的時候，每株只花他兩塊錢。阿札德戴因「走私、私藏、販賣保育類蘭花」四項罪名被起訴，於一九八九年向法官認罪求減刑，這些數字和事實都是他當時供出的。在判決之前，他宣稱，「我遇過船難，也曾被走私毒品者追趕，還被食人族的酋長餵肥。我曾經到過沒有白人去過的地方。我為自己擴展了科學的領域感到驕傲。」他的辯護律師指出，他「已經戒除愛蘭的終身嗜好……再也不養蘭，也沒有蒐集的意願。」儘管如此，他還是被判刑一年，罰款三萬美金。出獄後他就失蹤了。他的律師堅稱，他已經宣布今生再也不想見到蘭花。從此以後，他使用了幾個假名，有阿爾曼．維多利安（Armen Victorian）博士、艾倫．瓊斯（Alan Jones）、卡薩巴．恩屯巴（Kasaba Ntumba），推廣幽浮陰謀論，宣稱外太空船降落在南非，據說他也繼續尋找新的品種。

幾年前在日本舉行的世界東京蘭花大賞，破獲一項走私，群情譁然。這個蘭展吸引了超過五十萬人參觀。當時破獲的蘭花是一株失落蘭，一種北越的品種，在一九〇〇年代早期發現後就在野外銷聲匿跡。就在幾年前，採蘭人再度發現這種蘭花，走私數千棵到香港、臺灣和日本，更絕的是，還送給幾位東京蘭花大賞的高層裁判。這是一件全世界的蘭花醜聞。走私人被逮捕，蘭花也被沒收，裁判則名譽掃地，下臺一鞠躬。一九九〇年，比利時當局展開尼羅．沃爾夫行動，破獲數千株從泰國走私進口的蘭花。最近，泰國森林署估計，每年有將近六十萬株野生蘭花走私出口，主要運往日本和歐洲。之後沒多久，印度保育人士蘇曼．薩海（Suman Sahai）呼籲印度政府針對原生花卉申請專利，因為「印度的生物資產正遭人強取豪奪……不論是運到美國種子公司的特殊品種的米，或是為歐洲公司賺進數百萬的蘭花都一樣。」在海外盜採的蘭花通常會輾轉進入美國。德州休士頓海關最近逮捕兩名男子，起初分別綁在身上多處的十六株蘭花，每株一萬美元。美國蘭花走私案件中非常受到矚目的一樁發生於一九九四年：二十八歲男子哈托．克羅帕金（Harto Kolopaking）以將近一萬三千美元的價錢，賣了兩百一十六朵稀有兜蘭給美國漁業與野生動植物署的喬裝探員。克羅帕金自一九九三年一直將兜蘭走私到加州，在包裝外面都註明「樣品」。他在法庭上供稱，一九九二年的時候，他也曾走私一千株蘭花給馬里布的大盤商。克羅帕金在蘭花界的名聲很大。他的家族在東爪哇經營苗圃，頗富盛名，克羅帕金拖鞋蘭就是以他父親來命名的。克羅帕金是美國境內首度因走私蘭花而被判刑的人。他向舊金山法庭認罪求減刑，進入聯邦監獄服刑五個月。

就在我遇見拉若許之前，聯邦幹員也破獲從中國大陸走私進邁阿密的兩千株稀有兜蘭。這些蘭花特別令人垂涎。聯邦政府將沒收的蘭花捐獻給薩拉索塔（Sarasota）的賽爾比（Selby）植物園。賽爾比的園長收到蘭花後，為蘭花區更換新鎖，安裝新的保全系統。幾星期後，西棕櫚灘的聯邦法庭開庭審理美國指控麥克．科恩（Michael Cohen）一案，我也到場旁聽。麥克．科恩是沃斯湖（Lake Worth）的外國植物經銷商，被控從馬來西亞走私吃昆蟲的豬籠草。科恩在植物上掛標籤，註明為常見非保育類植物，不過還是被政府植物檢查員識破，認出為稀有的豬籠草，而當局也截獲科恩傳給馬來西亞供應商的傳真，上面寫著：「記住，我們不能說出植物的正確名稱。」科恩先生出庭應訊時情緒有點低落，法官一開始就問：「科恩先生，你有沒有服用藥物，神智不清？」法官在接受被告認罪求減刑前，我想都會問這個制式問句，不過我卻不知不覺想到，在我認識的很多人之間，對植物的熱愛其實比任何藥物都來得劇烈。

我瞭解了國際走私的本質後，拉若許的幽靈蘭計畫就比較有道理了。華盛頓公約組織禁止輸出或販賣野生蘭花，顯然包括了所有佛羅里達原生的品種，也包括了幽靈蘭。多數野生品種目前都沒有繁殖販售。華盛頓公約組織成立後，如果想得到野生蘭花，就必須進入沼澤地盜採，不然就要從別人手上買。拉若許深信，法喀哈契的蘭花市場需求很大。他告訴我，他知道澳洲有很多人對美國原生的蘭花求之若渴，英國人也想得快抓狂。為了支持這個說法，他寄給我一份剪報，報導中有個英國的苗圃人在倫敦的希斯洛機場被逮捕，手提行李中被找出將近九百株野生的美國兜蘭。拉若許相信，因為塞米諾人對於聯邦保育法有豁免權，他可受豁免權的保障，如果從沼澤裡盜採出一些植物，就可以利用自己祕密的手法進行複製，最後就會有好幾百萬株幽靈蘭、貝殼蘭、彎刺蘭（crooked spur）；他也可以將之合法販賣到全世界各地，因為這些植物都是在實驗室中產生，並非從野外採集得來的。如此一來，蒐集蘭花的人就沒有理由向盜採的人購買，因為他們可以向拉若許取得幽靈蘭，他就可以破壞幽靈蘭的黑市。他似乎對國際植物貿易的法律和禁令瞭若指掌，我不得不問他是否曾在佛羅里達以外的地方做過非法採集，換言之，他是否曾走私植物進入佛羅里達，而非走私出口。我們當時正開車前往沼澤，他瞪著馬路，大約過了一哩才回答。最後他說，曾經「涉及在南美洲的某項活動」，不過他拒絕進一步解釋。他說，在南美洲的這項活動，他父親並不知道，也不想讓他知道。他說總有一天會告訴我，不過父親在世時，他一個字也不會說出來。

既然拉若許不願意告訴我，我只好轉向佛羅里達其他蘭花人，向他們打聽能不能介紹國際走私人給我認識。他們全都建議我打電話給綽號冒險家的黎義．摩爾，他蒐集蘭花，也走私蘭花，還蒐集並走私哥倫布發現美洲大陸前的藝術品。黎義主張政府應無為而治，曾有吸食大麻的習慣，也差一點離開南佛羅里達，搬到祕魯定居。在我和黎義．摩爾見面之前，有人拿了他的照片給我看。拍照的地點是祕魯的伊基托斯（Iquitos），他身旁站了兩個祕魯小孩，三人捧著一株羊角蕨，有一輛福斯金龜車那麼大。拍照的時候，黎義才二十二歲，看起來像一個帥氣的陽光少年，身材瘦長，頭髮淺棕色，一身古銅色皮膚。他出身華府政始世家，父親飛利普．摩爾曾任杜魯門總統的助理商業部長、聯邦航空總署署長並且曾擔任眾議員。摩爾家族在黎義還小的時候搬到佛羅里達，黎義簡直如魚得水。高中同學喜歡開老爺車兜風，他則在大沼澤地國家公園裡亂闖。為了賺零用錢，他會去抓美國水蛇賣給邁阿密巨蛇博物館，抓響尾蛇賣給萃取蛇毒的公司。高中畢業後，他開車前往中美洲。他的一個朋友在中美洲等他，做出口熱帶魚的生意，所以黎義和他在中美洲和邁阿密之間當空中飛人。後來他和另一個朋友朗諾德．瓦格納（Ronald Wagner）去祕魯。他的朋友計畫做蛇毒的生意，從蛇牙裡蒐集毒液，然後加工成為毒蛇血清。黎義自己的夢想則是發現新植物。他以前常常告訴南佛羅里達的老養蘭人，如鮑伯．富可士和湯姆．芬諾爾，他以後要進入叢林探險，尋找新品種。「他們都會笑我傻，」他很喜歡這樣說：「他們都會說，『噢，這就是黎義，冒險家。』所以我才得了這個綽號。」

──

在一個潮濕的下午，拉若許和他的塞米諾工作人員出去採集水草，我打電話給黎義。黎義在電話上聽起來操心過度的樣子，費勁唇舌告訴我怎麼樣到他的住處。解釋完後他說：「啊，對了，你最好早點過來，因為我很快就要搬到祕魯了。我很討厭住在這裡。」

我去拜訪黎義的時候，他和妻子潔蒂還住在邁阿密的肯德爾區一間小小的公寓裡，周遭是一群一無遮蔽的連棟房子，牆壁上裸露出圓石，門是個凹陷的空洞，都是倉促蓋好的房子。公寓的前院不算是個院子，只是在鐵門後面的一個水泥平臺，比野餐桌還小。他們沒有花園，不過我拜訪他們的那天，看到前門附近擺了十幾盆觀賞鳳梨。根據美國政府和華盛頓公約組織的說法，黎義所做的工作主要是走私植物。我和他見面的時候，他正在等法院開庭審理他的案子。他從祕魯莫約班巴的東方阿爾哥苗圃（Vivero Argo-Oriente）走私了四百九十三株蘭花為主的植物，以及另外六百八十株蘭花為主的植物，其中包括他從祕魯走私進口的嘉德麗雅蘭。美國政府宣稱他非法採集野生植物，卻故意標為苗圃植物。黎義也反過來控告美國農業部和邁阿密植物保護檢疫處，要求一百萬美元賠償。根據他的訴狀，美國農業部的檢查員違法沒收他運來的另一批貨品，然後又疏於照料，使得這批遭扣留的植物不幸死亡。他想找一家律師事務所提供慈善專業服務，免費接他的案子，不過並未成功，所以他要親自上法庭為自己辯護。

—

黎義現在接近六十歲，淺棕色的頭髮轉為銀色，不過除了頭髮變白外，看起來仍然酷似照片中捧著羊角蕨的那個男生，身材細長，一身古銅色皮膚。我來拜訪那天，他穿著寬鬆的長褲，上身是古巴男人喜歡的那種淡色短袖上衣。他的妻子潔蒂也在家。她身高大概只有黎義的一半，黑色頭髮，身手敏捷，身穿鮮豔粉紅色的上衣，釦子在前面，下半身是緊得透不過氣的白色卡普利（Capri）長褲，腳下是白色高跟淺口鞋。我一走進公寓門口，她就站在客廳的正中央，開始以每分鐘一公里的速度講話。她口若懸河，滔滔不絕，連沒有意思的東西都可以被她講得精彩萬分。「黎義，你應該告訴她那些藝術品嘛！我們不是有很多哥倫布發現美洲大陸前的東西嗎？」她指著我高聲說：「我們那時處境危險，天啊，你原原本本全告訴她嘛！」

「我正要告訴她，媽媽。」黎義說。

「我們啊，對藝術品非常非常非常喜歡，」她對我說：「我們以前一直都在走私東西！不然就是付錢請別人幫我們走私！」

黎義轉身對我說：「你要不要坐下？」我點頭坐下。

「我們在墨西哥名列十大通緝要犯！」潔蒂說：「我們的冒險故事、我們遇到的情況，講也講不完啦！」

「我們以前靠那些藝術品賺了不少錢，」黎義說：「那時，要拿到植物越來越困難了。以前啊，只要進入叢林摘，包裝好，送上飛機，抵達邁阿密後接受檢查。後來他們換了一堆那種該死的雅痞來負責檢查，現在人還待在叢林裡就逼你去洗植物燻植物，然後接受檢查，然後我還得用卡車運到祕魯首都利馬，因為那個地區毒品猖獗，所以又必須檢查有無走私毒品，然後還要接受植物學家檢查，然後又必須有華盛頓公約組織的許可證明，還要弄到植物檢疫合格證書。全都弄好之前，你的植物早就死掉三分之一了。這些搞海關的人啊，老是找我麻煩，因為我的植物看起來生命力都很堅強，都是叢林植物，看起來全像在野地生長的，其實才不是。我和莫由班巴的苗圃合作，他們在野外種植植物，環境幾乎和自然差不多。蒐集早期美洲藝術品比起來就輕鬆多了。我們在一九六六年左右開始蒐集，之後就一飛沖天了。我們一開始沒多久，就賣藝術品給歐洲和澳洲的頂尖收藏家。」

潔蒂跺著一隻腳的高跟鞋：「我們冒過好多險哪，黎義啊，你告訴她我們在墨西哥變成了逃犯的事嘛！」

「我正要告訴她，媽媽。」黎義說。

黎義起身說他要去找些剪報，給我看他最近吃的官司。他表示，之所以決心控告政府，是因為其中一棵摩爾嘉德麗雅蘭（*mooreana*）已經長出種子莢，可以幫他生產好幾百萬棵幼苗。「找到一棵有種子莢的這種蘭花，花了我三十年的時間，」他說：「那時候，我是全世界擁有成熟的摩爾種子莢的唯一一人。要不是那些可惡的雅痞攪局，我早就種出五萬棵，每棵賣到一百或一百五，現在我也賺大錢了。」

公寓外面一輛卡車呼嘯而過，大按喇叭。某一家的紗門被用力關上，弄出咿咿呀呀的聲響。一條狗窮極無聊叫了一聲，然後就靜了下來。在摩爾的公寓裡，感覺既平淡無奇又透不過氣。「我們是法律邊緣人哪！」潔蒂踏踏腳說：「天啊，你不會相信的。」

事實上，冒險家黎義．摩爾真的有不少冒險事跡，也真的發現新的植物。他發現的嘉德麗雅蘭是人類發現的最後一種：一種微黃淡綠的漂亮蘭花，上面有紅色的點滴，邊緣成波浪狀，他命名為摩爾嘉德麗雅蘭。他也發現了摩爾瓢唇蘭（*Catasetum moorei*）和黎義摩爾艷希蘭（*Encyclia lemorea*），這兩種蘭花目前常被人用來作為商業混種。他還發現了一種幾乎呈黑色的觀賞鳳梨斑馬鳳梨，另外有一種鮮豔的深紅色鳳梨，由他命名為摩爾彩葉鳳梨，也有一種像煙火爆開的形狀，他命名為俾斯麥擎天鳳梨。他和日本一名浸信會牧師前往祕魯採集時，再度發現了一種大型鹿角蕨，安地斯鹿角蕨（*Platycerium andinum*），一百年來沒有人看過。一九六二年，他受觀賞鳳梨學會推舉為年度風雲人物。一九六五年，他發現一種高大多枝葉的觀賞鳳梨，花朵呈粉狀的粉紅色以及淡藍色，他將之命名為瓦格納空氣鳳梨（*Tillandsia wagneriana*），以紀念朋友朗諾德．瓦格納。瓦格納自行創業製作蛇毒血清，後來在哥倫比亞採集時飛機失事喪生。據黎義說，那架失事的飛機只剩下一個空位，所以他和瓦格納扔硬幣決定，瓦格納贏了。那次僥倖生存的只有黎義的狗巴克，還有一個放著黎義顧客名單的金屬盒。那次意外也讓黎義有感而發，創辦了一個時事通訊，稱為《黎義．摩爾的安樂椅歷險記》，裡面刊登了他採集植物的經過、在叢林裡的生活、不尋常植物的照片、叢林裡的土著、蜘蛛、貘、和亞馬遜的風景。創刊號裡面有一張當時妻子海倫的照片，穿著輕鬆的洋裝逗弄著鸚鵡玩，還有一張黎義的小女兒正在撫摸她的寵物大水鼠。這種老鼠是全世界最大的嚙齒動物。整本創刊號都用來刊登朗諾德搭上死亡飛機的報導。有時候，他會在通訊裡刊登旅遊建議。他在第二期中解釋吹箭筒的原理，還透露吹箭毒唯一的解藥就是糖水：「如果你不幸被吹箭射中……記住，喝糖水……如果時間還來得及的話。」《黎義．摩爾的安樂椅歷險記》壽命不長，因為發行到第三期，他就在通訊裡宣布停刊的消息，因為「發生了一些災難，讓我的工作進度嚴重延遲。」其中一個災難就是在祕魯再度發生墜機事件，他有七名朋友命喪黃泉。那一次他本來也要一起去，結果在路上受到耽擱而沒搭上飛機。因為他的名字在飛機的乘客名單上，所以死亡名單上也有他一份。他活生生出現時，親朋好友都很驚訝。他在最後一期全部用來敘述飛機失事的故事。他在編輯手記裡寫道：

> 這是個慘不忍睹的故事，真相令人痛苦。為了讓各位看得見這些海外植物，冒險家付出了慘重的代價，超乎各位的想像。有些事實此時還不能完全公開，因為我所知道的事實這時發表還太危險。
>
> 無頭的屍體遍布荒野，血肉模糊、支離破碎，肉食鳥類還在吃最後剩下的屍塊，而這些屍體都是你認識的人。這樣的景象，你見過嗎？他們七個人，就和我一樣，追求著某種東

西……我要在此打住了，不過在停筆之前，我希望你們明白，沒有人敢說黎義・摩爾是個半途而廢的人。

我的公司要出售了。有興趣接手嗎？

在收藏植物的行程中，黎義開始熟悉哥倫布之前的藝術品和印加王國之前的文物。他曾告訴我：「換句話說，就是埋藏起來的寶藏。」當時，沒有明文禁止販賣歷史文物，古物出口也不扣稅。黎義認為，蒐集文物和蒐集植物並不會互相衝突。他的第一項計畫是挖走馬雅古廟裡的壁畫。這幅壁畫是無價之寶，挖掘的工作花了三個月。在挖掘過程中，摩爾和當時的妻子睡在工地，以烤鴿子止飢。他當時的妻子是一名祕魯婦女，名叫札蒂絲，那個時候已有七個月的身孕。挖掘古廟計畫背後支持的金主是一個心術不正的亞美尼亞生意人，他的事業和毒品及賣淫脫不了關係。另一個金主是匈牙利的藝術經銷商，由他安排將壁畫的一部分運往他在紐約的藝廊，其他部分運到紐約大都會博物館。壁畫其實算是贓物。有一天晚上，墨西哥政府官員出席大都會博物館的接待會，在地下室赫然發現墨西哥珍貴的文物。他要求立即物歸原主。匈牙利的藝術經銷商沒有辦法，只好將壁畫包裝起來，運回墨西哥市，在當地的人類學博物館盛大展出。挖掘出壁畫，黎義一毛錢也沒分到，不過他把那一次當作是寶貴的學習經驗。既然學到了藝術品走私的技巧，他和現任妻子潔蒂又計畫掠奪另一個馬雅遺跡，裡面到處都是壁畫，不過後來還是作罷，因為黎義發現聯邦幹員計畫一路跟蹤過去逮捕他。後來黎義和潔蒂就專注於走私可以放進行李箱的東西：馬雅花瓶、祕魯古代文物、死者戴的黃金面具、古董銀器。那段時間黎義在邁阿密和南美洲之間來回飛了不下數百次。藝術品走私非常順利，植物的生意乾脆收起來不做了。他很快就變成全世界前五名的前哥倫布時期藝術品經銷商，當時擁有自己的飛機，兩輛林肯歐陸車，一棟豪宅，銀行裡還有一百萬美元的存款。

儘管如此，現在的黎義還是重操買賣植物的老本行。他有一次夾帶藝術品闖關，和美國海關發生爭執，而這種爭執多半是海關占上風，所以他的走私生意從此急轉直下。他藏了很多古代祕魯的銀器，被海關沒收，還強迫他行善，捐獻給祕魯一問博物館，害他損失慘重。有一次運送前哥倫布時期藝術品，讓他損失更為慘重。那次他本來計畫要賣到澳洲，結果海關認出是贓物，全部沒收。他最大的投資之一，是一個具有兩千年歷史的前印加時期金箔打造陪葬面具，也被沒收送回祕魯。他開始相信海關已經盯上了他。在澳洲被查獲走私之後，他賣掉了飛機，賣掉了林肯車，搬出豪宅，宣布破產。他到處找工作，什麼都願意做。安德魯颶風過後，當地的苗圃進行溫室重建，他甚至也去打零工。他後來逐漸轉變為植物仲介商，從邁阿密的苗圃中購買有意思的植物，然後用卡車載著往北走，沿途賣給小苗圃。他會在傑克森維爾之類的城鎮停下來，找到加油站的電話亭，在烈日中翻電話簿的分類廣告，然後打電話給當地的苗圃，看看他們願不願意買植物。這種生意難做，又折騰人，幾乎賺不到什麼錢。不過他也因此重回植物本行，這是他一直都很鍾愛的一行。

隔天一早黎義就要出門兜售植物，所以當天下午必須去搬植物，他說如果我願意的話也可以跟去。我們跨進卡車的時候，我問他認不認識約翰·拉若許。他們看起來真像同一塊易燃布料割下來似的，我懷疑他們還沒見過面，因為我相信，如果他們曾經一起出現在同一個地方，宇宙早就爆炸了。黎義瞇著眼睛，摸摸下巴。「應該是不認識吧，」他說：「不過我倒是聽過他那個案子。我是不太瞭解，為什麼他對幽靈蘭那麼熱愛。幽靈蘭可愛是可愛啦，可是我就是不覺得有那麼特別。」他護動卡車，吱吱嘎嘎開出停車位。「蘭花界的其他人，我幾乎全都認識，」他說：「馬丁·莫慈？他第一個苗圃工作是我給他的。他幫我澆水。富列迪·富可士，鮑伯的父親，我第一次出國採蘭，就是他出錢贊助的。那一次我開著福斯車上巴拿馬公路往南走。我幫蘭花叢林採集到植物，老頭芬諾爾也出錢買下。」他擦擦額頭：「他們都是蘭花界的象徵人物，像富列

迪・富可士那類人。我現在也和他們那些人物並列在一起，真不敢相信。」

我們坐在空氣窒悶的卡車裡，在郊區走了好幾公里。路肩都是碎石，沒有人行道，兩旁排列著雪茄盒似的小屋和一排接一排的圍籬。我們先停在一個名叫布里斯（Bullis）觀賞鳳梨園的地方。黎義停車進去找經理：「我之前選了四棵藍月和八棵紫雨。」黎義說。經理帶我們走過溫室，來到黎義幾天前放植物的地方。他數了一下，打著舌頭說：「知道嗎？看來有人偷走了我一棵『藍月』。」再到下一家苗圃。「哈維，我要一箱魔咒（Charm），」黎義對苗圃經理說。「很大很大很大的植物。今天蘭花不多，因為如果放到卡車上，天氣這麼熱，蘭花會一棵棵暴斃，然後就沒人要了，只好由我自己吃下。」然後再到狄里翁（DeLeon）觀賞鳳梨園。「這個地方高明到極點，」我們邊走進去黎義邊對我說。他指著停車場對面：「你看這個正在蓋的新遮陽房，哇。」他在辦公室對經理唸出一串名單：「嗯，幾棵雜色無骨鳳梨拉莫莎（*Ramosa*）。噢，我還要二十一棵法西尼（*Fascini*），三十六棵艾琳（Eileen），十二棵鳳梨。」這些都是不同種類的觀賞鳳梨，有的像蜘蛛，有尖尖的長刺，有的綠色的葉子上有斑點，又寬又硬，還有小小的觀賞鳳梨，葉子呈一簇環狀，有著鋸齒般的葉緣。「我一直都在找新的東西，」黎義對我說：「這一直是我的目標。新的東西，非常特別的東西。如果你找到了，可以值上五千塊。我說的是每一棵噢。我發現有些植物現在生產的數目都是以好幾十億來計算，用組織培養的方式。我賺了多少？」他搖搖頭：「幾塊錢而已。我早該賺好幾百萬才對。」他說，他發現新品種的時候，多半沒有錢或設備來複製賺錢，所以他只賣一百株左右，然後某個大生產商就會大量複製，把它變成超級市場的植物，便宜貨色，變成凱馬特超市的商品。一方面，他為和財富失之交臂而帶有咬牙切齒的語氣，但另一方面，他對賣掉第一千萬棵凱馬特超市的觀賞鳳梨也頗為輕蔑，有什麼了不起啊。這聽起來就像他的人生一樣，都是和災難、財富、墜機、野生動物擦身而過。我想，如果他真的賺到那些錢，應該會很快樂，不過必須是經由冒險才得到的錢財，不管是死裡逃生或是差點進監牢，不然就是快到手的時候差點消失不見。我真的很想知道，黎義到底害怕自己陷入什麼樣的生活，以致只要一有機會，便立刻離開家，開車到南美洲去。我猜他原來的生活一定不差，只是對於黎義．摩爾這樣具有浪漫情懷的人，那樣的生活未免也太無聊單調了。或許在他原來的生活裡，他永遠也不需要把熱帶魚倒進液壓幫浦裡，讓飛機可以降落在哥倫比亞，也永遠不必生活在到處是蛇的小茅舍裡，所有的家具就只有關狗的籠子，也永遠不必在祕魯躲避聯邦幹員的追捕，更絕不可能看見別人從來都沒看過的生物，還把它介紹給全世界，並且像亞當一樣親自為這些生物命名。我越來越覺得我認識像黎義這樣的人，似乎一點都不屬於這個現代世界，也不屬於這個時代。這個世界充滿令人生氣的小事、責任和界線，這個時代充滿無聊的憤世嫉俗。而像黎義這樣的人過的生活和他們過生活的方式都充滿了樂觀。他們真誠熱愛某種事物，信任某種生物的完美，為自己的神聖使命和冒險想法而活，都堅信某些東西的確值得付出生命去獲得，也都相信他們能夠將人生轉變為他們夢想中的人生。

黎義把其餘的植物搬上卡車後，說不再去其他苗圃了。他說他要早點上床，因為兜售植物要在破曉之前開始，這樣植物才不會被曬得枯萎。他帶去兜售的植物並不多，所以卡車不會太擁擠。如果途中賣完了，他就打電話給潔蒂，要她再送一些過去，這樣他就可以繼續往北去賣。對我而言，穿梭亞馬遜無法想像，不用說了。不過開車到陌生的地方，打電話給不認識的人，聽起來可以想像，也令人害怕。我問黎義，他認不認為自己很勇敢。他玩著手指頭：「噢，我才不勇敢哩。我只是很清楚自己。記得小時候，有一次到大沼澤地國家公園去划獨木舟，有些朋友決定不去，因為恐怕會很不舒服、吃不少苦頭。不過決定不去的人還是來送行。我們出發時，我抬頭看沒跟著來的人，他們就站在那裡看，臉上那種悵然若失的表情我現在還記得。從那一次開始，我決心過冒險的生活。我知道我永遠都不願意做那個留在岸上的人。」

最後一期的《黎義．摩爾安樂椅歷險記》發行於一九六六年，他在上面寫道：

很多人寫信表示羨慕，說他們希望能夠像我一樣，可以四處旅行探索，也說他們一直都想過我這樣的生活，可惜有各種各樣的理由無法順遂心願。其實我跟你們提過的問題無關乎這一行，甚至不是正常生活中所會出現的。你們所聽說的，乃是非正常生活中所遇到的問題，不論從事哪一行，這樣的問題都無法解決。一個正常的人是不會遇到這些困難的。顯然，不管我從事哪一行，冒險的成分都注定伴隨著我。問題不是出在這一行，而是出於我自己。冒險和刺激將伴隨我度過餘生。我從小就死裡逃生九次。探索萬物，乃是我的本性。

第十一章　歐休拉的頭顱

幾星期後，佛羅里達的天氣又是濕氣沉重，太陽看起來和五分硬幣一樣平坦，泛出銀光，天空一片白，巡迴法庭的法官布蓮達．威爾森（Brenda Wilson）宣布已經就幽靈蘭一案做出判決。同一個月稍早的時候，拉若許和三名塞米諾人：羅素．包爾斯、丹尼斯．歐休拉和文森．歐休拉已經決定，不針對在州立土地盜採植物的罪嫌進行抗辯，以尋求減刑。威爾森法官宣布她將輕判塞米諾人，只罰款每人一百美元，不過法官認為拉若許罪證確鑿，罰款為塞米諾人的五倍，並將進入法喀哈契的禁令再延長六個月，隔天《邁阿密前鋒報》刊出以下的報導：

> 那不勒斯——科理爾郡法院於星期一就印地安人摘採植物做出模稜兩可的判決。印地安人今後是否能將佛羅里達公有土地上的植物視為己有，本案具有指標性作用。
>
> 巡迴法官布蓮達．威爾森依盜採稀有蘭花與觀賞鳳梨對三名塞米諾印地安人與邁阿密一名養蘭人判處罰款。四名被告於十二月進入法喀哈契林帶州立保留區盜採植物。

然而，印地安人的律師表示，部落民眾仍可隨心所欲在州立公園內摘取保育類植物，因為佛羅里達州的法規並不加以禁止。「根本不合道理，」塞米諾人的律師魏斯里・強生（Wesley Johnson）表示。「我們認罪只是為了省事，他們根本沒罪。」

蘭花愛好者和州立公園與保留區的管理人都密切注意本案，因為如果允許印地安人和拉若許摘採植物，可能會立下先例。拉若許表示，他受僱於塞米諾部落，因為他對蘭花和其他植物具有專業知識。「我陪同他們前往，才能確定他們沒有摘錯。」他指的是去年進入法喀哈契摘採植物的舉動。

負責部落規劃與開發的巴斯特・巴克斯理指出，根據州法中的免責條文，他認為部落可以帶走植物。「不過就跟你們簽訂的其他條約都一樣，」巴克斯理指的是政府與印地安部落簽訂的條約，「白紙黑字，根本一文不值。」

法官做出判決的隔天，我去訪問州律師藍迪・梅瑞爾（Randy Merill），本案由他負責提起公訴。梅瑞爾在擔任律師之前曾任職警界，計畫結束本案後競選佛羅里達的公職。拉若許等四人最初被起訴時，梅瑞爾告訴我，他決心要將四人定罪。他特別想讓拉若許吃吃苦頭，因為他覺得拉若許很令人憤怒。這個案子本身就很令人憤怒了，因為涵蓋的法律渾沌不清，其中兩項法律相互矛盾。佛羅里達的刑法禁止任何人採集保育類野生植物，也附有罰責，唯一例外是條文中指出，基於對「佛羅里達印地安人」狩獵捕魚行為的尊重，因此他們具有豁免權。另一項法令中，所有的州立公園、保留區與其他土地，包括法喀哈契，都禁止取走任何動植物，不論是否為保育類，一視同仁。這項法令表示，在法喀哈契這樣的州立保留區，任何人如果採集任何東西，包括一片普通的草葉、一隻小蟲、一株幽靈蘭，都會遭到逮捕起訴。刑法和州立公園法令之間互有牴觸，塞米諾人到底能不能在法喀哈契採集幽靈蘭？「佛羅里達印地安人」在法律上對保育類動物的豁免權，是否擴及州立土地上？或者州立公園的法令位階高於塞米諾人的免責權？

這種灰色地帶正是拉若許到法律圖書館尋找的東西。他認清刑法的保護動植物條例與州立公園法令確有相互牴觸之處，相信如果他和工作人員被捕，法官會認為刑法高於公園的行政法，換言之，法官會判定塞米諾人在刑法上的免責權可以擴展至州立公園的土地，儘管該法並沒有明文指出效力及於州立公園，因此在法喀哈契採集幽靈蘭並沒有逾越法規。他也相信，佛羅里達多數法官都不願意做出取消塞米諾人權利的判決，不願因此引起軒然大波。

梅瑞爾決定，要破解拉若許詭計的上策，就是避免落入他的圈套。首先，他撤銷對塞米諾人盜採保育類蘭花的指控，因此就不會扯出印地安人豁免權的問題。然而，他們被逮捕的時候並不是只有盜採保育類蘭花和觀賞鳳梨，他們連植物生長的樹枝都取下。拉若許堅持要連樹枝一起取下，因為如果強行將附生植物剝開，存活率比較低。保育類植物法規並不適用於一般樹木，所以「佛羅里達印地安人」的保育類植物免責權法律也不適用於一般樹木。一般樹木只受到公園法令的規範，任何人如果從法喀哈契之類的地方帶走任何東西，都要接受法律制裁。如果塞米諾人只取走保育類植物，法官就必須決定如何詮釋保育法和公園規定之間的矛盾。從公園裡帶出樹枝，在法律上還算簡單。沒有任何人可以從州立公園裡帶走生物，沒有任何例外。梅瑞爾知道，如果針對本案沒有爭議的部分進行起訴，就能擊敗拉若許。至於刑法和州立公園法之間的衝突如何解決，他就留給其他案子的法官去傷腦筋了。塞米諾人必須承認，在州立公園裡採集活的橡樹和野番荔枝樹以及普通佛羅里達雜草，他們並沒有豁免權。他們別無選擇，只好承認他們從州立公園中取走樹木。

拉若許本身的情況比塞米諾人還來得曲折。他以為自己既然是部落的僱員，因此也可以受到塞米諾人法律免責權的保障。為了避免豁免權不適用，盜採植物的那天，他還故意不去碰任何植物，讓塞米諾人動手採集，要他們涉水到樹木旁邊，切下樹枝、用袋子裝起來、拖到公園外。這麼做不是因為拉若許懶惰，而是因為萬一被捕，他可以堅稱自己只是旁觀的顧問，並沒有親手犯法。拉若許這兩種說法，法官威爾森都不以為然。她認為，他只是部落的僱員，並非塞米諾原住民，因此不符合給予塞米諾人的特殊待遇。尤有甚者，她認為拉若許觸犯了所有的法規——他帶走了樹枝、蘭花、觀賞鳳梨，有罪。他建議其他三人去動手採集，有罪。他策劃了整個行動，在道德上也說不過去。

——

「佛羅里達印地安人」是住在喬治亞州和阿拉巴馬州的印地安人，分屬育奇（Yuchi）、克里克（Creek）和切若基（Cherokee）印地安部族。到了十八世紀，白人前來屯墾，強迫他們離開肥沃的土地。這批印地安人到了佛羅里達後，開始改名為塞米諾或密科蘇奇，意思是「野地漫遊者」、「外地人」或「遠離家園者」。一八二一年美國從西班牙人手中奪走佛羅里達，白人往南移居到南佛羅里達，很快就把腦筋動到印地安人的土地上，聯邦政府也做出回應，花費了超過四千萬美元來進行三次「鎮壓並遷徙塞米諾人」的行動。這三場對塞米諾人的戰役中，最後一場稱為比利・彎腿（Billy Bowlege）戰爭，於一八四八年結束。至此美國陸軍已經「鎮壓並遷徙」了超過百分之九十的塞米諾人到奧克拉荷馬州。剩下來的百分之十，總計大約三百人，逃離至大沼澤地國家公園和大絲柏沼澤區，在濕地周圍搭起竹棚定居。政府持續進行遷徙行動，還一度向比利酋長談條件，如果他帶領剩下的部落原住民遷居到奧克拉荷馬，願意給他們二十一萬五千美元。

比利酋長拒絕接受條件。他後來被說服前往華盛頓進行協商，同行還有另一位塞米諾酋長和一組政府「遷移專家」，騎馬來到華府。這群人一路上經過了坦帕、帕拉卡（Palatka）、橙市以及喬治亞州的薩瓦娜（Savannah）。在飯店裡，比利酋長登記的名字是「Mr. William B. Iegs」。這次會議並沒有成功說服塞米諾人遷居，雖然一八五三年通過一項法律，認定塞米諾人定居在佛羅里達屬於非法，政府士兵也一再侵擾塞米諾人，結果都沒能逼迫塞米諾人離開家園。一八五八年，戰事部長傑佛森·戴維斯（Jefferson Davis）承認，塞米諾人「堅決抗拒我陸軍的強力鎮壓遷徙行動，我軍已束手無策。」由於佛羅里達的塞米諾人從來都沒有投降，後來他們就自稱永不屈服者。一直到今日，他們的後代都還沒有和美國政府簽訂和平協議。

永不屈服的領袖之一是一位名叫歐休拉的年輕戰士。他的父親是白種英國籍商人，母親具有克里克印地安人、黑人、蘇格蘭人的血統。歐休拉出生在阿拉巴馬北部。一八一八年，他和母親被安德魯·傑克森的士兵捕獲。獲釋後，他們遷移到佛羅里達的銀泉，和母親的克里克印地安人親戚住在一起。歐休拉的名字是比利·鮑爾（Billy Powell）。「歐休拉」之名可能源於克里克的名譽頭銜「阿息·亞何拉」（asi yahola），意思是黑酒唱詩人。黑酒是一種強烈、苦澀的瀉藥，由冬青葉釀製而成。「亞何拉」類似基督教的聖壇男童，在宗教儀式中端黑酒給信眾，然後唱歌。歐休拉身材高瘦，相貌堂堂，喜愛精美的珠寶、紅色護腿，以及羽毛頭巾。他並沒有該族的直系血統，因此嚴格說來並不算是酋長，不過由於他熱愛克里克族，擅長頗受歡迎的印地安遊戲棍球，個人極富自信，因此贏得族人至高無上的尊敬。歐休拉年輕時，很快因驍勇善戰而聲名大噪。儘管如此，他還是和很多白人交往，也有很多白人仰慕他。他與駐紮在佛羅里達金堡的一名白人中尉私交甚篤，兩人是在第二次塞米諾戰爭中認識。他被捕後進入軍事監獄，白人醫生福德瑞克·威頓（Frederick Weedon）為他治病，兩人也有不錯的交情。有很多主張廢除黑奴的白人很支持歐休拉，因為他們相信塞米諾戰爭師出無名，發起戰爭只是為了造福南方農場主人，懲罰印地安人庇護逃走的黑奴。無獨有偶地，塞米諾人也蓄有為數眾多的奴隸，只不過塞米諾的主人和黑奴之間的關係並不常見。奴隸可以和部落民眾打成一片，還可以通婚。不論是主人還是奴隸，生活同樣儉樸。歐休拉有一名妻妾就是脫逃的黑奴後代，她後來又被抓回去，因此歐休拉矢志與白人抗爭到底。儘管如此，南北戰爭爆發時，部落和南軍達成協議，原因可能是他們同樣居住在南方，不過至少也有一部分原因是他們和南軍一樣，都允許蓄奴。

歐休拉受到部落民眾推崇為聰明的攻擊者和殺人不眨眼的復仇者，然而他也同樣受到印地安人和白人的尊重，認為他處世公道，待人接物猶如紳士，也痛恨小人才做得出來的恐怖主義。據說他從來沒有從白人屯墾居民或士兵手中奪走任何東西，連馬匹都不帶走；帶走馬匹當作戰利品在當時是慣有的做法。他厭惡任何人貪污、沒有道義、處世缺乏原則，不論是印地安人或白人都一樣。歐休拉最驕傲、也最為人津津樂道的一件事，就是他暗殺塞米諾酋長查理・伊曼斯拉（Charley Emanthla），因為他接受了賄賂，屈服於政府，同意將部落遷往奧克拉荷馬。歐休拉暗殺了伊曼斯拉後，從他的口袋裡取出收買他的錢，撒在屍體上。

一八三七年歐休拉和另一名塞米諾首領科亞・哈德丘（Coa Hadjo）同意和湯姆斯・傑瑟普（Thomas Jesup）將軍在佛羅里達的培頓堡（Fort Peyton）舉行和平會談。歐休拉決定接受協商，可能是因為他希望為部落爭取一點時間，也可能是因為他覺得再打下去他也忍受不了。他和科亞・哈德丘帶著七十一名戰士、六名婦女、四名塞米諾黑人一同前往培頓堡。歐休拉抱持善意前往會談，但傑瑟普則不然。他暗中商請約瑟夫・赫南德茲（Joseph Hernandez）在他們抵達時進行拘捕。赫南德茲是佛羅里達的國會議員，也是佛羅里達民兵的將軍。歐休拉的代表團一抵達培頓堡，立刻遭人重擊頭部，捆綁起來，關進監獄裡。歐休拉被帶到波音塞特（Poinsett）號汽船上，前往南卡州的莫爾崔（Moultrie）堡的軍事監獄。當時正是元旦。他之所以被帶離佛羅里達，是因為傑瑟普害怕即使將歐休拉關進監牢，他仍能影響其他塞米諾人。歐休拉是個堅強的人，即使困坐牢籠仍然具有領袖魅力，很快就成了當地的知名人物。獄方允許他自由走動，他也總是穿戴整齊。很多畫家前來替他作畫時，他更特別盛裝。他的兩名妻妾也和他同住在監獄中。他常去拜訪堡中的主治醫生維頓。據歷史記載，歐休拉和其他塞米諾戰士有時候甚至可以走出莫爾崔堡。他們有一次由獄方護送到查爾斯頓看戲，劇名是《半月》（*Halfmoon*）或是《蜜月》（*Honeymoon*）。歐休拉被捕時年紀不過三十出頭，卻已身體羸弱，罹患包括瘧疾在內等數種重病。他也在一八三八年罹患一種扁桃腺膿腫，延請草藥大夫來治病，而非維頓醫生。歐休拉病情最嚴重的時候自己起身，穿著他最喜歡的服裝：戴上大大的銀耳環、羽毛頭飾、在臉部塗上紅色的戰爭塗料、插上鴕鳥羽毛、背上銀色長矛、拿著雕有裝飾的火藥筒、帶著花樣複雜的子彈袋、條紋床單、手持鯨魚骨手杖。一穿戴完畢，他就離開人間。維頓醫生本來準備依一般儀式為他下葬，卻趁大家不注意時砍下歐休拉的頭顱。進行葬禮前，維頓醫生將頭顱放回棺材中，和身體接合起來，用色彩鮮豔的圍巾遮掩住切口。儘管歐休拉生前希望埋葬在佛羅里達，他的屍首卻一起下葬在南卡州的莫爾崔堡。

葬禮過後，維頓醫生偷偷回到下葬地點，重新打開棺木，取走頭顱，走私運出莫爾崔堡。他為何帶走歐休拉的頭顱，至今仍無一套令人信服的解釋，不過維頓一名曾孫女在回憶錄中寫道，維頓是個「非比尋常的人」。他用自製油膏幫頭顱消毒，有一段時間還將頭顱展示在他佛羅里達聖奧古斯丁的藥房窗戶裡。維頓將頭顱放在家裡好幾年，如果兒子不乖，就把頭顱掛在他們的床鋪上以示懲罰。最後維頓將頭顱送給同樣是醫生的女婿丹尼爾．懷特赫斯（Daniel Whitehurst）。懷特赫斯曾和華倫亭．莫特（Valentine Mott）醫師一起求學，而莫特當時也是全美國知名的外科醫生和病理學家。莫特曾為很多名人治病，他曾幫名作家愛倫坡檢查腦部病變。莫特在紐約市擁有一座大型醫學圖書館，以及一間解剖標本博物館。這間標本博物館的規模在全美無出其右，據說「擁有特別多腫瘤、動脈瘤、病變骨頭、關節、動脈和膀胱」，多數來自莫特動的手術。據說他在外科生涯中，總共摘除了超過一千個人體器官。懷特赫斯於一八四三年寫信給莫特，並將歐休拉的頭顱送給他，讓他陳列在博物館的「頭顱室」裡。一八五八年，附有插圖的博物館目錄中，註明了第一千一百三十二號標本是「塞米諾大酋長歐休拉的頭顱（正確無誤）。由聖奧古斯丁的懷特赫斯醫生提供。」（「正確無誤」的字眼指的是維頓要求認識歐休拉的陸軍軍官來作證，其中三名願意證實頭顱確為歐休拉。）莫特顯然很擔心這個標本太貴重，放在頭顱室裡不安全，所以寫信給懷特赫斯表示，「一定有人會抵抗不住強大的誘惑而將它奪走」，因此決定收藏在自己家中書房裡。他究竟是將頭顱保留在家中，還是收藏在博物館裡，說法至今莫衷一是。博物館位於十四街醫藥學院，於一八六六年失火，咸信頭顱也付之一炬。歐休拉頭部以外的遺體仍埋葬在莫爾崔堡的墳墓中。

歐休拉為原則而戰，遭陷害被捕，英年早逝，留下一群永不屈服的原住民。即使他只短暫地領導塞米諾人，族人卻永難忘懷。詩人惠特曼在詩中對他謳歌，他在監獄中的畫像在歐洲畫廊巡迴展出，有關他的文物都保存在全世界各地的博物館中。全國至少有二十個城鎮和郡以歐休拉為名來紀念他，而佛羅里達塞米諾人當中，幾乎有一半都姓歐休拉。

——

拉若許堅稱，歐休拉留給後世的多項資產之一，就是塞米諾人的權利及其代理人的權利。所謂代理人就是他自己。他們有權從法咯哈契林帶採集幽靈蘭。法官宣布判決隔天，拉若許打電話向我訴苦：「我被釘在十字架上了！」他大叫，然後像海獅一樣咳了起來：「我不是早告訴過你了嗎？我會被釘在十字架上。真是他媽的。法官是白痴一個。印地安人的權利，她懂個屁。她連屁都不懂才糟糕咧。如果她以為憑她就可以讓我不進去沼澤地，那她一定神經有問題。我告訴你，我對你發誓，巴斯特的情緒如果再不緩和下來，會跑去弄一輛推土機回到法咯哈契，把整個地方搞得天翻地覆。」他停止咳嗽，開始咯咯笑。他的笑聲從喉嚨裡緩慢爬出，彷彿從碎石路上一路走過來。每次和拉若許聊天，總像一趟豐富的聲音之旅：有抽香菸的哮喘，有像「威爾」之類發音圓圓的很好笑，聽起來很像「瓦爾」，「法咯哈契」在他嘴裡也變成「佛克霍契」。還有他具有弦外之音的笑聲，例如「啊—哈—哈—哈」，代表他剛說出他鬥智勝過某人，至於「哈！」則代表類似「等一下！」的意思。還有他沙啞的咯咯笑聲，是用來強調他認為很神經的事情，而這些事情正好都是別人的傑作。我覺得很有意思，一個很容易被他人認為是神經病的人，竟然會認為很多人都有神經病。我漸漸瞭解到，拉若許相信所有的人類頭腦都施展不開來，也不夠敏感，除了他約翰．拉若許一個人例外。以公園管理員為例，他們腦袋裡除了維護公園之外，就無法想到更遠大的東西。以塞米諾人為例，他們也無法超越尊嚴受損的感覺。還有法官，她沒有辦法跳脫傳統法律的侷限。拉若許自以為擁有無懈可擊的邏輯和理性，因而沾沾自喜。他自己的看法是，他盜採蘭花，違法又沒有道德，沒錯，不過他一次盜採的數量有限，而且絕不剝光同一棵樹上所有蘭花。最重要的是，他盜採的原因是要在實驗室裡繁殖，讓蘭花變得便宜，大家都買得起，長遠來看，等於是幫了蘭花一個大忙。在得失之間，他只信任自己的判斷，將法規視為無物。他認為全世界其他人都沒有辦法從他的角度來看待事情，因為這些人的心胸都和緞帶一般狹窄，連一點常識也沒有。對約翰．拉若許這樣一個腦筋轉不過來的瘋子來說，採取這樣的立場顯得夠大膽。

我到那不勒斯的法庭旁聽，在那裡見到了巴斯特．巴克斯理。他就是拉若許在塞米諾苗圃

的老闆。隔天晚上我和他在旅館裡吃了一頓牛排餐。我馬上就喜歡上這個人，因為他似乎很聰明，也很幽默，然而他對我究竟有何看法，我始終無法瞭解。巴斯特虎背熊腰，臉頰豐潤，有些雀斑，長長的頭髮顏色像籃球。我看到他的時候，他多半穿著隨意的牛仔裝，佩戴護身符和飛行員的反光眼鏡。他給人一種深沉而嚴肅的感覺。他會斜斜看人一眼，令人不知所措。他的頭也會習慣偏向一邊，讓人覺得他有很強烈的主觀意見。每次我問他問題，他都會拖很長一段時間才回答。在他回答之前，我一點也不知道他是準備要嘲笑我，還是根本拒絕回答，或者是想打開話匣，真心告訴我他生活中和部落裡有趣的故事。有一次，他滔滔不絕又很誠心的時候，邀我到保留區附近吃午餐，餐廳名稱是黑眼豌豆。我們點了墨西哥玉米捲和冰紅茶。用餐時，他告訴我，他是塞米諾豹族的一員，他的妻子屬於鳥族，兩人的結合當初備受爭議，因為兩族之間通婚被視為不可行。他也告訴我，塞米諾的各個氏族都屬於母系社會，所以他的子女都是鳥族而非豹族，不過他最擔心的還是他的子女根本不會留在任何氏族裡，也不會維持印地安人的生活方式。他告訴我，他本身有四分之三的白人血統，不過因為從小在保留區長大，覺得自己是個不折不扣的印地安人，甚至比有些純種印地安人還要印地安，因為那些人不把自己的身分當作是一回事，從來都沒有必要像他一樣選擇認同對象。他也告訴我，他負責部落的事業，意味著他白天多半時間都在白人的世界和白人打交道，感覺就像一個南佛羅里達的生意人，而非塞米諾生意人，然而他工作結束準備打道回府時，又覺得自己裡裡外外是個印地安人，過著印地安人的生活。

巴斯特管理的一項事業就是苗圃，所以當天午餐時我問他，能不能帶我四處參觀。他搖搖頭說：「現在不行。有幾個日本投資人過來這裡，我要招待他們。」

「招待他們，會很忙嗎？」

「太忙了，」他說，同時拿起小小圓形的厚紙板菜單，看著上面列出的今日點心，然後抬頭說：「我告訴日本人，要他們從日本飛到奧蘭多，這樣他們就能在迪士尼樂園待一天。然後我到那邊去接他們，開車帶他們到我在布萊頓的農莊，款待他們大吃一頓，有印地安烤肉、沼澤甘藍、炸麵包、南瓜麵包。他們有點嚇得不知如何是好，因為他們一輩子從沒看過那麼多食物。」

幾天後，他打電話給我，說日本人已經走了，檸檬的生意沒有談成，他現在有一點時間，可以帶我參觀苗圃。我開車到部落辦公室去和他會面，那是位於史德淩（Stirling）路邊的一群貨櫃屋和幾間小樓房。辦公室對面有一個很大的建築工地，正在興建新的永久部落總部。我開車進來的時候，停車場裡停了六七輛車子，除了一輛之外全部都是小卡車。接待小姐告訴巴斯特說我到了，然後繼續大嚼口香糖。我翻閱幾本牛仔雜誌，傾聽附近辦公室裡有人在講電話：「告訴你，你不是說過，早就可以解決嗎？如果有人告訴我可以解決，我就認定他的意思是可以解決掉，你懂不懂我在說什麼啊？」過了一會兒，巴斯特從辦公室裡走出來。他看起來有一點不高興，並不多話。他帶我走回停車場，走進他的小卡車，轉動引擎，打開一包口香糖，然後轟轟上路。我們在高架公路下面連續轉了幾個彎之後經過一棟小建築物，上面招牌寫著「獨立聖經浸信會竹蓬教堂」，還經過了幾條街區，有新的人行道和小房子，他說是部落民眾的。過了一個紅綠燈後，他久久看了我一眼，然後說：「在那不勒斯開的庭，你覺得那個法官怎樣？」

「我覺得她還可以。」

「她算什麼還可以？」他邊說邊用手指敲著方向盤：「對了，你知不知道，塞米諾人從來沒有和政府簽訂和平協定。我們和美國仍處於戰爭狀態。」號誌燈轉為綠色。我們又走了一段路，巴斯特才又說：「告訴你，我知道大家都認為約翰在利用那些印地安人進行他的盜採計畫，然後建立自己的苗圃。當初啊，是我核准他的計畫。我告訴他們，出去採集他們需要的東西。約翰拿著他找到的法律條文，說印地安人不受採集植物法律的限制，我們也以為苗圃應該可以弄些野生植物來繁殖展示。我問過約翰好幾次，因為我想確定。我讓他等了幾個月，讓我自己有時間研究一下。我們做的事情都沒有超出法律範圍，這是我們的權利，佛羅里達州最好別在我的權利上動土。」他長長吸了一口氣說：「如果他們惹火了我，我就進去法喀哈契，把裡面所有活的東西全部帶走，一個也不留。」

他開進一條車道，穿過苗圃的圍牆。拉若許訂購的植物多數都還沒有到，所以目前苗圃內只是一公頃的碎石泥地，和幾棵盆栽植物而已。靠近圍牆的地方有一堆鋸木架和西洋杉花盆以及塑膠袋的泥土，還有一個遮陽房的骨架。這個骨架是一排直立金屬圈，看起來像幾個巨大的槌球門，外面還沒架上黑紗網。陽光很強，碎石和泥土都閃閃發光。微風吹動拉若許掛在大門上的塑膠旗。在這片地的另一端，有三個人正在整理一堆金屬圈和一疊尼龍遮陽布。過了一會兒，他們走過來和巴斯特聊起來。我記得在法院看過其中一人，他的名字是文森・歐休拉，是和拉若許一起被逮捕的三名塞米諾人之一。他的五官平坦，綁了一條長長的黑色辮子，肩膀肌肉厚實。這天他穿著綠色T恤，上面有十幾個骷髏頭。巴斯特為我們介紹過後，他說了聲哈囉，接著說：「我不準備和你講太多話。不是針對你才這樣，而是印地安人的作風本來如此。」

拉若許的辦公室位於一個米黃色的貨櫃裡，下面用水泥塊堆高，就在入口大門附近。文森手指著那個貨櫃說，拉若許就在裡面。貨櫃的門上有張傳單寫著：「梅德爾（Maydell's）餐廳有保留區最棒的食物。午餐特餐燉牛肉或碎肉加番茄附米飯，只要五元」，另外還有拉若許的字跡：「一月二十四日星期二，苗圃隆重開幕，所有部落民眾都可以免費享受戶外牛排餐。」巴斯特推開門，我們小心翼翼地走過好幾堆紙張、箱子和園藝期刊，然後才來到拉若許的辦公室。進去的時候，拉若許正坐在金屬桌後面，看著魔術師道具的型錄。他把型錄推到一邊，拿起一張明信片。「嘿，我從朋友沃特那裡接到這張明信片，你們看看。他人在非洲波札那，」他說：「沃特愛蓮花愛得不得了。如果聽到哪裡發現稀有品種，他馬上過去。有時候他會採集，不過多半他只是過去看看而已。收到這張心情非常愉快的明信片，我可以說很高興。上面寫著：『約翰，植物很不錯，稍後見。』」他放下明信片：「你也知道，沃特真的很瘋狂。」

巴斯特站在辦公室的門口，毫不理會拉若許的談論。就在這個時候，我感覺到他們兩人彼此互相利用，卻又看對方不順眼，結合了相互欣賞和相互不尊重。巴斯特指著窗戶：「約翰，工人做得怎樣啊？」

「好得很哪，巴斯特，」拉若許說。他特別強調南方的口音，把「好得很哪」拉得很長。「我們接到訂單，有人要訂三萬兩千元的雜草，還有人訂了九千棵鋸草，都是佛羅里達州。他們想要七萬棵鋸草，種在坦帕到那不勒斯那條新公路的安全島上，不過我們現在只能供應他們九千棵。」拉若許把腳抬到桌子上，開始前後搖晃著椅子。他蓄了一撮稀疏的小鬍子，時留時刮，這天看起來是刮掉了。他穿著寬垮的迷彩長褲，戴了一頂邁阿密颶風隊的帽子，T恤是芝加哥黑鷹隊，隊徽是印地安酋長的圖案。他後來向我承認，他對黑鷹隊一點興趣也沒有，只不過這件T

恤只賣一塊錢，他心裡想，故意穿來氣死塞米諾人一定很好玩。「我也訂了一些好東西，還沒送來，」他說：「鴿子豌豆、無花果、雞蛋花（frangipani）、印第卡梅（governor's plums）。我還要訂一些芭樂。我今天剛訂了一種稱為綵紙木的植物。」他拉一下帽簷說：「你知道的，巴斯特，今天外面比地獄還熱。」

「這裡是佛羅里達啊，」巴斯特說完之後轉身對我解釋：「我們正開始要充實這個地方，不過這個計畫已經進行好多年了。我們光是計畫就花了好幾年。一開始就遇上很多困難，甚至在他們被逮捕之前就有很多問題。我們必須先找到土地，找到土地後又要從電力公司那裡取得地役權，然後應徵一堆人，才能找到合適人選。之後還得為苗圃取個名字。約翰這個人啊，就是不願意取普通一點的苗圃名稱，固執得很。他開始跑來問我塞米諾語言裡的單字，什麼都問，每隔一分鐘就聽到他開口：『巴斯特，塞米諾語的這個怎麼講？巴斯特，塞米諾語的那個怎麼講？』他想知道塞米諾人怎麼說花園、苗圃、溫室。有些字在塞米諾語裡根本不存在呀。我只要他把苗圃建立妥當，然後出去開始採集蘭花。我知道他也蠢蠢欲動，想進去沼澤找蘭花。不過他還是一直問個不停。最後我真的受夠了，乾脆告訴他：『噢，老天爺啊，約翰，隨便取一個就行了，別廢話。』」

當然，不是世界上所有人都喜歡拉若許。那年夏天我回到紐約，替《紐約客》雜誌就那個案子寫了一篇報導，之後收到一位正經八百的園藝人來信，他認為我被拉若許騙了。這位園藝人認為拉若許既不負責任又心術不正。「我不願講得太明白，像拉若許這種人，投身園藝有一部分是為了療傷，有一部分是把園藝當作簡便的避難所，躲避世俗責任的負擔。」這位園藝人寫道：「對於任何規則，他們都不遵守。他們只依照自己的衝動行事，一衝動起來便無法控制。他們都不是真正的專業人士……。他們進入這一行，行事不按照規矩，最後多半會落得惡名昭彰而非名聞遐邇。他們不過正常生活，每隔一段時間固定改變興趣和職業。他們的興趣何在，根本無原則可循。只有衝動才有權利。這些人都能奇蹟似地生存下來，儘管一直都窮困潦倒，卻能不斷找到錢。」有些塞米諾人也開始質疑他們對拉若許的感覺。在保留區，開始有人叫他瘋狂白人或找麻煩的人，反倒不常稱呼他為約翰。塞米諾人也抱怨，他害塞米諾人吃上官司，卻沒什麼好處。有些部落成員甚至開始質疑拉若許的苗圃計畫，種了一公頃的陰莖狀青椒和摩洛哥蘿蔔樹，還冒出一個複製幽靈蘭的實驗室，動機究竟何在。拉若許很會過濾掉反對的雜音，他不去理會，繼續進行自己的苗圃計畫。他蓋好了一千三百平方公尺的溫室，也弄好了放置植物的長椅，有好幾公里長。他也從阿根廷訂購了更多粉紅四季豆，以及更多非洲棕櫚、更多螺旋狀的杜松樹叢。苗圃開幕的時候，他辦了戶外牛排餐。拉若許告訴巴斯特，幽靈蘭計畫儘管暫時停擺，他腦海裡還有很多苗圃計畫。「該進攻其他植物領域了，」他之前告訴巴斯特：「該開始繁殖另一種類的植物了。買小棵植物，把它們養大，賣掉賺錢。然後再回頭做一遍。簡簡單單為大眾繁殖植物。」

夏天過去了，秋天跟著來，植物越來越多，然而部落成員對「塞米諾花園」的怨言也越來越多。大約就在同時，拉若許開始和工作人員起口角。他指控有些工作人員在上班期間吸食大麻，他不但向巴斯特告狀，也向巴斯特的哥哥卡爾告狀。卡爾是部落行政董事會的一員。巴斯特的回應是希望拉若許去好好度個長假，到世界任何地方都可以，只要是離塞米諾保留區遠遠的就行了。拉若許懷疑，部落已經決定不再歡迎瘋狂白人進入保留區，不過他並不確定原因何在。「可能是該死的政治吧，」他當時說：「天啊，我真不敢相信碰到這檔子事。我一點都不鳥。他們敢炒我魷魚，我就告他們。我在研究保育法時已經順便研究了一下。他們才不能開除我，而我也不會辭職。他們拿我沒有辦法。」

他還是接受了度假的決定。回來的那天，在苗圃辦公室裡有一張資遣支票等著他，坐在辦公桌前另有他人。當下他就下定決心，永遠再也不回到保留區。他無條件轟然結束這一段事業，就像他結束養龜時期、結束冰河化石的時期。這一下，他也絕對會終結這一段印地安時期。他收拾好自己的文件和型錄，搬到自己的廂型車裡。在他頭上，塑膠旗在苗圃入口處飛舞，被風吹得嗶啪作響。太陽低垂，照映著遮陽房裡的植物，在白色的牆壁上投射出大如怪獸的陰影，有巨大的阿根廷青椒、巨大的菠菜叢、巨大的鵪子豌豆、巨大的古董玫瑰。鬆鬆垮垮的辦公室貨櫃，頭上還交錯著佛羅里達電力公司的電線，腳底下是布滿塵土的碎石，濛濛的炎熱光線，以及準備培養數百萬株幽靈蘭的實驗室，這一切，拉若許頭也不回地走開了，跨進廂型車裡，輪胎滑過凹凸不平的車道，駛向泛白的街道，將一切拋在腦後。他宣布，只要還有一口氣在，就永遠不會踏進印地安的土地一步，因此永遠也不會再見到他的苗圃一面。他原先還希望在苗圃裡創造出好幾百萬棵稀有蘭花，賺進好幾百萬美元，讓世界永遠改觀。是我的話我就永遠無法辦到，永遠無法這麼快放棄某件全心奉獻的東西，然而拉若許只是聳聳肩就辦到了。「我才不鳥咧。」他說。

拉若許離開後，苗圃被擱置在熾熱的佛羅里達天空下，而部落則針對接下來的計畫進行辯論。就在一切懸而未決的時候，有一半以上的植物死去。拉若許堆了四千棵仙人掌，連仙人掌都被烘死了。最後巴斯特同意聘請另一名苗圃經理人，他是來自傑克森維爾的年輕男子，渾身肌

肉，名叫瑞克．瓦倫（Rick Warren），原來就負責安裝灑水系統，也一面在苗圃裡工作。瓦倫和拉若許並不太相像，他不是什麼瘋狂白人，而是一個說話輕聲細語、溫文有禮的白人。如果說拉若許對塞米諾花園的計畫是虛無飄渺，瓦倫的計畫則是腳踏實地。「經營苗圃不能只搞奇花異草，」他告訴塞米諾人：「一定要種一些實在的產品，如耶誕樹和盆栽棕櫚。」他也鼓吹將拉若許原先在六十五街上的苗圃改變為只賣批發植物，將零售部門搬到四四一號州道上的一個地點。這條公路流量很大，西邊就是保留區的邊界。瓦倫指出，四四一號州道的地點擁有無鏽自來水，比以前苗圃裡那種井裡打上來的硬水還好。而這個地方也位於部落香菸店附近的主要商業區，香菸店裡兼賣鳥籠和猴子籠；附近又有塞米諾賭場，比拉若許選的那個偏僻的角落好太多了。四四一號公路上的那塊土地，事實上曾經有一家農產品店。「我看到那個房子就座落在那邊，空空的，」瓦倫告訴我。「拿來用，一定很酷。」

塞米諾的苗圃沒有拉若許，我實在無法想像，而拉若許也無法想像塞米諾的苗圃沒有他。拉若許更無法相信，我居然還想找時間去看看沒有拉若許的苗圃。我想過去和瓦倫見個面，看看那個地方現在是什麼樣子。「拜託老天爺啊，請來一個裝灑水器的，」拉若許咬牙切齒：「真是有宏觀遠見。」一天下午，我開車經過好萊塢，正要去參觀一個蘭展，決定順道先去看看瓦倫。新的苗圃入口處附近有個白色的貨櫃辦公室，亮晃晃的，貨櫃後面有一單排植物，種在塑膠盆裡。三個人在塑膠盆之間走動、灑水整理植物。三人都穿著青綠色的T恤，上面印著標語「塞米諾花園植物苗圃，專精景觀設計。要種就種原生的！」他們頭上綁的頭巾都濕答答的。幾分鐘後，瑞克·瓦倫出來帶我四處參觀。他也穿著青綠色的T恤，下半身是沾有草色的園藝長褲。他帶我走向苗圃中間的一排。「和你第一次看到苗圃的樣子很不一樣吧！」他說：「我們現在的計畫都非常踏實，部落是我們頭號顧客。每年耶誕節的時候，部落會買給每位族人一棵耶誕樹，所以我決定第一項計畫應該種耶誕樹。我的意思是，就我來看，部落總要買耶誕樹嘛，要買乾脆就向自己的苗圃買。」他走到一棵樹木前停了下來。這棵樹只到膝蓋高，既彎曲又長滿節瘤，種在黑色的小花盆裡。「迷你盆栽，」他一邊說，一邊撫弄樹木的一根小樹枝：「我從小就喜歡種迷你盆栽。我十六歲的時候種了第一棵迷你盆栽。這棵是鋸葉棕櫚（saw palmetto），我讓它長在水蘚裡。我已經種了超過兩百棵迷你盆栽。我給所有工作人員每人 棵迷你盆栽，教他們修剪，讓盆栽長不高。當作嗜好很不錯，當作小小的附屬生意也很好。」他從盆栽花盆中摳出一粒石頭丟到地上，然後將水蘚塞到盆栽的周遭底部。「你看，和拉若許那個時候比較起來，現在苗圃完全不一樣了。我們現在比以前重實際，部落想要賺錢，所以我就做比較合理的規劃。我們進能耐鹽分的植物，以及能耐乾旱的植物，像是小馬尾棕櫚、矮仙丹、山麥冬[12]。我們也需要蒲葵棕櫚和皇帝棕櫚之類能在這裡生存下來的植物。我的目標是能夠拿出百分之七十的植物，好好種個兩星期，然後每棵賣五元。我甚至讓工作人員開始去割草，進行得很順利，結果部落希望我成立一個草坪維護的部門。」一個正在替小馬尾棕櫚澆水的人過來和瑞克講話，然後向我介紹他自己。他的名字是赫伯特．吉姆（Herdert Jim），留著一頭長長的黑髮，一臉憂傷的神情。他告訴我，他從小生長在大絲柏的竹篷裡，如果能夠放個假，他可以帶我去見見他的祖母，看看野生動物。他和瑞克討論了接下來幾天的整理草坪時間表，然後赫伯特．吉姆點點頭說再見，回去繼續幫棕櫚樹澆水。棕櫚葉子上沾了圓圓亮亮的水珠，水管裡噴出來的霧氣看起來就像有人在空中用銀筆亂寫字。拉若許才走大約一個月，這裡已經改頭換面了。和他進入法喀哈契的人現在都不在苗圃工作了，其中一人甚至還離開了部落區。目前苗圃裡的植物已完全沒有拉若許時代的那種頹廢、怪異模樣；瑞克的植物都是修剪整齊，模樣普通，看起來就像一般人能夠種的植物。我甚至還能指認出其中一些植物的名稱。「拉若許以前在苗圃做的事情啊，老實說，我覺得都不太切實際，」瑞克說：「我不認識他，不過顯然他有很多相當不切實際的計畫。他盡在苗圃裡種奇怪的東西，永遠都賣不出去。他養了很多蘭花，還有植物遠從非洲和印度運來，還有一大堆稀奇古怪的東西可以長到一百萬哩長、八千萬呎高。」

——

一九五七年，一群佛羅里達的塞米諾人，包括比爾・歐休拉、貝蒂・梅・蔣普（Betty Mae Jumper）、蘿拉・梅・歐休拉（Laura Mae Osceola）、吉米・歐休拉、約翰・亨利・格佛（John Henry Gopher）、邁爾斯・歐休拉以及夏樂蒂・歐休拉，共同起草了一套憲法和共同綱領，後來經過美國內政部批准，為多數部落成員接受。這份共同綱領使得聯邦政府承認佛羅里達的塞米諾部落，成立了佛羅里達的塞米諾部落股份有限公司，主管部落事業與經濟發展。一九七一年，塞米諾人決定在好萊塢的保留區舉辦正式年度部落園遊會與牛仔競賽。首次園遊會舉辦了繩圈競賽、砍柴比賽、擒拿鱷魚、印地安人集會、手工藝品展覽。後來園遊會逐漸演變為四天的活動，也包括了高爾夫球、保齡球、籃球巡迴賽。此外還舉辦塞米諾小姐選美、塞米諾少女、小塞米諾先生、小塞米諾小姐等選美競賽，還有才藝表演、音樂演奏、蛇類展示。拉若許來到又離開部落的那年，正好是園遊會的二十五年慶，保留區的人都告訴我，一定會很精彩。我很想要去，特別想和拉若許一起去，但是他已經下定決心永遠不回到保留區。他很有心斷絕與部落的所有來往，甚至開始在一般零售店買香菸，不再去部落的免稅香菸店買。以他抽菸的習慣來看，這樣的犧牲

12 Loriope，可能為 Liriope之誤。

相當可觀。「我才不回去咧，」園遊會開幕的前一天他對我說：「我和印地安人的一切關係到此為止。天啊，現在想起來，我以前竟然能忍受他們那一套。」我問他，現在做什麼。「閒晃啊，」他說。我說，我問的是現在在哪裡高就。他說：「我在找個和印地安人無關的工作。我也受夠了植物的鳥氣，當然想找一個和不會死掉的東西有關的行業。工作的時候老是有東西在手上死掉，實在令人受不了。」

我聽得出來，想說動他一起去園遊會是不太可能了，所以隔天早上我自己一人開車到保留區。我現在已經很習慣開車走這一趟了。先從西棕櫚灘上高速公路，然後開到史德凌路，經過候車長椅，上面廣告著塞米諾交易站和香菸店，以及波蘭裔美國人俱樂部波卡音樂和食品展，再經過很多白色金屬門，裡面蓋了很多公寓，然後經過賭場發牌員訓練學校，經過通常停在史德凌路和四四一號公路角落的貨櫃卡車，有人在賣鮮蝦，四百五十克三塊錢。園遊會場地就在賣蝦卡車的西邊，部落總部的東邊。場地很大，有牛仔競賽場，有幾英畝的攤位場地，一個鱷魚的深水池，一個命名為蘿拉·梅·歐休拉的新體育場，為紀念她於一九五七年協助起草部落憲法。當天早上有二十幾輛小卡車和載馬的貨櫃車停在那裡，已經有人在食品與手工藝品攤位前打開商品包裝箱。我看見巴斯特，過去和他打招呼。他站在出租卡車旁邊，正專心和一個矮小的男子談話。這名男子的手腳很粗，胸膛厚得像個檔案櫃。出租卡車的後面沒關，裡面好像沒什麼東西，只有一條六十公分長的鱷魚睡在尾門上。

「嘿。」巴斯特對我說。

「嘿，」矮男人說：「幸會。」

「他要表演擒拿鱷魚。」巴斯特一邊向著那個男人撇撇頭，一邊解釋。

「我叫湯瑪斯．史通姆（Thomas Storm），」他對我說：「我的姓代表壞天氣。」

「原來如此。」我說。

史通姆轉身面對巴斯特：「你能相信嗎？我對上天發誓，」他聳聳肩說：「我一直想找倫敦羅依公司（Lloyd's of London）來替我保險，如果他們不願意就糟了。」

「只要你不控告我，什麼都行。」巴斯特說，轉頭看看那條正在睡覺的鱷魚：「牠看起來很兇的樣子。」鱷魚突然動了一下，陡然睜開一下眼睛。鱷魚的眼睛顏色是青苔綠，瞳孔形狀猶如一角硬幣的邊緣般細長。牠還有一個大鼻子，以及看起來很可怕的牙齒，上排咬合在下排的內側，爪子彷彿外科手術的工具。「擒拿鱷魚，我興趣不大，不過要我吃鱷魚，我倒是不太介意。」巴斯特說：「鱷魚肉吃起來像是有點魚腥味的雞肉，其實不是挺好吃。換換口味倒是不錯。」

園遊會陸續展開，先有隆重開幕儀式；貴賓和前任塞米諾小姐遊行進場，然後攤位也開始營業，賣牛仔用品如繩套、玩具手銬、皮鞭、馬刺，也賣印地安人的用品，如銀皮帶扣環、繡花少女裙，還有賣小東西的其他攤位，有鱷魚腳、塑膠彈弓、橡皮戰斧、銀青綠色的胸針、香、用松木雕刻出來的小水牛。食品方面，你可以買到炸麵包、烤牛肉、愛斯基摩餡餅、鱷魚肉綜合餐（七元）、青蛙腿綜合餐（七元）、青蛙與鱷魚綜合餐（十元）、熱狗加薯條（兩元，學生另有優待）。鱷魚肉攤位當中最大的名叫鱷魚屋，招牌上用西班牙文寫著「鱷魚肉」。我經過的時候，一個留著大鬍子、體型臃腫的男子正在研究招牌，然後向服務生說：「請給我一客小鱷魚肉和大杯可樂。」在有遮蔭的小野餐桌上，四名滿臉皺紋的女人圍著羊毛圍巾，穿著塞米諾裙和膝蓋襪，坐在那裡一言不發地吃著南瓜麵包。一名年輕男子和她們坐在一起，頭上戴了一頂克里夫蘭印地安人隊的棒球帽，上面有個可笑的印地安酋長隊徽，站在年輕男子後面的女人也戴了一頂印地安人隊的帽子。她的T恤上面印有巴布．馬利[13]，裙子是傳統塞米諾的刺繡裙，很漂亮，腕上戴了隻螢光表面的手錶。沒有人向我搭訕，我也沒和任何人說話。接下來幾個鐘頭內，我就走在窸窸窣窣的對話之間：「我最近真的很忙。我們準備開西班牙文的教會了。」「我聽說有個傢伙射中了自己的臉哪！」「我正在縫鹿皮。男人做女人的工作，你不爽是不是啊？」「嗨，莫莉，你到哪裡去啦？法國嗎？還是外太空？」「我等一下再去見你。我還在裝飾戰斧。」擴音器裡傳來廣播，聲音是個莊嚴而有磁性的男聲：「請『走路水牛』到保全攤位。」「『紅河』和『水獺步道』馬上到前門。」「請『大山兄』現在到體育場。」我逛到一個賣山艾樹和薰衣草的攤位時，一個女孩牽著鬣蜥走過，還有一群佛羅里達好萊塢的女童軍，穿著全身制服一路縱隊地大步通過。早上的時間慢慢流逝，又陸陸續續進來一些白人，穿著鹿皮和牛仔褲，不然就是密西西比州立大學的襯衫和短褲，要不就是粉色系的休閒衣服和塑膠無頂帽，走到牛仔場，或者是害羞地逛攤位。

在體育場裡，小塞米諾先生和小姐選美開始登場。小小姐都在講臺上等待出場，小先生參賽者在舞臺上排排站，有些穿著眩目的塞米諾服飾，另外一些則穿著迷你型的西裝。在黃色的太陽底下，小男生都像電燈泡般發光。銀色亮片的旗子在舞臺上飛揚，還有從看不見的地方傳出低音鼓的悶悶聲響。舞臺上，主持人開始說：「好了，各位女士先生，這位是第六號，藍迪．歐休拉。他今年五歲，是好萊塢保留區的人……，接下來是賈斯汀．楚伊．歐休拉，三歲。賈斯汀屬於豹族，是好萊塢保留區的人……紀慈．凱利．蔣普屬於大城族，他是大絲柏保留區的人……」三名裁判坐在體育場正中央的折疊椅子上，咬著鉛筆，彼此互相說悄悄話。「好，掌聲鼓勵鼓勵，」主持人接著說：「他們一點都不知道這是怎麼一回事，不過還是表現得很好。年紀這麼小

13 巴布．馬利（Bob Marley, 1945-1981），牙買加歌手，後世尊稱為「靈鬼樂之父」。

就參加這麼大的場面，儘管他們搞不清楚狀況，還是很厲害。有些小塞米諾小姐和小先生會到外州去參加他們的印地安集會，有些不會，要看經濟情況而定。不過，他們都是代表自己的部落，我們以他們全體為榮。」就在這個時候，有兩個小塞米諾先生衝出隊伍，手裡拿著木棍互相在舞臺上追逐。「裁判正在統計分數，我先來介紹琴姐．泰格，她是一九八〇年的小塞米諾小姐。」主持人大聲說。一個女人從座位上起身，向眾人揮揮手，群眾鼓掌。我後面有人說：「嘿，那個以前的得主是誰啊？頭上光禿禿的。」

「還有沒有塞米諾小姐躲起來啦？」主持人問：「莉塔．格佛？你在哪裡啊？舉手起立！站起來像公主一樣揮手啊！」

我坐在看臺上，挺直身體，旁邊是一個印地安集會的舞者。她身材高瘦，大約十六歲左右，兩隻眼睛分得很開，幾條辮子又長又緊。她說她不是塞米諾人，而是歐吉布威印地安人，住在加拿大的曼尼托巴省，和一群歐吉布瓦人來佛羅里達參加印地安集會。她說，她幾乎每個週末都會到某個地方去參加集會。她最喜歡參加這種印地安集會了。她穿著一件深紫色的硬綢緞衣服，非常漂亮，衣服有個高領，袖子很長，裙子又寬又長。整條裙子的表面都蓋滿了哥本哈根和麥克福森（McPhcrson）鼻煙盒的銀色蓋子。每個蓋子靠近邊緣的地方打了小洞，縫在裙子上，讓蓋子的其他部分可以自由晃動。女孩說，印地安集會的裙子應該要有正好三百六十五個蓋子，代表一年的每一天，不過因為她長得特別高，所以裙子上多縫了一百五十個，才能蓋滿整條裙面。她的裙子像鐵環串成的盔甲一樣沉重。她說，整件裙子超過四．五公斤重，不過她對這樣的重量不會在意。幾分鐘後她站起來，讓我仔細打量她的服裝。紫色的綢緞閃閃發光，她在轉身的時候細細的辮子也跟著轉圈子，五百個鼻煙盒蓋也互相碰撞，發出輕盈、平淡、冰冷的聲音，從她的裙子傾瀉到地上。

——

湯瑪斯．史通姆從卡車上將鱷魚搬下來，放在深水池邊，準備進行今天的首場演出。六七個人在附近逗留，看著他準備，也一邊測試自己的照相機。深水池四周都是沙子，史通姆赤著腳，鱷魚被捆綁起來，看起來還在睡覺。「嘿！」史通姆突然大叫：「沙子裡面到處都是螞蟻。有沒有人帶殺蟲劑來？有沒有啊？」深水池附近沒有人移動。史通姆的妻子身材瘦小，一頭金色捲髮，站在他附近，抱著一個小女孩。「湯瑪斯，」她說。「我要過去找點東西吃，把巧喜留在這裡。別讓她走進水裡，聽到沒有？」

史通姆在沙子裡踢來踢去，看看有沒有螞蟻。「湯瑪斯！」他的妻子尖聲說：「你聽見沒有？你知道我的脾氣！我不想讓巧喜走到水裡去！」鱷魚伸展了一下滿是厚皮的腳，大多數人都嚇了一跳。湯瑪斯瞪了老婆一眼，說聽見了。她把小孩放在沙子上，慢慢走開，一面不斷地回頭看。對面出現一組電視攝影人員，巴斯特陪伴在旁邊，和身穿深色西裝的男子講話。這個人看起來應該是負責人。「背景要加點動作，」這名男子對巴斯特說：「你能弄什麼東西給我？」

「我可以幫你想辦法，沒問題，」巴斯特回答：「我找來各式各樣的印地安舞者，抓鱷魚的人就在這裡。」

史通姆舉起手來致意。他女兒的雙腳在鱷魚池裡盪來盪去。「好吧，報天氣的那一段，就用鱷魚好了。」電視人說：「我們要先算準時間。我希望在鏡頭拉近的時候，看到他緊緊抓住鱷魚。我也真的很希望看到他們跳舞，動作一定很好看。」

「我可以幫你找一些來，不過得花多一點時間。」巴斯特說。他從口袋裡拉出行動電話，按了一組號碼：「喂，是我啦，」他對著電話說：「第十臺來拍了，給我弄一些跳舞的……這樣的話，打電話找夏綠蒂．格佛嘛！叫她找一些人來跳舞！」他啪的一聲關上手機。「好了，」他對電視人說：「如果你有興趣的話，我這裡也有印地安腹語專家。」

「不用了，」電視人說：「有了抓鱷魚的人和跳舞的人，我想應該就夠了。」

隔天早上我回到園遊會，去欣賞部落主席詹姆士．比利酋長和他的鄉村搖滾樂團表演。這是我頭一次看到比利酋長本人。之前我已經看過他的畫像，掛在塞米諾賭場，覆滿了整整一道牆壁。我也在通往法喀哈契的路上看到「比利酋長沼澤野生動物園」的招牌，在園遊會的一個攤位上看到播放野生動物園的連續宣傳帶。他好像從來都沒出現，然而，不管你和族裡的哪一個人聊天，一定會聽到比利酋長的大名。他無所不在，被捧成神話，但卻永遠看不見，有點像人類版的幽靈蘭，無所不在，被捧成神話，永遠都看不見。詹姆士．比利於一九四三年出生於好萊塢，一出生就由麥克斯．歐休拉（Max Osceola）收養。麥克斯以經營牧牛農場為業，是塞米諾鳥族的大人物。比利在保留區長大，過著傳統生活，不過總是自稱青蛙腿混血兒，因為他有O形腿，生父是愛爾蘭人。高中畢業後，比利以傘兵的身分出征越南，回到佛羅里達後成為理髮師兼狩獵嚮導。依比利自己的描述，當時他年輕、一頭毛燥燥的頭髮、剛從越南退伍、懂得鱷魚擒拿術、看起來很像嬉皮、喜歡穿喇叭褲。他有空的時候，就會想辦法幫部落賺錢。那時佛羅里達的塞米諾人很窮，失業率又高。聯邦政府土地徵收和解金和部落的事業加起來，每一季收入每人只分配到大約一百美元。比利最早的一個想法，是在大沼澤地國家公園設立一個投幣式的旅遊場所。一九七六年，他注意到最高法院的一項判決，確立印地安保留區為主權獨立的國家。比利在一位邁阿密的律師陪同下，研究主權是否涵蓋到低財資的賓果和撲克牌。一九七九年，部落在好萊塢開了一間賓果廳，推翻佛羅里達州政府的一項法令，讓部落得以自行設定賭場營業時間和累積獎金的數目，在美國的印地安保留區屬於前所未有的創舉。翌年，比利競選部落主席，搭乘自己的西斯納（Cessna）四人小飛機穿梭在保留區之間。選情之夜，他和自己的狗賓果出去打鱷魚。開票結果他贏得壓倒性的勝利。比利擔任主席的接下來十年當中，部落增加了牛隻的數量，開始經營柑橘的生意，建立了養蝦和養龜場，僱用約翰・拉若許來成立部落的苗圃。塞米諾的賭場蓋在好萊塢、坦帕和依莫卡里，而具有一半切若基印地安血統的名演員畢・雷諾斯（Burt Reynolds）也同意擔任賭場的明星代言人。他首次在電視上亮相就是在影集《荒野槍戰》（*Gunsmoke*）中扮演混血兒。佛羅里達塞米諾部落有限公司後來年營業額高達三千五百萬美元。塞米諾人每人每季的紅利從一百美元增加至六百美元，而部落經營事業的年收入也從五十萬暴增至超過一千萬美元。自此之後，經常有生意人前來向比利酋長和部落尋求合作計畫的機會。億萬富翁川普曾於一九九六年主動找他，希望合作經營部落的賭場。比利酋長表示，他願意和川普談生意，不過條件有兩個。兩人見面地點定為大絲柏沼澤區，而且川普必須同意看一晚的擒拿鱷魚表演，吃塞米諾的炸麵包和青蛙腿。兩人後來就依比利酋長的條件見面，但並沒有談成生意，不過因為川普是美國小姐選美會的老闆，隔年也邀請比利酋長來擔任選美裁判。

——

比利當上佛羅里達塞米諾部落的主席後，經常開著金色的科維特（Corvette）跑車在保留區走動。他也灌錄了幾張專輯，音樂的風格獨特，揉合了搖滾、藍草、鄉村、騷莎舞曲。發行這些專輯的公司是小型的獨立唱片公司，名為塞米諾唱片。〈大鱷魚〉和〈傳統作風〉兩首歌特別受到好評。他和自己的樂團「小屋老爹」（Shack Daddies）舉行巡迴演唱，在俱樂部和鄉村音樂、民俗音樂季中演出。除了唱歌之外、他的生活型態仍舊土味十足，主要的工作是去沼澤地打獵，為人帶路。一九八三年十二月一日晚上，比利和朋友米蓋爾．康塗（Miguel Contu）到盧比連鎖餐廳吃漢堡，就在保留區裡。吃完漢堡，窮極無聊，決定去獵些野鹿。兩人開著比利的小卡車到大絲柏保留區的牛滑（Cowbone）區域，比利準備槍支，康塗則坐在車後，拿燈對著樹林照，在濃密樹叢裡的砂石路上，他照到一雙金綠色的眼睛，就像螢火蟲的顏色一般。比利拿了一把手槍，射中目標，打傷了那頭動物的肩膀。

在燈光照耀下，那隻動物看起來不太像野鹿，反而很像某種美洲豹，可能是佛羅里達山獅

（*Felis concolor cory*）的亞種，是佛羅里達的原生豹，也是該州的吉祥物，當時僅存的數量為二十六隻。佛羅里達豹的分布範圍曾經遍及美國東南部各地，最北可達田納西州，不過在二十世紀初農人和開發土地的人開始進行趕盡殺絕的計畫——鎮壓遷徙極為成功之後，到了一九六〇年，野生動植物生物學家相信，這個亞種已經絕跡了。然而，顯然有一小群佛羅里達豹在沼澤裡躲得很好，一九七三年發現了三十隻左右。牠們的領土原先占整個美國的三分之一，如今縮到只剩下大沼澤地國家公園、大絲柏沼澤地、法喀哈契林帶的五千平方哩而已。由於近親交配情況嚴重，產生了幾種明顯的畸形：尾巴末端綣縮，脖子後面的毛髮有點蓬鬆捲曲，免疫系統脆弱、雄豹的精蟲數目極為稀少，還患有先天隱睪症。

在比利酋長射中佛羅里達豹的兩年前，佛羅里達州政府開始保護這種原生豹，由保育人員捕捉豹子，裝上無線電項圈。獸醫巡迴車也帶著抗生素、維他命、罐裝氧氣、氣管內膜管、氣球夾板等，來為豹子治療。豹子的行動可以經由無線電測知，並在佛羅里達豹的網站上公布。有一陣子，州政府計畫捕捉所有僅存的野生佛羅里達豹，然後全部送進動物園，由科學家加以照料，協助牠們繁殖，最後再放生到野外。這項計畫後來流產，因為主張動物權的人士抗議，認為這樣做的賭注太大，如果豹子要絕跡，也應該讓牠們在沼澤地裡有尊嚴地絕跡。州政府後來採用交叉繁殖的計畫。德州豹是佛羅里達豹的近親，兩者基因類似，將一些德州豹野放到佛羅里達豹的棲息地，讓兩者混居，如此一來，德州豹和佛州豹結合的下一代就享有新的基因，而不是一直反覆遺傳畸形的基因。讓基因多元化應該可以加強牠們的繁衍能力，最後也可以讓數量回升。還是有些人反對交叉繁殖的計畫，認為就算佛羅里達豹存活下來了，卻再也不是純種的佛羅里達豹。後來有人發現，佛羅里達豹本來就不是純種的。科學家研究七頭法喀哈契豹子的腺粒體DNA，發現牠們部分基因與智利豹和巴西豹雷同，而這兩種豹子曾經由地方上的小動物園進口至佛羅里達，然後在一九五〇年代和六〇年代野放。

—

比利酋長射中豹子後，又再開了一槍，但這次沒有命中。接著他拿了一把火力強大的步槍，擊中頭部，豹子也應聲倒地死去。他回到大絲柏的打獵小屋後，還抓住豹子的雙耳，和小狗賓果拍照留念。

十二月七日，佛羅里達野獸與淡水魚委員會接獲密報，來到比利的小屋查看，發現豹皮和頭骨晾在外面。十二月十三日，亨德利郡法官簽下一紙拘捕令，以殺害佛羅里達豹的罪嫌逮捕比利酋長。射殺佛羅里達豹屬於三級重罪，最高可處以五年刑期或五千元罰款，或者坐牢加罰款。比利宣稱他不會向法官認罪，因為塞米諾人本來就有權利在保留區內射殺保育類動物，獵捕豹子乃是部落的精神儀式與治療儀式的一部分，所以應視為宗教自由，受憲法保障。五月開庭口頭辯論時，比利酋長告訴法官，他已經學習擔任草藥大夫有兩年的時間，殺害豹子屬於必經歷練，不然無法升等為大夫。部落有一名草藥大夫桑尼．比利（Sonny Billie）接受記者訪問時表示：「豹子身體裡面有效力非常強大的藥物。我願意站出來說，我以詹姆士．比利為榮。」

這樁豹子案繼續纏訟多時。比利酋長在遭到起訴後沒多久，他就向聯邦法庭遞狀，質疑佛羅里達保護豹子的法規不當，因為該法侵犯了塞米諾人的宗教自由。後來亨德利郡巡迴法官海茲洋洋灑灑寫了二十三頁的命令，撤銷針對比利的告訴，然而佛羅里達上訴法庭又推翻了海茲的判決，對比利的控訴依舊有效。比利隨後因違反聯邦保育法遭拘留，還必須面對佛羅里達提出的告訴。南達科達州有個陽克頓蘇族人（Yankton Sioux）因射殺一隻禿鷹，正由最高法院審理，聯邦檢察官都在等待最高法院的判決結果。最高法院一宣布禿鷹保護法高於印地安協議權後，聯邦檢察官即對比利起訴。聯邦法庭於一九八七年八月趕在佛羅里達之前開庭。然而在這麼長一段時間內，都沒有人想到要去保存豹子的屍骨皮毛。後來豹子呈上法庭作為證物時，臭氣沖天，法庭內有些人還因此暈倒。比利在整個開庭過程中，因為受不了臭味，一直用黑色手帕摀著口鼻。他後來向報社記者表示：「他們毀了豹子！根本沒有用鹽巴去醃！」事實上，有一名野生動物官員已經煮過了豹頭，另一人也將豹皮冰在自家的冷凍庫裡長達一年半。屍體其他部分則都找不到，因為已經被比利吃掉了。儘管出庭時比利堅稱，射中豹子那晚之前，其實他並沒有親眼看過豹子，他還以為瞄準的目標是隻野鹿，話雖這麼說，他在接受《聖彼得堡時報》訪問時卻表示，他知道瞄準的對象是一隻豹子，而且希望能射中，能夠擁有一張神聖的獸皮，向兒女炫耀。他也向記者表示，他覺得政府對他提出刑事控訴的作為和態度都太蠢了。他還說，如果加上 Progresso 牌的義大利番茄醬和一點調味料，豹子肉嘗起來味道不壞。

比利一方提出多項被告辯詞。他的律師辯稱，保育法並不適用於保留區內的非商業狩獵，起訴比利侵犯到他的宗教自由，因為草藥大夫可用豹子爪治病，而豹子的皮毛和頭骨在塞米諾文化中象徵力量。律師也表示，野生動物官員沒收豹皮已經觸犯法律，因為他們到比利在大絲柏的小屋時並沒有搜捕令。最後律師說，比利不知道他射殺的是一隻豹子，他以為是野鹿。就算他知道是豹子，他也無從得知那隻就是佛羅里達瀕臨絕種的亞種，而非一般豹子。除此之外，比利酋長的律師也辯稱，政府無法百分之百證明那隻動物的確是保育類的佛羅里達豹，因為保育類的亞種佛羅里達山獅幾乎和其他亞種沒有兩樣。這種辯護策略在佛羅里達並不算怪招。多年來，被控偷豬的人都在法庭上辯稱，他們以為偷到的家豬是尖背野生豬，既然是野生豬，就沒有主人，也不算偷竊。即使算是偷竊，他們當然也不是有意的，只是錯認動物品種而已，絕無欺騙之意。最後佛羅里達州議會於一九三七年終結了這種「我不知道是有人養的豬，還以為是野生豬」的辯護，修法明訂如果觸犯偷竊豬隻的法律時，該州並不存在所謂的尖背野生豬。比利一案的聯邦陪審團退席討論了兩天，然後向法官表示，他們對檢方究竟能不能確切證實那隻動物是佛羅里達豹的意見分為兩派，且僵持不下，於是聯邦地區法官宣布流案。不到一個月，佛羅里達州的檢方也針對比利一案開庭。州陪審團退席討論不到兩小時，就達成無罪開釋的共識。陪審團員後來表示，他們無法相信那隻動物確實為佛羅里達山獅無誤。州政府無罪開釋比利翌日，聯邦也撤銷控告比利的官司，大概是聯邦檢方認為州政府無罪的判決是個不好的預兆。就在這時，比利酋長要求美國魚類與野生動植物處歸還豹皮給他，但是州政府拒絕他的請求，根據該處人員的說法，這張豹皮屬於違禁品。到十月底，一連串糾纏不清的官司終於告一段落。五月，比利當選連任，再任塞米諾部落的主席四年。沒過多久，聯邦政府宣布，將對佛羅里達境內的所有豹子祭出保育法當中的外形類似條文加以保護。換言之，佛羅里達州境內所有可能被誤認為保育類佛羅里達山獅的生物，都劃入聯邦法律的保護範圍之內。

比利酋長在樂隊進行熱身時，向觀眾說著笑話。他用的語言不是西啟提（Hitchiti）就是穆斯科基（Muskogee），我兩種都聽不懂，所以也不知道他到底在說哪一種。這天陽光耀眼，正面看臺的位置熱得像煎鍋一樣。講完笑話後，比利用英文說：「你們這些印地安人啊，想在園遊會買熊爪可要小心點哪！我聽說野生動物的官員會找你麻煩噢！」他讓吉他在屁股上晃動，對觀眾眨眼。他的頭髮有點長，呈波浪狀，頰骨很高，眉毛很黑，下巴很尖，臉型有點像狐狸，在舞臺上很搶眼。當天早上他穿著色彩鮮豔的牛仔上衣，黑色牛仔褲，繫著條狀領帶。他又眨了一下眼睛。「哇，我現在真想吃沙丁魚夾心餅乾，」他用溫馨的語調說：「我們塞米諾人真怪，對不對？現在有了賭場，分紅也分了不少，結果我們並沒有改變生活型態，而是將傳統型態提昇起來。我們從小就吃沙丁魚夾心餅乾，現在多了那麼多錢，我們都拿來做什麼？我們啊，只是拿錢去買很多很多沙丁魚夾心餅乾，對不對啊？」他笑了起來：「就我記憶所及，我老是和祖父母一起進沼澤地。白天射殺的東西，就成了當天的晚餐。要改變這樣的生活方式，還真不容易。我就是這個樣子。我們都是這個樣子。」樂團開始演奏〈窮鄉僻壤〉（*Down in the Boondocks*），觀眾也跟著從頭到尾拍手助興。這首歌曲快到最後一段的時候，一個小男孩跑到體育場中間，後面跟著一條小小胖胖的鱷魚，嘴巴用水管膠布黏起來。他是比利酋長的么兒。小男孩的體型瘦小，上半身打赤膊，也沒有穿鞋子。只一陣子的時間他就把鱷魚困住，然後跨坐在上面。觀眾歡呼起來，比利酋長也微笑，嘴唇擦到了麥克風。男孩弓起背部，鱷魚也跟著弓起背部。男孩用一隻手抓住鱷魚的鼻子，往上抬起來，另一隻手則向上高舉出勝利的手勢。

下午三四點的時候，我在前門附近遇見文森．歐休拉。蘭花案的被告除了拉若許之外，我就只有機會稍微認識一下文森。儘管他的話不多，語帶嘲諷，從來都不特別友善，我還是很喜歡他。園遊會開幕那天，我正好在小塞米諾先生和小姐才藝競賽時認識了他的女朋友珊蒂。在小塞米諾先生表演〈監獄搖滾〉(*Jailhouse Rock*)和尖聲、憂鬱的〈我願為耶穌而活〉之間，珊蒂告訴我她在大絲柏保留區的童年生活。她和外公外婆以及舅舅住在小木屋裡，聽著佛羅里達的雨滴像散彈般打在錫板屋頂上，大家整個晚上都沒睡，都在編故事，編出雨滴想說的話。她現在住在好萊塢，不錯是不錯，就是步調太快了。太過都市化，太多車子、毒品、酒吧，太多街角，如果想讓小孩遵照印地安人傳統的方式長大，困難重重。

我遇見文森的時候，他正在等珊蒂，想和她一起去參加社區晚餐會。她在晚餐會中幫忙，他也同意要負責烤兩千塊牛排。文森和往常一樣，戴著反光墨鏡，所以我看不出他是看著我，還是看穿了我，還是看著我的周遭，不過他至少好像有在聽我講話。我問他，法官裁定之後，他還有沒有回去法喀哈契，他說：「沒有，之後就沒有了。」我也想知道，拉若許離開保留區之後，他還有沒有見過拉若許，有沒有和他交談過。他也說：「沒有，沒看過他，也沒和他講過話。」他用一根手指頭反覆摸著下巴：「就是他害我們惹上這麼多的麻煩。」拉若許離開之後，他還採集蘭花嗎？「沒有，一棵也沒，不可能。」他說：「在我們受瘋狂白人牽連惹上麻煩之前，一開始就是蘭花帶來的麻煩。」我也想去參加社區晚餐會，但餐會限定只允印地安人參加，我前後拜託幾個人帶我去，卻沒有人敢這麼做。文森的解釋是，如果有白人參加，老一輩的人會很不高興。雖然他們已經與非印地安人的世界混在一起，他們還是感到孤立，疑神疑鬼。「白人啊，你們的工作是賺錢，」他對我說：「印地安人啊，我們有我們自己的工作。我們的工作就是照顧地球。我們和你們不一樣，永遠都不會變。」

晚餐會去不成，只好去看牛仔競賽的壓軸。第一個晚上的比賽只限印地安人參加，不過星期六晚上就開放給所有男女牛仔，有很多隊伍都是由一個塞米諾人、一個非塞米諾人搭配組成。我觀賞了野貓跳跳隊和尚恩．約翰隊，看他們在一頭脖子很粗的公牛吉米．李後面橫衝直撞，這時太陽已經垂到椰子樹後面了。時間不早了，我得開很長一段路才能到家，所以再看完一場用繩索套公牛的比賽，就回到車裡。回家的路上經過了塞米諾賭場，幾個停車場裡面看守塔林立，看起來就像有人東砍西砍。賭場大樓的正面是平淡的灰色。這個地方的停車場沒有一個空位；時間很接近午夜了，人潮還是川流不息，有穿著晚宴服裝的男女，有兩個穿著牛仔上衣和牛仔靴的金髮波霸，一名戴了厚厚塑膠眼鏡的男子，還有一個負責夜間巡視的人密切墾思周遭狀況。賭場裡面沒什麼好看的，唯一有看頭的是牆上比利酋長的畫像，在他後面用巨大的字體寫著塞米諾人的歡迎話「休─納阿─比許」（Sho-naa-bish）。除此之外，賭場根本就是一個安靜的大山洞，裡面有一桌又一桌的人在玩德州撲克和七張撲克，旁邊一個標語寫著「撲克牌很好玩，而且讓人心情輕鬆。」唯一的聲音是撲克籌碼碰撞的聲音。整個地方充滿了一百萬個動作，精準、全神貫注、毫無雜音，就像旁觀腦部手術的感覺。另一個房間裡有好幾百人坐在長桌前玩賓果。很多人在賓果牌旁邊擺了他們蒐集的幸運圖騰，有兔子的腳、塑膠大象、聖母瑪利亞的小雕像、相片、小絨毛玩具、念珠。他們也都不出聲，直到房間最前面的男子叫出「B排二十三號」或「O排七號」，才會引起一陣低語和騷動，聲音彷彿水從浴缸流出去。有人大叫「賓果！」的時候，四處傳來用力拍打賓果牌的聲音，氣急敗壞的輸家把籌碼推開，準備再玩下一局。男女服務生、發牌員、賓果主持人、泊車少爺、賭場收銀員，全部都是白人，皮膚上閃著螢光，髮型全都硬邦邦的，顧客也全都是白人，有些還帶有觀光客特有的日曬痕跡，雙眼布滿血絲。塞米諾部落正在舉行二十五週年慶，一年一度的印地安人集會也在不遠處慶祝，塞米諾部落的酋長正從牆上盯著每張撲克桌，你在這裡卻一點也感受不到外面的世界，只感受到牌局的熱度和專注，還有想贏錢的人埋頭苦幹的熱情。

第十二章　財富

我對拉若許全心全意投注某件事的熱忱感到驚奇，但我對他能夠倏忽之間完全置身事外的能力更感到驚奇。舉例來說，我敘述部落園遊會和新的苗圃給他聽，他一點也不動容，因為他現在已經完全和塞米諾人脫離關係了。有兩年的時間他和他們朝夕相處，深深地投入其中，部落開除他，他感到一肚子火，也恍然大悟自己從來都不是他們的一員，也永遠不可能成為一分子。他感到內心在淌血，這一點我能理解，不過實際情形沒有這麼簡單。對他來說，好像整個部落已經從地球表面消失一般。

他也完全拒絕走入植物王國一步。我一告訴他印地安集會的情況時，他就暗示他對蘭花界非常厭倦，不過我還是不相信。然而，他真的完全不碰蘭花了。他從法喀哈契盜採的幽靈蘭，再也得不到他的全心奉獻；從苗圃朋友那裡威脅利誘弄來的球蘭，他也不管了。他在微波爐中製造出來的突變種嘉德麗雅蘭、他蒐集的特殊觀賞鳳梨、安德魯颶風肆虐後才開始蒐集的蘭花、從工地推土機下解救出來的植物、和人交換得來的稀有植物、害他幾乎破產才得手的植物，他一概棄之如敝屣。我們剛認識的時候他告訴過我，這種結束方式就是他的作風，不過我從來都沒能想像到他的興趣從一項事物移到另一項，轉變竟然如此乾淨俐落。「不碰了，」印地安集會隔天，我對他滔滔不絕講了比利酋長的樂團和炸鱷魚的事情後，他回敬我這三個字。「我告訴過你，我說不碰的時候，就再也不會去碰了。」自從我初聽見拉若許這號人物開始，我就很好奇，在那樣狹窄的慾望領域中——冰河時期的化石也好，烏龜也好，古董鏡子或是蘭花也好，他是如何尋覓到人生的充實與滿足。我以為那正是我在佛羅里達所要做的事：找出人們如何藉著專注於單一事物、單一信仰、單一慾望，在宇宙中找到秩序與滿足感，以及人生的目標。現在，我也想瞭解，為什麼有人可以結束掉這麼強烈的慾望，不留一絲痕跡。如果你真的曾經非常喜歡過某種東西，難道連一丁點都不會縈繞不去嗎？也許，留個兩三棵家居植物？難道不會去裝滿大賣場買來裝在咖啡罐裡的小蝴蝶蘭？就我個人而言，要我放棄嗜好，總是比培養嗜好難上一千倍。不過顯然拉若許是全然棄絕，不留痕跡，更誇張的是，他也不預留重溫舊夢的餘地。有人會故意找不到前妻電話號碼，他和那種人臭氣相投，事實上他也做同樣的事情：他不知道前妻住在哪裡，也不知道她的電話號碼，他還聲稱一點都不關心她。他好像說的都是真心話，不過我們每次在蘭展時看到他前妻最喜歡的蘭花，他都不忘羞辱一頓。

為什麼會講到這裡？因為南佛羅里達蘭花學會大展預定舉辦的時間，正好就在塞米諾部落園遊會後不久。我一直以為拉若許會和我一起去，不過後來他讓我知道，他最近對蘭花和蘭展一點興趣也沒有，因此不打算去。他有了新的嗜好。在他被塞米諾人開除到印地安人集會那段時間，他對電腦上上下下無師自通，現在靠幫企業架設網站賺錢，副業則是在網際網路上張貼色情圖片。他愛上了電腦。連電腦工作色情的那一部分，他也很喜愛。這並不代表他喜愛色情圖片，他這麼做只是因為在他的想法裡面，公布色情圖片也是一個利用人性弱點來賺錢的機會，而他最喜歡做的事情就是這種。他說，他不敢相信竟然有人付錢給他，希望他能在網路上張貼光著屁股的胖子照片，就好像我們剛認識的時候，他在賣家庭植物種植指南時，也無法相信有人會去買一無是處的指南來種植大麻。「這種垃圾，有很多人付大筆鈔票買，我只管一直收錢。」有天他在電話上向我解釋：「可能有一天，這些頭殼壞去的人會突然想通，張貼這種爛照片根本就是浪費錢，然後就此打住。我幫他們瞭解整件事荒謬的地方，算是做善事。我要他們付的錢越多，等於是做越大的善事。不管了，反正這個時候我簡直賺翻了。」他那天聲音聽起來很糟，好像快死掉一樣，不過他要我放心，只是腎臟有點問題。那次沾到殺蟲劑，害他生了四個月病，不過可能已經快好了。不管了，他說，他現在志向遠大。「告訴你，重點是，網際網路酷斃了，」他說。「網路不會像植物在我手中死翹翹，也不會像塞米諾人一樣惡整我。」他為一家名為「網路使者」（NetRunner）的公司效命，幫合法公司建立網站。他的網路化名是軍刀貓（Sabercat）。我有天找到了他的網站，上面寫著：「你們有些人可能會知道我就是軍刀貓，軍刀貓是現在已經不存在的軍刀世界（SaberSpace）的上帝與主人……。如果你打電話到網路使者辦公室，接電話的人聽起來有點傲慢，有點『與眾不同』，那個人就是我。你在網路上可能會遇到一些『奇奇怪怪』的人，我和他們不太一樣，我並不是因為匿名上網才作怪，我本身就是怪人一個。」

我們又在電話上聊了幾分鐘，然後我再度提議一起去逛蘭展。他還是不願改變心意，不過最後同意，可以讓他知道我的計畫，如果我真的很需要他陪伴的話，他可以和我見面幾分鐘。拉若許就是這副德性，他的每件事物都是極端。普通的世界對他來說過於制式化。我如果單單只是要他跟我去，只是一般人要求一般人的方式去做某事，那樣求他還不夠。另一方面，如果我真的很想去，他還是有可能會放在心上。

除了拉若許不算，我在佛羅里達認識的所有人幾乎都要參加蘭展，包括了馬丁．莫慈、湯姆．芬諾爾、鮑伯．富可士、法蘭克．史密斯，以及在慶祝晚會中認識的所有美國蘭花學會成員。南佛羅里達蘭花學會的蘭展在佛羅里達規模最大。除了加州的聖塔芭芭拉蘭展外，全美就數

這一場最重要。我已經對親眼目睹幽靈蘭開花不抱太大希望，不過只要有機會，無論如何我都不想錯過。我和拉若許講過電話幾天後，打電話給培植萬代蘭的朋友馬丁．莫慈，把拉若許拒絕邀約的事告訴他。馬丁勸我忘掉拉若許，和他一起去蘭展會場。儘管先前和他的狗有過那次不愉快經驗，我知道和馬丁一起參加蘭展一定很有意思，因為他每次都會介紹好玩的東西讓我知道。而且，他發誓，最近那隻狗的脾氣比較收斂了。

我隔天過去他家。「上帝保祐我啊，我有一百萬件事情要做。」馬丁開門時說。他和妻子瑪麗在投入養蘭之前，都是英國文學的教授。事實上，馬丁於一九七六年結束在南斯拉夫的資深傅爾布萊特（Fulbright）教職，才回來創立了莫慈蘭園。即使在溫室裡，即使穿著破舊的卡其裝，即使指關節都插進青苔和蛭石裡，他看起來還像是可以隨時在黑板前輕鬆講述詩人葉慈的理論。他的房子，他的院子，他的服裝，全部都如學者般簡陋，只有一件不合教授身分的東西，就是BMW房車，那是一輛億力[14]BMW。馬丁和很多其他佛羅里達養蘭人一樣，在使用過杜邦的除菌劑免賴特之後死了很多植物，儘管杜邦至今仍堅稱免賴特與植物暴斃無關，還是花了上億美元和數百名養蘭人達成和解。光是在佛羅里達，杜邦就付出了將近四億美元。對於災難，馬丁有一

14　億力（Benlate），殺菌劑。（編按）

套滑稽的態度。他用和解金買了這輛BMW時，在擋泥板上貼了「有了化學，明天會更好」的標語。杜邦現在還在和宣稱是免賴特的受害者進行和解。蘭花是高風險的行業；有些和解案子裡，和解金遠為優渥多了，所以一些養蘭人拿了杜邦的錢乾脆退休去了。有謠言指出，某些人將使用了一半的免賴特袋子賣給可能有或可能沒有用過的養蘭人，好提供一個看起來可信的證據。

自從我上次參觀馬丁的蘭園之後，又有幾十株蘭花開了。藍色和淡紫色的球狀花朵飄浮在一片暗綠色的莖葉海上。除了這些蘭花之外，還有一排奶油粉紅色的花朵，像是十組英國偉吉伍德（Wedgwood）的茶杯。「我今天早上有急事要辦，馬上得去，」馬丁接著說：「我們要去拜訪一位熱帶水果業的王侯，如果你願意一同前往的話也歡迎。」我也想去，所以就爬進那輛車牌是「萬代一號」的廂型車，隨著一起來到馬路上。「我要拜訪的這位紳士，是蓋瑞．濟爾（Gary Zill），」馬丁為我說明：「我之所以要去見他，是因為我真的覺得有必要想辦法讓酪梨一年生長七個月，而且最好是長在自己的樹上。」蓋瑞．濟爾種了很多酪梨樹。馬丁說，他要用梅子樹的芽接木和蓋瑞交換酪梨樹。他的芽接木一片片都用濕答答的鬆紙卷包著，放在廂型車前座。我在佛羅里達的時候，有很多次感覺到置身另外一個世界裡，這次也是：在這個世界裡，水果、蔬菜和芽接木都是央行發行的貨幣，一片梅樹的芽接木市價相當於一棵酪梨樹，香蕉對柳橙的匯率大幅貶值。經過「濟爾高性能植物園」的招牌後，馬丁靠邊停車。他一下車就興奮地對我說，在他那一邊的車子旁邊有一棵樹，要我過去看。「這是一種古巴水果，有色瑪蜜果（*Mamey colorado*），」他一面說，一面從樹枝上拉下一粒有點圓圓的水果，果皮有如皮革。「零售價一粒賣到十二塊左右。因為價值高，一種下去就會被偷走，已經沒有人在種了。」他咬了一口，果肉是磚頭的顏色。「我親愛的鄰居種了八公頃，他想全部賣掉，」馬丁吞下水果後說道：「就算是有全天候的保全設施，他還是保不住。」

馬丁還在吃水果的時候，蓋瑞．濟爾來到廂型車後面，打開後門看到馬丁裝在車上大約一百株的蘭花。「噢，多麼漂亮的雜交種！」蓋瑞大叫：「馬丁，這到底是什麼東西啊？」一會兒之後他出現在我們眼前。他的頭髮金得像衝浪客一樣，一手拿著筆記板，另一手拿著一顆我從來沒看過的水果。這顆水果圓鼓鼓的，淡綠褐色，如棒球般大小。他咬了一口，顯出如傷口般的血紅。看見我在看他時，他說：「牛心梨，」他拿著水果比手勢：「從猶加敦半島來的。我十五年前在那邊吃了一個，把種子留下來。當初種在這裡時，真不知道會長成什麼樣子。」

「我們去的時候也看見過，」馬丁說：「水果長得好大啊。有一個小孩的頭那麼大。」

蓋瑞瞇著眼睛看了天空一陣子，然後說：「馬丁啊，我們應該試試看能不能繁殖。我上個禮拜從瓜地馬拉帶回來一個品種，裡面是鮮橙色，真的是美呆了。我們甚至還會用你的名字來命名，就叫做莫慈雜交果（*reticulata*）好了，一定會賺很多錢。」馬丁像麻雀般偏著頭，「啊哈，」

他說：「上帝保祐它鮮橙色的心。」就在這個時候，蓋瑞的一個苗圃工作人員過來和他講話。他身材瘦小，很害羞，有個猶太人名字，他說他出生在密西根，在巴西長大。這樣的背景並不十分常見，不過話說回來，這裡又有什麼東西很常見？水果都是外來水果；每一種和每件事物都帶有外國血統。有時候，在佛羅里達會感覺像是站在世界的邊緣，潮汐翻攪，定期帶來怪異無雙的東西。舉例來說，一個出生在密西根的巴西猶太人種植粉紅橙色的瓜地馬拉水果。我和這名工作人員聊了一下子，蓋瑞和馬丁則開始討論起他們交換酪梨和梅樹的計畫，一起從熱帶水果苗圃走向蓋瑞的房子。蓋瑞說，他在家裡種了大約兩萬棵植物，多半是蘭花，在我們離開之前他希望馬丁可以很快看一下。「亂七八糟噢，」他警告我們：「我去哥斯大黎加採集芒果種子的前一天晚上，控制灑水系統的電腦被閃電擊中了。」

「我可以想像。」我說。

「馬丁啊，如果你對花粉有興趣的話別客氣，花粉多的是，儘管拿。」

馬丁對他微笑：「對嘛，人生苦短，藝術之路漫長。或許我們可以弄出些精巧的東西來。」

我們走進蓋瑞的遮陽房裡，一大片格子架上的蘭花高高在上，有些像暈船的水手般無力下垂，有些像阿兵哥一樣挺直腰桿，有的穿著熱粉紅色或熱黃色、冷紫色的花朵。「真好玩，是吧？」馬丁一朵接一朵瀏覽地說。他停在一朵鈷藍色的萬代蘭前，看上半晌。蓋瑞也在觀察他。「我相信，」馬丁說：「沒錯，我真的相信這棵是我在二十五年前培養出來的。濟爾先生，怎麼會跑到你家？」

「我阿姨給我的，」蓋瑞說：「她應該是從夢娜（Mona）教堂拿來的。」

「啊哈，」馬丁說：「是我親自送給夢娜的。」他用兩根手指摩擦蘭葉：「濟爾先生，這棵會比你長壽。植物世界真奇妙，我們都只是過客而已。」

——

當天晚上，馬丁開車到會議中心，開始搭建他的展示攤位。那一年邁阿密在慶祝建城一百週年，蘭展的主題就是百年慶，意味著展示要表現出佛羅里達的歷史淵源。馬丁說，他要搭建一個沼澤的場景，裡面放很多萬代蘭，還有一艘小孩般尺寸的原木獨木舟。「和現實不會有太大關聯，」他說：「不過話說回來，又有什麼和現實有很大關聯？」馬丁的展示區是個有點小的方塊，位於後面的一列中，靠近湯姆．芬諾爾二世的展示區，轉個彎就是鮑伯．富可士的攤位。馬丁的助手薇薇在我們抵達之前，已經用海沙在地板上鋪了兩吋厚。「非常吸引人是沒錯，」馬丁告訴她：「可是啊，薇薇，還是需要騰出一點空間來。」他開始耙開一些沙子。馬丁運來了將近三百株萬代蘭和嘉德麗雅蘭來裝飾這個場景，還有幾株特殊的雜交種，他特別想擺在醒目的地方。他和薇薇開始擺植物，然後到處拍拍沙子，讓沙子蓋住花盆的底部。

他們一邊工作一邊低聲對話：「這個小竹子圍牆對我們來說是個新概念，不過我還是想拿來用。」

「噢，馬丁，這朵鉤瓣蘭是很漂亮沒錯，就嫌太紅了。」

「真的是太紅了。改用這朵白色的。如果和獨木舟搭配，就能比較和諧一點。」

廣大而空曠的邁阿密會議中心這個時候充滿了其他養蘭人，忙著搭建各自的展示區，高聲著指揮幫手，到處都是鐵錘打在金屬框架上的聲音，以及箱子被拖過地板的呻吟、微弱似黃銅的泥土味、新鮮甜蜜的花香，還有裝貨區卡車輪胎呱呱的噪音。馬丁提到，他展示的所有蘭花，總共價值大約四萬美元。當天晚上有六十個展示區，有些人展示的數目比馬丁多出一倍。屈指算來，整個會議中心的展示總值可能高達四百萬美元。我心裡想：我正置身於價值好幾百萬的花朵之間啊。我深吸一口氣，然後閉住氣，搖頭讓四百萬元的花朵顏色模糊起來，就像塗口紅一樣。這種富饒的景象，就是佛羅里達的天性，生物欣欣向榮，什麼東西都為數眾多，所有東西都混合在一起，置身其中時，必須決定自己是要混入群體中，還是要成為醒目獨立的個體。

馬丁和薇薇忙了大約一個鐘頭，周遭其他的蘭花人和助手也忙了好幾個小時。他們兩人擺好最後一株時，馬丁向後退，上下打量展示區，食指停在鼻子上，臉上表情陷入沉思。「薇薇，」最後他終於指著一株特別大、特別鮮豔的橙色嘉德麗雅蘭說：「我們應該把那個大傢伙搬開。我很擔心放在那裡看起來好像核子彈爆炸的蕈狀雲，有點誇張。」

會議中心人來人往，到處有人走到別人的展示區參考別人的做法。有人過來借走了水苔和竹子圍牆，馬丁也借來來四吋蕨和點綴用的植物。一個夏威夷來的苗圃人過來向馬丁打招呼，他正在搭建一個很大的展示。「我今年不參加紐約蘭展了，」他說：「展到沒力了。你有空過來看看我新買的電子噴霧器。」馬丁放下手邊的工作，漫步走過幾個展示攤位，來到南佛羅里達羊齒植物學會。搭建這個展示區的人名叫傑克，他在展示區中央放了一條兩公尺長的鱷魚。「鱷魚不錯吧，馬丁？」傑克問道，「水泥做的。我的展示叫做『危險的吸引力』。取得不錯吧？」

隔壁的展示區是「養多多」（Grow-Mor）苗圃的攤位，弄得像是維多利亞時代的客廳，包括有一個鍍金的壁爐，兩張扶手椅，一個古董壁爐架，一張法國咖啡桌，兩幅高品質的油畫。「家具全是從我家搬來的，」養多多先生告訴馬丁：「我們認為壁爐架放在這裡會很好看，所以就從家裡的餐廳拆下來了。該死啊，馬丁，你相信嗎？我最好的藍色托利多（Toledo Blue）這個關頭竟然沒開花，還差大約兩個禮拜。噢，對了，馬丁啊，你有沒有多的水苔？」

「我們有三箱松蘿[15]，想要就去拿，」馬丁回答：「肯塔基有一家很不錯的商業繁殖苔蘚公司，我從那裡買的。我想，他們一定是跑到清澈的森林小溪邊，大肆搜刮長滿苔蘚的河岸，才會有這些東西。」我們從一個假人的下半身旁走過，假人身上穿著佛羅里達從前拓荒者的服裝；然後走過一個以保麗龍雕刻成模仿名勝畫像石的三公尺高模型，上面坐著一條九十公斤重的鱷魚標本。「我是用鏈鋸雕刻出來的，」做這個展示的人說：「用保麗龍和丙酮可以做的東西可多著呢。」我們經過的展示名稱，有「邁阿密上空的蘭花」、「活鑽石的彩虹」、「神奇蘭花城」、「鱷魚步道」、「失樂園」。馬丁說，他覺得蘭花界有不少人都真的神經有問題。話一說完，他就介紹我認識一位養蘭人。此人頭髮散亂，眼神也狂亂，名字叫做衛門・卜席（Waymon Bussey）。他剛從墨西哥飛來。

「知道我最近在做什麼嗎？馬丁！」衛門看到我們的時候大叫。「我過得很不錯！人生很不錯啦。我在墨西哥一千八百公尺高的地方種迷你亞洲蘭（mini-cymbidium）。」馬丁揚起眉毛。「前不久被虎頭蜂攻擊，最近才剛康復，」衛門繼續說：「我去解救植物的時候被叮慘了。我那時候在救蘭花，野生蘭花。馬丁，我發誓，它們都在對我尖叫，要我去救救它們。虎頭蜂在我四周嗡嗡聚集，我一定要解救蘭花。我不是在盜採蘭花啦！那是解救蘭花的行動！」

馬丁撚著鬍子。過了一會兒，衛門說：「馬丁，告訴你啊，我已經戒掉了尼古丁、酒精，不再亂搞男女關係。我現在唯一的癮頭就只有蘭花而已。」

「據說但丁再忙，總不忘撥出時間縱情漁色，」馬丁肅穆地點頭說：「可別讓我失望啊，衛門。」

衛門轉頭向我眨眼，露出一種瘋瘋癲癲的微笑。「你想知道嗎？」他問我：「你知道嗎？我今年才四十一歲，就已經看過兩次飛碟了。」

—

轉過一個彎，我們來到鮑伯．富可士的攤位。鮑伯的鮑富蘭園展示一向做得很堂皇，遠近馳名。這一次他搭建了一個接近實體大小的佛羅里達木屋，年代大約在一八八六年前後。木屋很精巧，有一個小門廊，還有一個小小的尖頂，蘭花有的從欄杆上垂掛下來，有的覆蓋著小小的前院草坪，有的排列在木屋蜿蜒的石頭小徑上，有的簇擁在木屋屋腳的四周。每一種自然色彩幾乎都可以在這些花朵上找得到。小屋本身是一八八六年的棕色，看起來很有真實感。鮑伯向我們打招呼，馬丁讓我和鮑伯談，他不奉陪了。「我必須回去莫慈地盤，添加稻草泥，」他說：「時間到

15 俗名Spanish moss的松蘿鳳梨（Tillandsia usneoides），鳳梨科鐵蘭屬，雖然俗名是moss，但不是苔蘚，主要生長在潮濕地區。（編按）

了，海象說，該回去處理很多東西了：鞋子啦、漁船啦、蠟油還有稻草泥。我的會計說，他會過來幫我。」馬丁和鮑伯總是找藉口來迴避對方。馬丁對鮑伯點個頭，轉身離開。

有很多養蘭人彼此看不順眼，就像很多人彼此看不順眼一樣，或者講得更明白一點，就像很多自家人無法融洽相處，都是一樣的道理。他們喜歡不同的蘭花，不然就是他們對培育蘭花抱持不同哲學。舉例來說，鮑伯希望培養更大更豔的萬代蘭，而馬丁希望培養的萬代蘭，則是卡爾·洛伯林首次在菲律賓發現時的那種花形。不然就是一個養蘭人覺得自己的蘭花比其他人都還漂亮，只是沒有遇到知己；不然就是因為自己的蘭花比別人都漂亮，因此紅顏遭嫉；再不然就是有些養蘭人彼此話不投機半句多。今年，沒有參展人和鮑伯·富可士被起訴那年一樣聘請貼身保鏢，不過還是能感覺到有些人之間一觸即發的緊張情勢，彷彿他們隨時準備讓對方起一身雞皮疙瘩。如果我懷疑蘭花世界究竟是不是可以如我想像，算是一個世界、一種文化、一個家庭，這種對立的氣氛恰是最好的證明。蘭花的世界具有家庭的溫馨感，也有家人互鬥的氣氛。就和一家人一樣，蘭花的世界提供你在世界上安身立命的管道，將自己放在一個有時候很擁擠、有時候互相鬥嘴的小圈子裡，而這個小圈子外面有一個比較大的圈子，在外面還有更大的圈子，最後才被整個世界包圍住。藉著置身於小圈子裡，才有機會在做自己和做個團體中人之間找到平衡點，儘管這個平衡點的兩端彼此都將對方置於險境。如何成為社群的一員，又能保住自我？這一點，我一直都想不通。如何讓自己保持獨立卻又和人緊密結合，而且還能更令人驚訝地，兼顧自己的獨立性和群體性？這兩種情況上上下下如同蹺蹺板，彼此探尋平衡點。如果你單槍匹馬、獨立自主、自外於家庭、宗教、族裔、傳統、階級，不消多久你就會感到太寂寞、太自成一格而顯得獨特、發現全世界沒有一個人和你一樣。如果你完全沉浸於某種事物，沉浸於你的城鎮、你的職業、你的嗜好中，很快你就必須掙扎到水面上，因為你必須確定，儘管你是那更大事物的一部分，一個社群的一部分，你仍然是單一個體，具有單一的心智。這就是美利堅合眾國最基本的矛盾所在——一個不合邏輯卻又樂觀的觀點，認為可以創造一個集合個體的群體，而在這個群體當中，人人都能獨立自主。我豔羨會議中心裡周遭的蘭花人，也很豔羨明天即將聚集於此的所有蘭花人，同樣地，我也很羨慕塞米諾部落的成員，因為他們發現了擁擠的小圈圈，找到自己的定位。就算有人想離開圈子，獨立出去，似乎也沒什麼阻礙，之後還能快快樂樂地重回圈子裡。我甚至羨慕像拉若許和黎義．摩爾之類的人，他們隸屬於什麼都不隸屬的圈子，自成一個擁擠的小圈圈，雕塑出自己的生活，即使只是淺浮雕也無妨。

參觀蘭展的人通常一大早就來了。這些都是認真的蘭花人，希望早點探頭進來，在別人之前搶先一步找到最好的蘭花。他們很早就開始排隊，準備好購物袋和鐵絲籃，鎖定他們的目標。

「我想要那種白色的蝴蝶蘭，唇瓣是百分之百紅色的那種。我已經種了一棵，不過在唇瓣外圍有小小的白色斑紋，我不喜歡。」

「我想要一棵同色的拖鞋蘭，那是很特別的一種，是『沃特』和『科羅爾胖小子』的雜交品種，奶油色，上面有紅棕色的斑點。」

「來逛蘭展，我一定得銬上手銬，因為我什麼都想要。」

「如果有好幾個月都沒逛過一個蘭展，我就真的非去逛逛不可。」

「聽說亞洲蘭快退流行了。」

「如果讓我夠喜歡的話，我願意花一萬塊只買那麼一棵。看見喜歡的東西卻弄不到手，真的會發瘋。」

「我好喜歡這種噢！我要這種！我從牙買加回來的時候，在胸罩裡藏了一大堆，結果大部分都死掉了。」

「我要的是真正很大的華麗蘭（*magnificum*）。這個是很大沒錯，不過除非我找到真正很大的，否則絕不離開。」

我想要的是法喀哈契的幽靈蘭，完全盛開，或許附著在一塊凹凸不平的釋迦樹上。我想要的幽靈蘭，蘭根要開展得像我的手一樣大，每條根只能和牙籤一般細。我希望幽靈蘭的花朵雪白如白糖一樣，白得有如肥皂泡，白得像牙齒一樣。我在心裡記住了花形，尖尖的花臉留著鬆垮小鬍子的花瓣，像是長了彈簧腿的白子蟾蜍。如果放在這裡，在別人的眼中，幽靈蘭不會是最大、最豔麗、最稀有、最精美的花朵，只有我才如此認為，因為我想要幽靈蘭。宇宙當中只有幾種東西具有絕對的價值。通常具有價值的東西不是可以拿來食用補充營養，就是可以用來當作武器，不然就是可以製成衣物，否則就是因為你想要，覺得擁有這個東西會讓你快樂，這個東西才有價值。這樣的東西可以價值連城，也可以是一文不值，其價值要看你願意為你想要的東西付出多少而定。知道在這裡根本找不到幽靈蘭，讓我省了很多麻煩，因為我連找也不必找了。沒有了希望，反而讓我鬆了一口氣，因為這樣一來我也不用害怕了。在混亂的宇宙裡尋找某種東西，對人而言是一種慰藉，不過，知道找了也沒有用，表示也不會因此而失望。正好就在幾天前，我遇見了一個人，他說他在沃斯湖的一個街上園遊會看到有人在賣粗繩籃子，籃子裡面有幾塊野地的木頭，上面有一團團的根。他很確定那就是幽靈蘭的根，不過當時沒有一株正在開花，賣籃子的人也說不出那種植物的名稱，他只是從某個人那裡買來，而那個人也是從別人手裡輾轉得來的。我並沒有期望在這個蘭展中看見裝了什麼東西的粗繩籃子。我看見有人在賣蘭花的書，有《畢修普一九九一年至九四年間登錄之雜交蘭花》、《蘭花裁判使用的描述術語》、《你也可以種嘉德麗雅蘭》、《你也可以種蝴蝶蘭》，也有人在賣毛衣、T恤、耳環、領帶。等待買主的蘭花，價格從一百兩百到三百五百不等，一大間房子裡彙集了眾多蘭花，各種顏色、各種花形，有狂亂的葉子，有細瘦的葉子，也有的連葉子都沒有。有的蘭花唇瓣肥厚凸出、有的唇瓣彎曲如嵌環，有的長出紅中帶微黑的蓋子和斑點，有的有褶邊；有的打褶、有的有螺旋狀的曲線；有的大如拳頭、有的小如指甲；有的香味如蜂蜜般甜美、有的聞起來像青草、柑橘、肉桂，有的什麼都不像，或者什麼香味都沒有，只有空氣在花朵中逗留一陣子後帶有的那種厚實、溫暖的特殊感受。

在馬丁的攤位上，有一個人呱拉呱拉說個不停。「嘿，我去年在你這裡買了一棵爛貨！」他說：「那棵是個突變種，放在車子裡，我這就去拿。」

「我相信你，」馬丁說：「不用看了。你乾脆選個漂亮的帶回去好了。」

「嘿！」攤位前另一個人拿起一株藍色的萬代蘭說：「這棵可以吃多少鹽分？我的意思是，可以承受的鹽度有多少？是叫做靛色心情，還是心情靛色？要不要澆很多水？」馬丁一邊和他交談，一邊幫那個買了突變種的人包裝他選的植物。另一個個兒高高的人茫然地信步走過。「好漂亮，」他對馬丁說：「真的是很漂亮。對了，馬丁，你該來洗洗牙了。」

「老天啊，」馬丁嘆氣：「怎麼躲就是躲不掉自己的牙醫。」

馬丁的獨木舟在展示比賽中並沒有贏得任何獎項。事實上，蘭展委員會的職員偷偷告訴我，裁判一點都不喜歡。「其實，」她低聲說：「他的展示啊，裁判討厭死了。」她還告訴我，裁判覺得馬丁的植物標籤不起眼，整體的展示也雜亂無章，最後決定獎項的時候，根本沒有考慮到莫慈蘭園。我也問她，裁判對其他的展示有何看法。裁判們喜歡夏威夷的展示，不過他們不喜歡蘭花上面的那層青苔。裁判喜歡一個叫做「昨天」的展示，因為「他們喜歡那道假的流水。」維多利亞客廳也未獲裁判青睞，因為養多多先生用的白色背景太醜，並沒有將他植物的顏色表現出來。這類批評的名單很長。反過來看，裁判很中意鮑伯・富可士的展示。所有的大獎都由鮑富蘭園的佛羅里達木屋囊括，有藝術獎、四十六平方公尺展示獎、以及最高榮耀的金牌獎。蘭展中得獎與否關係到自尊，關係到職業上的尊重，關係到個人的滿足感。得獎與否也關係到金錢，因為繫上蘭展緞帶的植物都能抬高身價。得獎與否也牽涉到令人想像不到的深層意義，可以帶動革命，因為在蘭展中脫穎而出的蘭花會大受歡迎，其他養蘭人也會用得獎的蘭花來培植新雜交品種，可以拿得獎蘭花來作範本，自行培育出他們想要製造出來的品種。贏家不但通吃、連未來也都包辦了。蘭展的首日整天，每次我一轉頭就可以看見鮑伯橙色的頭髮，和他那神采飛揚的白晰臉龐，看見他臉上部那種冷靜而明亮的表情、那種知道自己是贏家的自信。

有一會兒我和一個男人走在一塊兒。他正在尋找一種白色的蝴蝶蘭，上面有金色和紅色的唇瓣，沒有雜色斑紋。他說他以前醉心橋牌，後來不玩了，因為他覺得打橋牌的人都太怪異，有太多情緒上的問題，投身蘭花世界後他感到快樂多了。他還說他在自己的溫室裡安裝了三個不同的警報系統，如果溫度、光線、濕度出了問題，他馬上可以知道，所以他很放心。這時時間已不早了，外面天色也已暗了下來。我記得拉若許曾說，如果我真的迫切需要有人作陪，可以打電話給他看看。我並沒有迫切的感覺，不過我倒真的很想在這裡看到他，看到他置身於這個本來他想征服的世界，儘管在他的腦海裡，他已經和蘭花世界脫離了一百萬里遠。我打電話的時候，他正好在家。他說他會想辦法趕過來和我碰頭，不過他要先帶女友和她的兒子去看足球賽，還是參加生日派對或什麼其他的事情，我聽不太清楚。他要我在會議中心逗留一陣子，他會過來找我。我知道要找人根本不可能，因為這個地方大得像一顆行星一樣，在裡面走有可能會迷路好幾個小時。我一點也沒有期望拉若許會過來，我也沒有等下去，只是從一朵蘭花掠過另一朵蘭花，從一個展示區晃到另一個展示區，從一個蘭花人聊到另一個蘭花人，像隻小蜜蜂一樣，直到頭暈目眩才停止飛舞。

第十三章　也算是一種方向

法喀哈契的管理員曾告訴我一個故事。有天早上一名住在喬治亞州的女人打電話來問，現在沼澤裡有沒有幽靈蘭正在開花。管理員告訴她，最近才在深水湖附近看見幾朵。這位女士愛幽靈蘭成痴，還說只要能看一眼，天涯海角都願意去。她馬上開車到亞特蘭大，隔天搭飛機到邁阿密，在機場租了一輛車，開車到法喀哈契，向管理員問了方向，接著立刻花幾小時的時間徒步走向深水湖，向幽靈蘭邁進，距離這位女士打電話的時間還不到二十四小時。可惜蘭花善變，她抵達幽靈蘭的地點時，蘭花都已枯萎，想看明年請早。她看著環狀的綠色蘭根，久久無法移開視線。然後她轉身離開沼澤，當天下午就啟程回喬治亞了。她大老遠專程來看幽靈蘭卻撲個空，我猜想她一定很失望。管理員說猜錯了，她一點也沒有顯出失望的神情，反而還告訴他，能來這一趟非常高興，還要他答應她，一看到幽靈蘭開花，馬上打電話給她。她會很樂意再回來看。

拉若許答應在我離開佛羅里達之前陪我去法喀哈契。他還答應我，我們一起去法喀哈契的時候，可以去看看幽靈蘭。這一點，我倒要好好考慮一下。能不能親眼看到幽靈蘭的花朵，我已經開始懷疑了。我也開始懷疑，拉若許可能永遠不會和我一起進入法喀哈契了。每次我想邀他，好像都無功而返。第一次請拉若許帶我去的時候，他沒有辦法進去，因為法院禁止他進入，後來他開始忙塞米諾苗圃，沒時間去。然後他拒絕進入沼澤地，因為想對塞米諾人、蘭花界和全世界表示抗議。接著他又開始忙新的電腦事業，騰不出時間。在此同時，冬天已經快過去，初春的熱氣開始灌入，太陽一天比一天還高，一天比一天還毒辣。我知道，如果我們不趕快去，天氣馬上就會變得難以忍受，又要等到下個冬天才能進去。

我參觀了南佛羅里達蘭花學會的蘭展後幾天，打電話給拉若許，把蘭展的情形一五一十告訴他，報告鮑伯．富可士贏得大獎、馬丁．莫慈感到很失望，接著我問到一起去法喀哈契的計畫。他說隨時可去，希望將時間訂在星期六。我簡直呆住了。我把放在西棕櫚灘的東西收拾好，住進邁阿密灘的一家旅館，這樣就可以離拉若許近一點。星期五晚上我幾乎無法入睡。我並不想把腦筋放在隔天的行程上，不過就是制止不住自己。我一直夢到我第一次進入法喀哈契的情形，那一次是和管理員東尼一起去，首度看到了觀賞鳳梨形成的華麗圓蓋，看到了被蘭根包圍的樹木。不過在夢中只有我一個人，走進沼澤深處時，踩到了一個烏黑的污水坑，立刻有繩索般的東西包住我的腳，像繩圈一樣，我重心不穩倒地，手臂拍打著發出琺琅光澤的湖面。我陡然驚醒，眼睛張得大大，纏繞在腳上的東西原來是被單。接下來幾個小時是怎麼度過的，我已經不記得了，不過總算還是熬到天亮。拉若許和我計畫一大早就出發前往沼澤，我一邊穿衣服，一邊打開收音機，聽到新聞快報，超值航空（ValuJet Flight）第五九二班機於邁阿密飛往亞特蘭大的途中，失事墜毀在大沼澤地國家公園裡，消失在十八吋的泥灰、沙土和泥漿之下。飛機墜毀的地點離邁阿密市區只有十九公里，距離一個購物中心的代客泊車處只有十九公里，要是從比爾特摩（Biltmore）旅館出發，騎腳踏車就可以到達現場。然而事實上，當地和這裡真有十萬八千里的差距，不但景色荒涼，形勢險惡，還幾乎沒有辦法可以靠近。飛機失事的地點在密科蘇奇保留區的邊緣，就在大沼澤地國家公園L-67A和L-67C運河之間，當地人都將那片沼澤稱為「死巷」。所有附近的道路，包括到法喀哈契的道路都遭封閉。聽到這則快報，我馬上打電話給拉若許，他當時顯然還在睡覺。如果根據他制訂的時間表，那個時候我都已經快遲到了，他竟然還沒起床。我們同意，這下子是去不成了，星期天再試試看。我告訴拉若許，星期天是非去不可，因為我已經訂了機票，星期一就飛回家了。

——

星期六我便一直看著電視上報導飛機失事的消息，看到CNN訪問一個名叫水牛老虎的密科蘇奇人，他表示，飛機墜毀是大自然的神靈造成的，因為人類把大沼澤地國家公園破壞得不像樣，觸怒了神靈。他還說，大沼澤地國家公園常常因為一肚子火而吞噬活人，有時候連族人進入沼澤後都一去不返。CNN訪問水牛老虎的時候，拉若許打電話過來，要我幾個小時後到邁阿密的費爾柴兒（Fairchild）花園的蘭展和他會面。塞米諾人開除他之後，他就不碰蘭展了，我不太確定他現在是不是真的想去，不過我聽到了還是很高興。我開車到花園，在費爾柴兒停車場等他。他只遲到一下子，心情開朗愉悅，堅持要我和他先去參觀一家禮品店，然後在店裡的時候，他又堅持要買下一條我看上的紅色橡皮魚給我。接著我們四處漫步。在費爾柴兒的蘭展中，室內人潮熙來攘往，擺滿了展示，清涼的植物芳香從植物中向上升起，也可以聽到空洞的劈啪聲！此起彼落，將塑膠袋抖開，裝進上百元的幼苗。我們走過一排又一排，停下來欣賞一桌桃紅色、有大黃點的石斛蘭，然後細細觀察一棵雷麗亞嘉德麗雅蘭。這種蘭花在遠遠欣賞的時候，和我小學認識的一個金髮、暴牙男生極為神似。拉若許後來拉我過去看一些佛羅里達土生土長的貝殼蘭。「明天我們會看到一百萬棵貝殼蘭，」他邊說邊撫弄著蘭花的根：「法喀哈契太爛，不適合這些臭小子生長。」

貝殼蘭攤位的負責人背對著我們，拉若許說出上面那句話的時候，負責人轉身看了拉若許一眼。接著她再看他一眼，臉色開朗起來。「約翰．拉若許！」她說：「約翰啊，你最近到底過得怎樣啊？你在忙些什麼，約翰？」

「芭芭拉！」他也喊出她的名字，然後轉向我：「記得我告訴過你的那個女的嗎？她就是那個被我帶進法喀哈契，還得勞駕我幫她砍死幾條蛇才看到幽靈蘭的人。」

芭芭拉笑笑：「約翰啊，最近怎麼樣？」

「不錯啦，」拉若許告訴她：「你知道嗎？我現在改幫人家做網站。我連一棵蘭花都不養了，一棵植物都沒有了。」他的聲音裡帶有驕傲的語氣。

「你高興就好了，約翰，」她的口氣溫柔：「我之前真為你擔心呢。搞植物弄得你渾身是傷，就像娶錯老婆一樣。」

拉若許點點頭：「對呀，我現在愛上電腦了。」他撫著她的蘭花，接著說：「不必再靠活的東西來過活，真的是大大鬆了一口氣。」他開始專心欣賞隔壁桌的一株觀賞鳳梨。芭芭拉看了他一會兒，然後悄悄對我說：「他現在看起來好太多了。蘭花這種東西啊，對有些人來說實在太烈了，整個人會被麻醉。約翰簡直就是被蘭花吃掉了似的。」

幾分鐘之後我們來到蘭展場地的另一端，另一位負責人也認出了他。「我現在改做網站了！」拉若許宣布：「我連一棵蘭花都不養了了！」幾乎像是在誇耀：「我戒掉了！」他對另一個認識他的人說：「我戒了！」大約過了一個小時，我們離開蘭展，在場地周圍散步。安德魯颺風摧毀了費爾柴兒好幾公畝的花園，儘管有些地方重新栽種植物，還是有種剛剃光頭後頗受震驚的模樣。飽受蹂躪的花園似乎讓拉若許觸景生情。「颶風之前的樣子，你真該看看才對，」他東看西看說。「天啊，現在看起來就像地獄一樣。」他拍拍一棵酒瓶椰子的樹幹：「我很喜歡這種，」他說：「我以前總是喜歡銀色的、與眾不同的植物。我種過銀灰色的木芙蓉，剛在苗圃看到的時候只是一棵爛爛的小雜種，買回家後好好照顧，結果操他的，變成了我最心愛的植物之一！顏色酷得沒話說。」他靠在另一棵樹上：「這棵樹叫什麼？」他問。「算了，你想破頭也不會知道。這是殭屍棕櫚。現在問你，你覺得為什麼植物會長成這副德性？我以前老是迷上這個東西，原因就在這裡：靠想像力學植物。我會讓自己從植物的觀點來想，想出其中的道理。我是一棵植物，為什麼要粗糙的樹皮，而不要平滑的樹皮？為什麼要窄窄的樹葉，而不要寬寬的樹葉？我以前一直用這種方法來想出箇中道理，段數很高的。」

「你會不會想念從前的時光？」我問。

拉若許不屑地哼了一聲，點起一支菸。「當然會想囉，」他口齒含糊地說：「我是說，拜託行不行，人啊，就是得找點其他事情來填滿你的生活。」

在回家的路上，拉若許要我跟他一起去拜訪一個朋友杜威・菲斯克（Dewey Fisk）。他認為我可以從杜威身上學到很多東西。「杜威的家就在這附近，」他說：「你應該見見他，真的。他種的東西啊，一堆又一堆，都是真正酷的東西。他那個人啊，被植物弄得瘋瘋癲癲的。你看到他就會清楚，為什麼我會說有一大堆人只為他們的植物活下去。」

我說，過去幾個晚上睡得很不安穩，應該回旅館好好休息，為明天做準備。

「告訴你啊，這個對你真的會有很大的幫助，」拉若許繼續說：「而且只要幾分鐘而已嘛。不到一分鐘。杜威他家轉角就到，我很清楚在哪裡。」我們經過了戴德郡許多偏僻又沒有標示的街道，來回開了一個小時，總算來到杜威的車道。他的房子位於一個到處是白蟻的小巷子裡，就是佛羅里達那種中間有雨溝、兩旁都是雜草的小路，路邊有一排排一層樓的小屋，門廊上有紗網，有報廢的車子、報廢的腳踏車、報廢的家電，棄置戶外任其破敗，和塞米諾人處置屍體的做法一樣。有些部分的佛羅里達和其他地方格格不入，沒有趾高氣昂、蓬勃發展的超級商店和高大的飯店，這裡就是那樣的佛羅里達。這種地方是佛羅里達州低階層、忍氣吞聲的部分，除了夜間蟋蟀的叫聲以及偶爾傳來的樹木彎曲時的吱嘎聲、紗門猛然關上的碰撞聲、車子噗噗聲之外，這裡有如神殿般寂靜。我們到的時候，杜威正在遮陽房裡，聽到車聲後漫步出來。他穿著鬆鬆垮垮的卡其長褲，上身一件扭曲變形的格子襯衫，手裡揮舞著玫瑰大剪。外表上，他讓我想起拉若許，只不過年紀較大、頭髮較灰白、骨頭上面有比較多肉。兩人看起來同樣歷盡滄桑，同樣帶有那種不具攻擊性的精神病人特有的怪異神采。

他和拉若許已經有好幾個月沒有見面了。「嘿，杜威，」拉若許向他打招呼：「菸戒了沒？」杜威瞪他一眼說：「當然沒戒。」他伸手進口袋找菸，取出一包壓扁的香菸。拉若許介紹我們認識，說我對植物感到興趣。杜威對我不屑一顧，過了一會兒才偏著頭看我說：「看見那邊那隻黃狗沒有？」他用下巴指向一條徘徊不去的金毛狗。「會咬人噢。」他停了一下：「我不是說可能會咬人，我是說一定會咬人。」

「謝了。」我說。我心想，還是在車子裡面等比較妥當。

「噢，拜託，來吧！」杜威邊說邊走向遮陽房。他停了一下，遞給我一張名片，上面寫著：

黃蘚瘋子

稀有、特殊植物

杜威．菲斯克，植物瘋

他轉身繼續朝遮陽房走去，拉若許和我跟在後面，繞過幾疊綠色的塑膠花盆和幾堆植物插枝，然後低頭走過一籃籃吊在上面的蜷曲羊齒植物，最後勉強擠過一條老舊爛掉的花園長椅，上面擺了幾十棵植物，包括長了青銅色樹皮、開著淡桃紅花朵的迷你樹。

「看到沒有？」杜威指著一個深桶花盆裡長出的新芽：「我一個朋友在越南採集到的，亨利蒟蒻[16]。那邊那棵看到沒有？就在那邊啊。朱利爾斯（Julius）在千里達採集到的。約翰，你還記得朱利爾斯吧？還有那邊的，那棵開的花，被拿去做香奈兒五號香水。」他在長椅上東翻西找，然後拿起一盆東西。「天啊！這到底是開花了還是怎麼來著。約翰，你覺得呢？」

拉若許正在細看另一棵植物，幾乎連看都不看。「杜威啊，真該死啊，」他對他正在看的植物搖搖頭：「這個氣生蘭（aeroid）以前一直是我的最愛。」

「是人家送我的，」杜威說：「那時候他說有點病懨懨。」他還拿著剛才從長椅上拿起來的植物，突然想起來：「拉若許！」他舉高相物大聲說：「這叫什麼名字？」

拉若許研究了植物一下子，然後說了一個拉丁文。

杜威冷笑：「小型還是大型？」

16　亨利蒟蒻（Amorphophollus henrii），又稱作臺灣魔芋。（編按）

「我想想看，」拉若許瞇著眼睛說：「天啊，杜威，我現在是做網站的人了！不像以前反應那麼快了。我敢說是大型的。」

「放屁，」杜威得意地說：「老兄啊，你的記憶力衰退了，你完蛋了。」

那天下午令人暈眩踉蹌，像是籠罩在一層薄紗下，時間也在薄紗間流逝。一定是和植物有關係。我剛認識很多蘭花人的時候，他們異口同聲說，在溫室裡，時間有種罕見、無形的特質，如果陪伴在蘭花身邊的時候，一天的時間咻一下就不見了，他們也都不會察覺到。去拜訪杜威的那天下午，光源轉移、落下，夜幕隨之襲來，時間已經過去了，我們還在遮陽房裡漫遊，捧起花卉，東聞西聞，用手指去摩擦光滑的葉片，將大拇指伸進泥土裡。每隔幾分鐘，拉若許和杜威會停下來，兩人點燃菸，站在某種樹木細緻的小綠枝前抽菸欣賞，一句話也不說。儘管我早該離開了，我也還是不急著走。待在遮陽房裡有種充分休息的感覺，與人相處時絕對不會有，而且這種活生生的感覺是在無生命的物體之間也絕對不可能有的，在夜間空氣的薄紗籠罩下，它和夢境一樣如夢似幻。

在我們各自打道回府之前，我和拉若許訂好隔天的計畫。從邁阿密地區開車到法喀哈契要兩個半小時，拉若許希望在天亮前就出發。「晚一點出發，裡面的蟲子會多得受不了，你也會被烤焦，」他說：「相信我，我警告你。我想你最好明天早上四點半就過來接我。最晚也不要超過五點。我四點半就起床等你。吃什麼呢？全都讓我來包辦好了。你喜歡吃什麼？」

我說我喜歡麻花餅，他說：「那怎麼夠？我弄點麻花餅，再加上花生夾心餅乾，可能再弄點起士。或許加點糖果。還要帶很多很多水。我們也應該帶些防曬油和乾燥的衣物。別擔心，一切由我來準備。我會準備兩人份的。」他屈指算著：「麻花餅，花生夾心餅乾，赫喜巧克力棒，起士。」

「指南針要不要帶？」我說。管理員都有帶指南針。「地圖呢？」

拉若許盯著我看：「我們用不到地圖。一切有我就搞定了。法喀哈契那個地方啊，我瞭若指掌。我是說，要進去那裡，不懂狀況是不行的啦。裡面很危險的，有大灘大灘的泥巴，還有一片又一片的水。在沼澤裡，隨時有失蹤死亡的可能。」

我把鬧鐘設定在三點，結果沒有醒過來，到四點半才陡然清醒，想像到拉若許一定站在他的車道上、咬著香菸、怒氣沖天。我只花了一分鐘就準備妥當。前一天晚上，我已經準備好所有的沼澤裝束：護脛、便宜的球鞋、長袖白襯衫，還有一套乾淨的衣服，準備在出沼澤後可以換上。

雖然我原本認為已是無緣得見了，還是帶了小型照相機，以備萬一看到幽靈蘭開花的話，可以拍照留念。我匆匆穿上沼澤裝，衝下樓，狂奔過旅館的大廳。那時一切死寂，光線暗淡，只有牆上粉紅色的時鐘發出微光。街道也是死寂暗淡，兩旁的旅館都寂靜無聲，潮水很低，距離馬路好幾公里遠，幾乎沒有舔到沙灘棕色堅硬的邊緣。海灘本身空無一物，只有一簇簇收攏的海灘陽傘，還有一個座位部分破掉、看起來瘦巴巴的海灘椅。歡樂的地方卻空無一物，最令人感到憂傷。我走到自己的車子時很高興，然後開向高速公路，準備去接拉若許。

我到達他家的時候，拉若許並未站在車道上等我。我猜他是待在前廳，聽到我的車子開進來的聲音，就輕輕打開門，示意要我別出聲，然後走出來。每一次我看到拉若許，都有新鮮的意外。他的身材高䠷細瘦，膚色蒼白，似乎每一次都變得更高䠷、更細瘦、更蒼白。他的體形和外套衣架差不多，儘管他一輩子花了很多時間在樹林裡走動，還是一樣弱不禁風、骨瘦如材。他身上找不出一絲平靜安祥的氣息，整個人和長耳大野兔一樣沉不住氣。

拉若許並沒有做進森林的打扮。他戴了邁阿密颶風隊的帽子，一件薄薄的直條絨布長褲，薄如蟬翼的短袖襯衫，踩著韻律舞鞋。他什麼東西都沒帶，沒有麻花餅，沒有餅乾，沒有水，沒有赫喜巧克力棒，沒有起士、地圖、指南針、緊急訊號彈。我問他，準備到法喀哈契的東西在哪裡。他拍拍上衣口袋，拉出一包萬寶路。「全新的一包。昨天晚上才買的，」他說：「我就只需要這個。」

我將車子熄了火，坐在位子上盯著方向盤瞧。拉若許看著我，聳聳肩說：「嘿，別擔心啦，」他說：「我們到鱷魚走廊時，在那邊的印地安店停下來買就可以了。嘿，要不要我來開？」

——

我們出發時還不到早上七點，不過外面早已熱氣騰騰。路面在強烈的陽光下閃閃發亮，人孔蓋周圍融化的瀝青在輪胎下製造出泡泡的聲音。拉若許半根手指搭在方向盤上開車。他能夠用半根手指開車，是因為鱷魚走廊很直，就像長條形的地毯橫越整片土地，不過更主要的原因還是儘管車子不時偏向路肩，他也不在意。我知道他是那種早上脾氣很壞的人，不過這天他卻很多話。他向我描述他新從事的電腦工作，也說他正在寫軟體程式，保證可以讓他成為有錢人。說著說著，他看到迎面而來的車子，想起了他母親的車，所以開始回想當初和她在沼澤裡跋涉時的景象，也回憶到有一次他們走過法喀哈契一處燒焦的大草原，看到了唯一一朵雪白色的林登多根蘭花朵。他講述這一段的時候，語調聽起來很像童話故事或是聖經故事——暗淡無光的旅程，最後有光芒萬丈的大結局，滿懷希望的旅程通過了黑暗進入明亮的天地。換成是一個比較傳統、比較舒服的故事，就不會有這樣奮鬥成功的韻律，聽起來就會像平淡無奇的單調節奏，持續不斷演奏下去地致人於死地。我從來沒想過這世界上會有很多非常像拉若許的人，但是我卻越來越明瞭，他只是一種極端而已，不是一種突變。我也明瞭到，多數人都以某種方式拼命獲得異於常人的東西，尋求值得追求的東西，即使冒著生命危險在所不辭，而不願乖乖過著平凡的生活。

就在這個時候，我們來到馬路稍微隆起的地方，右邊是印地安商店。拉若許從下一個交流道下高速公路，開進停車場。

「去買你想要的東西吧，」他說：「到裡面再和你碰頭。」他望向擋風玻璃外：「這下子可有意思了。他們痛恨我來到這裡。」

我在商店裡買了一些餅乾、瓶裝水，拉若許很快就進來買香菸和多力多滋，然後我們站在熾熱的停車場幾分鐘，才回到車裡繼續上路。「裡面沒有一個人鳥我，」他說：「我料錯了。所有的印地安人都認得出我，為了那個蘭花的案子，他們現在全都痛恨我。我們以前進沼澤前都會先在這裡停下來。」他遮住眼前的光線，望向公路的前方。「你知道嗎？我那時候真的對塞米諾人擬定遠大的計畫。我真的想讓蘭花實驗室上軌道。苗圃是不錯啦，不過真正賺錢的傢伙還是在實驗室裡。我們本來可以日夜趕工，不停複製蘭花，真的可以做得很大。最後我想完全結束掉苗圃，專心搞一個大實驗室，和塞米諾的賓果廳一樣大。我的主要計畫就是這樣，到時候就不太需要苗圃了。我們只要複製佛羅里達原生的蘭株，批發到全世界，然後再擴充設施，不但複製蘭花，還要複製所有東西。在擴充之前，我先訓練員工一些基本的植物學常識。他們本來可以學到一些真工夫。我們也可以弄一些突變種，一些奇怪的雜交品種。我們本來可以讓大家大吃一驚。我們本來可以酷斃的，酷到沒力。」

他急駛過鱷魚走廊，開上二十九號州道，穿過三個給豹子過馬路用的天橋，也經過了寇普蘭路監獄，來到法喀哈契林帶州立保留區的入口。在拉若許選擇的速度下，兩旁的樹木像是綠色的狹長旗子。他減速到一百三十公里左右時，空中原本是一團骯髒的橙色污點，轉變為一縷緩緩移動的煙柱，可能是放火燒過的甘蔗田，也有可能是飛機失事現場冒出的煙。我們像鞭子一樣掃過幾間快變成木材堆的廢棄小屋，經過像是瑞士乳酪般聳立的「請勿擅入」的標誌，經過一艘停泊在某人車道的生鏽小船，經過如同老婦般斜倚的圍牆，然後幾乎通過一個用手寫的招牌，拉若許想看看上面寫什麼，所以猛踩煞車，伸出脖子去看。「你看看！」他大聲說。招牌上面寫著：出售：小山羊、芭樂果醬、仙人掌。「真是怪得沒話說，對不對？」他問：「怎麼搞的？那三種東西怎麼會湊在一起賣嘛？是湊巧嗎？還是有天起床時說，嘿，老婆啊，我們來開一家店賣小山羊和芭樂果醬。為什麼不賣其他東西啊？為什麼不賣小羊、羊齒植物、紫莓？還是賣——天啊，我不知道啦，為什麼不賣母牛、鬱金香和柳橙汁？」他嘆了一口氣：「管他去死，」他過了一會兒喃喃說：「人啊，真的很怪。」

最後我們到達了法喀哈契的入口。車子在堅硬的路面上彈跳，經過了在通過保留區界線時看到的房子和貨櫃屋。馬路繞過一條小溪，然後以直角穿越沼澤，通過樹叢、雜草和樹木，全部都像羊毛般交織在一起。每隔幾碼就可以看到路邊有個空地通往平頂的河堤。一九四七年李伊・泰德沃特絲柏公司來法喀哈契砍伐絲柏樹時建造的老軌道就在這裡。每個河堤看起來都和旁邊的河堤一模一樣，每段沼澤看起來都和旁邊的沼澤一模一樣。我向拉若許瞥了一眼。他的臉因為專心一致而皺在一起。看到我在看他，拉若許微笑。幾星期前，他說考慮去補牙，把出車禍後掉光的牙齒都補起來，不過還沒機會去補，所以他的微笑還是坑坑洞洞的，有如沒有尖木樁的圍牆。他的母親就是在那場車禍中喪生。「別擔心啦。我很清楚這是什麼地方，」他說：「我對這個地方瞭若指掌。」我們再往前開了幾公里。馬路不管往哪裡開，全都是空空盪盪的。最後他轉向一個空地，讓引擎砰砰作響，然後才熄火。他指著前面一個綠色的樹叢說，我們就是要走這個步道進去，最好在四周變得太熱之前動身。

河堤又高又乾燥，我們走了兩三公里後才下去，走進和咖啡一樣黑的水裡。我們的腳會下沉多深，很難判斷出來。雙腳碰到底部的時候，底部卻像布丁般鬆動。浮萍在水面上浮動，纏繞著我們的小腿。法喀哈契有種深沉的寂靜，不過實際的感覺卻一刻也不得安寧，總是有東西擦過身邊、抱著你，或阻撓你前進、或纏住你的腳。太陽也一直無情地曬在皮膚上，空氣中的濕氣讓頭髮亂像電話線圈一樣。在沼澤裡，永遠都聞不到一絲純粹的空氣。你會聞到泥巴的強烈氣息，腐爛樹葉的酸味，新葉的清涼麝香，一百萬朵不同的花散發出的香味，每種氣味都明顯卻又透明，像是肥皂泡泡一樣。極目所見之物，用宇宙中最大的數字也無法算得出來。每一吋土地都生出一叢長得高高的草、樹叢或樹木，每個樹叢或樹木周遭都纏繞著另一種植物的根，每條根上面都有一朵花、一棵羊齒植物或肥大的球莖，每朵花和每株羊齒植物都是一個軸心，旁邊有蜜蜂、蚊蟲、蜘蛛、蜻蜓圍繞。你可以聽見的聲音包括了腳底下小樹枝碎裂的聲首、咻咻掠過身邊的樹枝、樹葉的喃喃低語聲、水啪啪流過枯死老樹的樹幹上的聲音，還有所有想像得到和想像不到的昆蟲的聲響，以及各式各樣的鳥類啾啾吱吱喳喳唧唧叫，然後又有某種東西快速移動的不明聲音，某種靠近地面又沉重的東西，可能有一匹馬那麼大，形狀像蜥蜴，或者可能具有蛇的基本特徵，大小和形狀都很接近。在沼澤裡，感覺好像有人將你所有的感官都插進了插座裡。沼澤的一切都行動遲緩，不過同時也高度刺激感官，令人無法招架。即使是在沼澤深處陰暗悶熱的地方，還是很容易保持高度的警覺。

我們看到的第一朵蘭花是蛾蘭，樹蘭（*Encyclia tampensis*），生長在梣木的樹杈。蘭株小小的，具有光澤的假球莖。花朵是黃色的，白色的唇瓣上有淡紫色的脈絡。拉若許指這朵蘭花給我看後，點了一根菸，叼著菸問。「小王八還頂漂亮的，對不對？」他邊說邊仔細看蘭花。「可愛。」我遠遠欣賞，因為只要向樹木移動，就可以感覺到地面往下沉。我之前就決定，如果沼澤水面不超過腰際，我會比較快樂。我們轉向北方，繼續涉水前行，步伐緩慢。沼澤水很濁，底下的污泥緊抓住腳底，每走一步路其實要進行三個步驟：先測試看看有沒有鱷魚，再試試看有沒有隆起的絲柏膝蓋。所謂的膝蓋就是絲柏樹從根部長出的節瘤，不小心絆倒會撕裂腳筋。第三個步驟才算真正踏出腳步。在水中牛步前進了一個小時，我們來到了一個稍高的地面，走在一條小徑上，棕櫚樹葉和掉落的枝幹都浸滿沼澤水，一踩就支離破碎。拉若許停在一棵月桂橡樹下，上面垂掛著藤蔓。「我的植物生涯接近尾聲之前，開花藤蔓是我的新歡，」他說：「可惜啊，只是單相思。」

他皺了一下眉頭，注意到附近一棵樹上有個小小的貝殼蘭，他指給我看。「我已經幫你找到兩朵了，」他很興奮地說：「你想看到的蘭花，我今天全找出來給你看，就算拼了老命，我也要給你看他媽的幽靈蘭。」幾分鐘之後，他停下來，很得意地指著一棵野番荔枝樹，下面的一根樹枝上長了幽靈蘭的根。我很喜歡幽靈蘭根的模樣，綠綠的光澤和被壓扁的管狀，以及蘭根像繃帶般包著樹枝的樣子，都很賞心悅目。「已經開過了，」拉若許說：「沒關係，再找就是了。我們一定可以看到正在開花的幽靈蘭。」我們繞著一個污水坑走，然後穿越一個甘藍棕櫚的隧道，再轉進一叢柳樹，停在一棵枝葉茂盛的樹下。「這裡有一棵醜不拉基的蘭花，」拉若許舉手指著說：「堅硬的攀緣蘭。醜不拉基。不過我的眼睛不是長在額頭上。以前的我，什麼蘭花都有興趣，不只是喜歡漂亮的。我們盜採的時候，漂亮的和死氣沉沉的一律都帶走，不是只採集花枝招展的。如果你問我的話，我覺得它們全都很酷。」

這個時候我們已經走了好幾小時了，太陽也升到樹林的上方，越來越熱，蚊子形成一道薄霧，聚集在我身邊。連我的手指都在流汗了。我前後左右都是糾結不清的樹叢、棕櫚葉和菅茅，頭頂上是拖把頭般的觀賞鳳梨以及灰色的樹幹。地面和撞球桌一樣平坦。我已經沒有耐性了。我想知道我們是不是快要看到幽靈蘭了。「就在附近，」拉若許說：「跟著我走就是了。」

他朝一個方向走，然後停下來，改變路線，然後又停下來，又改變路線。看到他這樣，我的情緒很低落。「拉若許，」我說：「我可以問你一個私人的問題嗎？」

他轉身咆哮：「我們才沒有迷路，如果你是打算問我這個問題的話，」他說；「是往這邊走沒錯。我們之前經過這棵樹的右邊，對不對？」他說的那棵樹有粗大凹凸的樹幹和綠色的樹葉，同樣有粗大凹凸樹幹和綠色樹葉的樹木在法喀哈契裡至少有一萬棵。他走向這棵樹的左邊，我跟著他走。我越來越疲倦，越來越遲鈍。我們開始快步前進，手腳粗魯，穿過樹林下的草叢時弄出很大的聲響，涉水過污水坑時也將水花濺得到處都是。我有強烈的感覺，認為我們在繞圈子。法喀哈契共有三萬公頃，我很確定如果繼續在這三萬公頃的土地上繞圈，都出不去。

我們來到一處小空地，這裡地面多半是乾的，所以我們停下來吃點東西，也認清一下我們現在所在的方位。老實說，我們真的迷路了。拉若許知道，我也知道。「我們才沒有迷路，」拉若許堅持。他東摸西摸地找香菸：「我只是有點繞不出去而已。好吧，接下來我們就這麼辦。」他在地上搜尋，最後找到了一根直直的短樹枝。「我來做個日晷，」他解釋：「把樹枝立起來，過幾分鐘就可以知道太陽移動的方向了。我們要朝東南方走。」他瞥了我一眼：「沒什麼大不了的啦。」

他把樹枝插在泥土中，端坐在腳跟上。「你知道嗎？我剛才在想，如果能蓋一個小型蘭花遊樂場，一定很酷，」他說：「沒有蛇，沒有小生物，只有蘭花，有點像是蘭花的野生動物園。」

他大笑起來。「我覺得啊，什麼事情都很有意思，特別是有機會撈點錢，即使機會渺茫也值得。」他伸出腳，不小心打翻了日晷。他頭也沒抬，又找到了一段樹枝，插在地上。

「你蒐不蒐集東西？」他問。

「不太蒐集。」我說。

「其實蒐集的東西本身並不太重要，」拉若許繼續說：「重要的是沉浸在某種東西裡面的感覺，去認識這個東西，讓它變成生命中的一部分。算是一種人生的方向。」說到「方向」兩個字，他從喉嚨裡發出滿意的笑聲。「如果有誰手上的植物我沒有，我就一定要得到。就像是吸食海洛因上癮一樣。要是我有錢的話，我一定拿來花在植物上。我老婆和我開苗圃的時候，我們種了四萬棵完全令人難以相信的植物。」

「你最喜歡的是……」

他用腳跟在泥土裡來回摩擦。「應該是那棵小小的 *Boesenbergia ornata*，一種標緻的小薑科植物，朋友從紐西蘭帶來給我的。一百年前首度有人採集，我當時擁有的那棵，應該是唯一養在人工環境的一棵。葉子圓圓小小的，略帶棕色，上面有銀色的山形標誌。我敢發誓，看起來好像是水晶做的，而且還會開出大大的橙色花朵。」

我問他，現在還有沒有在他手上。「我已經一棵植物也沒有了，」他有點惱怒：「那棵我以九百塊賣給別人，還寄了一個插枝給英國皇家植物園。」

「日晷沒有用啦。」

他看著樹枝，瞇眼看太陽，然後眼睛露出一條隙縫看著我說：「很有用啊。」這時刮起一陣風，感覺像是比薩店排出的廢氣，既油膩又濃密又熱。我的臉頰在抽動，情緒極為不穩，就像很多其他法喀哈契的探險家一樣：「這個地方看起來又荒蕪又寂聊。到了三點左右，亨利的情緒似乎受到環境的影響，我們看到他哭了起來。他無法告訴我們為什麼要哭，他只是嚇壞了。」我真的迫切希望看到開花中的幽靈蘭，讓整個任務圓滿達成，讓我在佛羅里達所做的一切都有意義，不過這一刻，我更迫切的願望是不要在沼澤地過夜。我也迫切想殺掉拉若許，親手謀殺他，然後把屍體留在這裡。並不是說殺人是我的本性或從小父母就這樣教我，也並不是因為殺了他就可以幫助我找到出路，只是因為我對他火冒三丈，情緒非常激動，神經一觸即發。日晷一點作用也沒有，樹下的草叢有東西在蠢動，一隻烏鴉從上面衝下來，嘎嘎叫著。一百年前的獵鳥人會來這裡，收集到的羽毛足夠裝飾一萬頂新潮的女帽。如果管理員來干涉，獵人會殺了他。「我喜歡電腦的原因啊，」拉若許說：「就是因為我可以沉浸其中，而且電腦又不是什麼生物，也不會離開我或死掉。我現在希望儘量不要有讓我操心的生物。」

「約翰，你現在還有讓你操心的生物嗎？」我問。

「有啊，嗯，我的女朋友，我老爸，」他說：「我還有四隻貓，帕妃、齊比、比爾、鮑伯。就只有這些了。我不知道我還能不能再忍受養植物的痛苦。」

我突然為他感到難過，因為他一而再、再而三地心碎。我也為所有事情都感到難過，為那些沒有在蘭展上贏得任何獎項的人，還多虧他們對植物費心整理又溺愛。我也對法喀哈契感到難過，因為這裡被人類蹂躪、焚燒、剝個精光。我也為所有在泥巴遍地的「街區」購買了想像中的樂園的人感到難過，也為希望能繼續住在濕地裡的竹篷的塞米諾人感到難過，也為擠在賭場玩賓果的人感到難過，也為好幾百棵觀賞鳳梨「伊蓮」感到難過，因為它們長得太醜，結果全被遺棄。我也為黎義．摩爾感到難過，因為他用廂型車載著蘭花到傑克森維爾去兜售，他沒有看見眼前一成不變的州際公路，而是在夢想他在祕魯的黃金之城。曾經對某種東西動情，後來卻沒有結果，我也對這樣的人感到難過。我還為自己感到難過，因為我迷失在法喀哈契林帶，一籌莫展。隨後，所有的難過都硬化成比較不令人窒息的感覺，我突然決定，與其呆坐在這裡乾著急，不如開始走，不管朝哪個方向都無所謂。我知道拉若許也很想讓我看看幽靈蘭，可能比我自己都還想，不過現在我最想做的事情就是回家。就在這個時候，我才瞭解到，永遠看不到幽靈蘭反而更好，這樣我永遠也不會失望，幽靈蘭永遠會是我想看的東西。

「好吧，去他的日晷，」拉若許說：「我們直直走，最後就會走出去。我的意思是，一直走總會到達什麼地方吧。走出這個地方，我的意思是，按照邏輯來說，只要走直線，一定可以走出去。這種事啊，我已經做過好幾百萬次了。每次有什麼事情讓我煩得要死，我就對自己說，管他的，然後直直往前走。」

我們離開空地，走回濃密的樹叢裡。同樣的景觀反覆出現，有太多生物可以看，但我們一個也沒注意看。我們只是儘可能直直走，一直不停地走，躲過藤蔓，躲過橫在上面的樹枝，躲過不動聲色的古樹。整個地方都是純粹而生動的美，一個大寶藏，一個無比豐富的地方，以致每個走過的人都會忍不住對自己說，我會在這裡找到什麼東西。走了好幾分鐘、好幾小時還是走了一輩子，我們終於涉過最後一灘黑水，走上乾燥的河堤。我們最初轉向右邊，不過只看到更多絲柏、棕櫚和鋸草，所以改走左邊。就在河堤遠方的直角處，我們可以看見車子擋泥板反射出的亮光，就把亮光當作是引導我們前進的信號燈，一直走到馬路上。

參考資料

這些書給了我諸多幫助：

Blanchan, Nelte. *Nature's Garden*. Doubleday, Doran & Co., 1926.

Covington, James W. *The Seminoles of Florida*. University Press of Florida, 1993.

Dodrill, David E. *Selling the Dream*. University of Alabama Press, 1993.

Douglas, Marjory Stoneman. *The Everglades: River of Grass*. Mockingbird Books, 1947.

Lamme, Vernon. *Florida Lore not found in the history books!* Star Publishing, 1973.

Luer, Carlyle A. *The Native Orchids of Florida*. New York Botanical Garden, 1972.

Neill, Wilfred. *The Story of Florida's Seminole Indians*. Great Outdoors Publishing Co., 1956.

Reinikka, Merle A. *A History of the Orchid*. Timber Press, 1995.

Silver, Doris. *Papa Fuchs' Family 1881-1981*. Jane Fuchs Wilson, 1982.

Swinson, Arthur. *Frederick Sander: The Orchid King*. Hodder Publishing, 1970.

Tebeau, Charlton W. *Florida's Last Frontier*. University of Miami Press, 1957.

———. *Man in the Everglades*. University of Miami Press, 1968.

Whittle, Michael Tyler. *The Plant Hunters*. Lyons & Burford, 1997.

Wickman, Patricia R. *Osceola's Legacy*. University of Alabama Press, 1991.

Willoughby, Hugh. *Across the Everglades: A Canoe Journey of Exploration*, 1898. Florida Classics Library Edition, 1992.

Wright, J. Leitch, Jr. *Creeks and Seminoles*. University of Nebraska Press, 1986.

後記
蘇珊・歐琳訪談錄

問：有沒有一個問題是你但願能被問到，卻從來都沒有人問你？

答：希望被別人問到卻從來沒人問的問題，是沒有。有一個問題我倒是很想回答；創作的過程究竟有沒有一套公式？常常有人問，你到底是從哪裡想出這個寫作的主題？要是我能回答這個問題就好了。這個問題涉及直覺，因人而異。如果創作的過程純粹只是神來一筆，寫作的確有一個非常明確的程序；如果可以這樣想像的話，會令人感到無比欣慰，可惜事實不然。

問：本書的寫作靈感是來自佛羅里達一家報紙的報導，然後你為《紐約客》雜誌就這個主題寫了一篇文章。你當初怎麼會認為這本書能撐到近三百頁？

答：我本來替《紐約客》南下採訪時，感覺像是在剝洋蔥。這份報導的每一個層面都比我想像的還要濃郁豐富。舉例來說，在發生盜採事件的法喀哈契林帶，我隨口問了公園管理員，這個保護區的歷史有多久，在成為保護區之前是什麼樣子？結果就挖出了一整個佛羅里達土地弊案的歷史，讓我感到很有興趣。我很喜歡深入探討單一事件，徹底檢視每一個細節，反而比較不喜歡報導又重大又盤根錯節的事件。要從一個很小的焦點中寫出一本書，是很大的工程。

問：你發表的作品都有事實根據，等於是新聞報導。有沒有考慮過將個人經驗轉化為小說？

答：從來沒有考慮過。有人也問過我這個問題，不過我認為真實生活本身就很有意思了。我不覺得我可以憑空想像出拉若許那樣特立獨行又令人著迷的角色。將真實故事寫得讓讀者愛不釋手，我覺得也是一門學問，手中的材料只有真正存在的事實。如果作者只是想：「哇，如果他去坐一年牢的話會更有看頭，我想還是讓他去坐一年牢算了。」那樣還比較輕鬆。換成真實事件的話就不一樣了。

我有時候在寫作時也有好為人師的嗜好。我喜歡將知識呈現給讀者，告訴他們原本不知道的東西，讓他們知道他們原來也希望知道的東西。

問：本書的主題之一是：狂熱的本質為何？人類對著迷於某種事物時，周遭的生活會如何改觀？你本身也屬於蒐集狂嗎？

答：我不是蒐集狂，不過我對狂熱很感興趣。部分原因是我從來都不曾對單一興趣做出那麼大的犧牲奉獻。我的確是有一種執著的狂熱，全心全意想當作家，想當記者。缺乏狂熱對我反而有利，因為我不喜歡報導一些我已經很投入的題材。對我而言，寫作的過程就是理解的旅程。報導這個題材之前，我對蘭花一無所知，蘭花不過就是一種花而已。怎麼會有人喜歡蘭花嗎？在這個旅程中，我要去嘗試了解人們愛上蘭花的過程以及原因。

我說我並不蒐集東西，其實也不盡然。我不蒐集蘭花沒錯，不過我卻蒐集了很多東西，很多奇奇怪怪的東西。我從來都沒有把自己歸類為收藏家。我有很多古怪的收藏品：過去有好幾年的時間，我一直在蒐集世界各地的牙膏，也蒐集某種顏色的美國陶器，也蒐集錫球。我最近開始蒐集骰子。儘管如此，我從來都不會說自己是蒐集骰子的人或是蒐集陶器的人。自認為蘭花人的蘭花界人士，我和他們比較起來有如天壤之別。蘭花是他們生存的意義。

問：約翰・拉若許可以說是本書的主角，但是他不過只是本書的報導對象。蘇珊・歐琳才是本書的主題所在。這本書是在寫你自己，算是一種形式的自傳。如果你有心動手幫自己寫傳記，你會以生活的那一個面向做焦點？

答：我連想都想像不出來。

有人會說：「你每次都把自己寫進去。」沒錯，我是會出現在報導裡，等於就是認同這份報導。事實上，我並不會去寫一些非報導出來不可的新聞。我選擇報導的，是能夠抓住我好奇心的東西。光是就選擇寫作題材而言，本身就是主觀的選擇。

問：就蘭花而言，物種之間存在一種依存關係。你也可以將自己視為仰賴他人慾望雄心、仰賴他人遭遇為生的寄生蟲。你就是靠這個方式討一口飯吃的。說穿了其實只是普通的寄生蟲而己。

答：不敢當。我的主題是多多少少和「家庭」有關（極為廣義的「家庭」）。我們出生在世上，都不知道在世的原因，都需要理解出如何讓生命有意義的方法，如何找出自己舒服的安身之處。人類費盡心思就是要做到這一點。有的人專注於工作，有的人專注於養蘭之類的嗜好，有的人受到想賺大錢的慾望驅使，有的人想讓自己的小孩過某種樣子的生活。我最想做的，就是檢視這個現象並加以詮釋，傳達給其他人知道。而且沒錯，其實就是歸屬和不歸屬的問題、就是有關聯沒關聯的問題。

問：在狂熱的本質這個大主題之下，每隔一段時間就浮現寄生蟲的本質這樣的想法。你將

佛羅里達描寫為「比較不像一個州，反而比較像海綿」。約翰．拉若許本身就是靠他人的弱點維生。你對拉若許寄生他人的做法，最終的評價為何？

答：我認為他的色情網站就是一個明顯的例子。如果有人夠笨，上他的網站，還給他很多錢，只為了在網路上張貼自己的裸照，他覺得他的人生任務就是要儘可能讓他們多付一些錢。那種行為就是寄生蟲的圖利手法，靠別人的遐想來賺錢。

問：你用了「蘭花賊」這樣的標題，馬上就讓人質疑到拉若許的道德問題。

答：在整個採訪過程中，這個問題一直縈繞在我腦海裡。我當然曾不止一次想過：他只不過是一個很普通的貪心的人，他只是比一般貪心的人還多了一點聰明而已。然而，他的貪心裡面還多了某種奇怪的邏輯。他發現了法律當中有個很離譜的漏洞，他可以濫用這個漏洞來大占便宜。我也認為，那只是他用來自圓其說的說法。他的目標很簡單，只是想賺一百萬而已。不過，要不是這件事複雜得很有意思，他一開始也不會願意去做。我倒不認為他是個江湖騙子。我只是覺得，我們多數人都能舒舒服服生存在傳統的束縛中，他似乎辦不到這點，可能他也想藉此吸引注意力吧。單單飛黃騰達並不能讓他心滿意足，他飛黃騰達的過程，還一定要複雜、有趣、跳脫常軌。

問：約翰．拉若許快速致富的彩券心態，和很多美國人沒有兩樣，但是並不是每一種快速致富的點子都能讓他如痴如醉。舉例來說，他朋友從南美洲寄給他白色條紋的韓國草，他並不否認，這種韓國草有潛力，不過卻鄙視它，還說什麼「噢，我對韓國草沒興趣」。對他來說。就像在一片到處都是何士登（Holstein）乳牛的草地上尋找菲士蘭乳牛來當作搖錢樹。他就有如唐吉訶德一般，怎麼看都是輸家。拉若許這種奇特的戀物癖，你認為是種高尚、唐吉訶德式的性格嗎？

答：如果說是高尚的話，我認為也太抬舉這種戀物癖了。我覺得他對自己有種遠大的憧憬。靠韓國草之類不起眼的東西來致富，對普通人來說就夠了，但是拉若許對自己的憧憬還要大過現實生活。他盜採蘭花的時候，光是盜採還不夠看，他還非得讓佛羅里達州議會大吃一驚，然後修法，等於是褒揚他的事蹟。

如果你用普通成功的標準來衡量，他的確是個輸家。在他自己的想法中，他才不是輸家，因為他過的生活，才是他真正想要的生活。

問：你將佛羅里達刻劃為最典型的美國，土地富饒，然而讀者會強烈感覺到，你認為這種豐饒的景像其實相當鄙俗。你在採訪過程中，是保持清高，潔身自愛，還是曾經差一點就淪為五光

十色大雜燴的一部分？

答：我永遠都無法融入佛羅里達。我不喜歡炎熱的天氣。如果你想學會成為「佛羅里達人」，必須先學會融入佛羅里達的景觀裡。從另一方面來說，我認為自己代表了典型的佛羅里達。我南下佛羅里達，尋找我自己的財富。就像很多人一樣，我來到佛羅里達時，腦袋裡也在打著如意算盤：我來到佛羅里達是為了採訪這個曾經發生過的特殊事件，撰寫成書。不過我和佛羅里達的關係很短暫。我在那裡的期間，一下子就寫了六七篇報導，讓我也嚇了一跳。原因有一部分是因為佛羅里達常發生有趣、奇怪的事情，就像燉肉鍋一直冒泡一樣，不斷有新鮮事冒出。我有興趣採訪的東西，就是人們開始過新生活的故事，創造出新社群，這些事情都在佛羅里達發生過。

問：你知道自己無法親眼看見幽靈蘭的時候，反而鬆了一口氣，我們來談談你當時的心情。造化弄人，你換個角度來看待失望的態度，反而心存感激。這是你的處世之道嗎？

答：我常常在想這個問題。我很想知道，到底是真的有命運和緣分，還是人生一切無常。人生在世的時候，到處都是混亂而沒有邏輯的經驗，我們在其中尋找的是一種秩序和邏輯。我認為，人都會找到具有邏輯、讓人生具有秩序感的立足點，然後穩穩站住。我們都很渴望這樣的立足點，說來也很好笑。如果有算命的告訴我，「正月之前一切相安無事」，我幾乎會覺得很高興，因為沒了期望，反而讓我如釋重負。我不相信冥冥之中沒有神明在操縱未來的事物。如果能這樣想，倒也是一種安慰。有時候我會想，我怎麼會變成文字工作者。現在回想起來，好像幾乎都是命中注定。從另一方面來看，我就不是很確定是不是命中注定了。我真的相信命運這種東西嗎？我們難道都不是自己的抉擇和決定所創造出來的東西嗎？

問：本書結尾的時候，你還是不能如願看到幽靈蘭，你是不是還想親眼看到？

答：現在要去看幽靈蘭，我反而有點害怕。那時候有很長一段時間，我都以為就要看到了，結果一次又一次功敗垂成，到採訪接近尾聲的時候，我開始覺得沒看見反而比較好。我在幽靈蘭身上堆積了很高的期望，實體本身恐怕無法滿足這種期望。這本書出版後，法喀哈契的一個管理員打電話給我，告訴我，「如果你想看幽靈蘭，我可以帶你去看。如果開花了，我可以打電話通知你，到時候你再南下。」我這才瞭解，我其實並不是真的想看。我還是喜歡去憑空想像，把幽靈蘭想像成某種無法抗拒、無法到手的東西。以後可能看得到吧。如果不小心撞見倒也不錯。

問：這本書出版後，你有沒有和約翰．拉若許見過面或講過話？

答：沒有和他見過面，談話倒是有。其實剛出版之後，他就打電話給我，說：「我啊，把書看完了。」

我說：「是嗎？」我自然會感到有點擔心。我不太確定他會作何反應。書中寫到他的部分不見得都是在恭維他。

他隨後用他慣有的口氣說，「你知道嗎？如果你再多寫幾本的話，文筆可能有機會變得很好。」

問：書中從頭到尾沒有一個地方明確將拉若許刻劃為具有吸引力的人，然而他似乎對你有種強烈的影響力，幾乎讓他成為假敵人。書中描寫蘭花時也有很多性愛的象徵，例如蘭花生長在檔木的鼠蹊部、拉若許對蘭花意圖染指、對蘭花的熱愛成了離婚的導火線等等。你是否曾經分析過，你對拉若許著迷的程度，是否超越了研究採訪對象的範圍？

答：書裡確實有很多性愛的象徵，我到現在才明白。事實上，在為封面找一朵不太有性暗示的蘭花照片時，的確是有點困難。當然，我開始動筆寫一本有關花卉的書時，從來沒有想到會寫得「性」致盎然。

我和拉若許完全僅止於記者與報導對象的關係。和採訪對象之間當然會產生一種親密感，因為記者花了很多時間和受訪者相處，想聽到他們說的每一句話。這種關係是一種理想化的關係。就定義上來說，他說的每一件事我都感興趣，因為那就是我的任務所在：瞭解他這個人。我認為，記者可以和採訪對象變得非常心靈相繫，關係非常密切。回到我們剛才談到的寄生蟲主題：記者和受訪者都有自己的目的。拉若許是我的採訪對象，有他的合作，我才可能寫出一本書。而我則是他的見證，聽他描述一生的雄心壯志，讓人注意到他的理想。我認為，非小說的寫作中有一個很大問題是，這樣的關係究竟代表什麼意義？因為書本完成了，關係也告一段落，這樣算不算是背叛？就我本身來說，對他從來都沒有一絲浪漫情懷，彼此之間有沒有來電，我也很懷疑。話說回來，記者的確會和受訪者之間產生一種很不尋常的聯繫。要想出一個類似的關係並不簡單，大概比較接近懺悔者的角色吧。

幾年前，珍妮特・麥爾康（Janet Malcolm）發表過一篇很不錯的文章，指出記者和受訪者之間有種相互利用的關係。我不得不同意她的見解。這並不代表相互利用是邪惡不道德的作法。如果不去承認彼此為了某種原因而相互利用，不去承認這種關係的過程，根本就是太天真了。這種關係不是自然生成的關係，只是一種非常不自然的關係。記者和約翰・拉若許並沒有產生友情，只是在採訪過程中建立起關係而已。我並不認為這樣的說法表示這樣的關係是虛情假意。我的說法只是表示，記者必須一直體認到，這樣的情況並非自然狀況。

問：你採訪的對象有沒有愛上過你？

答：有。我當時也非常喜歡他，不過我對我們之間的情愫很清楚。讓我先解釋感情轉移的現象。我知道他把當時的情況誤認為感情。他愛上的是被人注意到、有人對他產生興趣的感覺，真正注意到他、對他產生好奇心的感覺。如果有人只想知道你的一切，而卻不要求有所回報，這種感覺的確不錯。就像心理治療的感覺。我感到受寵若驚，不過我也知道這種感情發生的過程。在採訪某人的時候，記者的確擁有一種神奇的力量。寫一篇報導，刊登在《紐約客》上，有八十萬人看到，其中代表的意義，我有時候會忘記。

我常常採訪一些從來都沒有人報導過的人物。他們都不擅長和媒體打交道，不習慣接受訪問。對他們而言，接受採訪是一生只有一次的經驗。我從來都不會準備一套問題去進行訪問。我會坐下來，等著，聽著，觀察。我會做筆記。我和受訪者之間發展出來的關係，有時候會讓採訪結束的關頭變得非常不愉快。受訪者和我相處了兩三個禮拜，發展出一種親密感，結束採訪時就算他們不感覺到被人背叛，也會感到頗為震驚，這樣的情形我已經能夠坦然以對。

我記得以前採訪過一個十歲的男孩，那次的經驗最讓我難過。採訪結束時，我馬上面對即將截稿的壓力，所以我告訴他，我得趕快回去寫稿子了。

他對我說：「你明天會過來嗎？」

我回答：「我明天不會過來了，那還用說。截稿時間快到了。」然後我想到，我花了兩個星期和這個小孩子在一起，一直對他說：「不管你想做什麼事情，我也都想要做。不管你想說什麼，我都有興趣聽。」我這樣做並非虛情假意，只不過是我已經來到了採訪的下一個步驟，必須撰寫報導了。對他來說，這樣的結束非常唐突，非常令他不知如何是好。對成人而言還比較容易瞭解，對小孩子而言，關愛和友誼就是關愛和友誼。

問：你有沒有愛上受訪者的經驗？

答：有啊，受訪者是一隻展覽會上的狗。我當時愛上了牠。不過牠真的很難採訪。

IN INTO 67

蘭花賊

作　者—蘇珊．歐琳
譯　者—宋瑛堂
編　輯—張瑋庭
美術設計—黃子欽
內頁排版—邵麗如
副總編輯—嘉世強
董事長—趙政岷
出版者—時報文化出版企業股份有限公司
108019臺北市和平西路三段二四〇號三樓
發行專線—（〇二）二三〇六六八四二
讀者服務專線—〇八〇〇二三一七〇五．（〇二）二三〇四七一〇三
讀者服務傳真—（〇二）二三〇四六八五八
郵撥—一九三四四七二四時報文化出版公司
信箱—一〇八九九臺北華江橋郵局第九九信箱
時報悅讀網—http://www.readingtimes.com.tw
電子郵件信箱—liter@ readingtimes.com.tw
法律顧問—理律法律事務所　陳長文律師、李念祖律師
印　刷—勁達印刷有限公司
初版一刷—二〇〇二年七月十五日
二版一刷—二〇二二年二月十八日
定　價—新臺幣三八〇元
（缺頁或破損的書，請寄回更換）

時報文化出版公司成立於一九七五年，
並於一九九九年股票上櫃公開發行，於二〇〇八年脫離中時集團非屬旺中，
以「尊重智慧與創意的文化事業」為信念。

蘭花賊/蘇珊．歐琳(Susan Orlean) 著；宋瑛堂譯．– 二版．– 臺北市
：時報文化, 2022.2
面；公分．–
譯自：The Orchid Thief
ISBN 978-626-335-005-2

1.CST: 拉若許(Laroche, John) 2.CST: 歐琳(Orlean, Susan) 3.CST: 蘭花 4.CST: 園藝 5.CST: 傳記 6.CST: 報導文學

435.431　　111001080

ISBN 978-626-335-005-2
Printed in Taiwan